普通高等教育"十一五"国家级规划教材
普通高等教育智能建筑规划教材

电气照明技术

第3版

主　编　肖　辉
参　编　汪　镭
　　　　金立军
主　审　江豫新

机械工业出版社

时光荏苒，在本书出版 10 年之际，编者结合自身 20 年的教学经验和工程实践，坚持"面向建筑、面向工程、面向设计"的原则，将国家颁发实施的最新标准、规程与规范和电气照明技术的最新进展引入本书，并作为培养建筑电气工程师、照明设计师的教材，方便读者学习之用。

本书在内容上力求深入浅出，理论学习与实际工程相结合。本书共 10 章，分基础和应用两大部分。基础部分主要介绍光度学、材料的光学性质、光源和照明器的原理与应用、照明计算以及照明控制等；应用部分结合现代建筑、照明最新技术和规范以及城市夜景的规划与设计等，通过汇集编者自己的部分设计作品，立足照明节能、保护生态环境，突出"照明设计"主线，强调实施"绿色照明"工程。

本书适用于高等学校电气工程及其自动化、自动化及相关专业的本科教学，也可供有关工程技术人员作为设计与应用的参考。

本书配有免费电子课件，欢迎选用本书作为教材的老师登录 www.cmpedu.com 注册下载。

图书在版编目（CIP）数据

电气照明技术/肖辉主编 . —3 版 . —北京：机械工业出版社，2015.5（2023.8 重印）

普通高等教育"十一五"国家级规划教材　普通高等教育智能建筑规划教材

ISBN 978-7-111-49940-4

Ⅰ. ①电… Ⅱ. ①肖… Ⅲ. ①电气照明-高等学校-教材 Ⅳ. ①TM923

中国版本图书馆 CIP 数据核字（2015）第 074888 号

机械工业出版社（北京市百万庄大街 22 号　邮政编码 100037）
策划编辑：贡克勤　责任编辑：贡克勤　徐　凡
责任校对：纪　敬　封面设计：张　静
责任印制：邓　博
北京盛通商印快线网络科技有限公司印刷
2023 年 8 月第 3 版第 7 次印刷
184mm×260mm・15.5 印张・1 插页・387 千字
标准书号：ISBN 978-7-111-49940-4
定价：42.00 元

凡购本书，如有缺页、倒页、脱页，由本社发行部调换

电话服务　　　　　　　　　网络服务
客服电话：010-88361066　　机　工　官　网：www.cmpbook.com
　　　　　010-88379833　　机　工　官　博：weibo.com/cmp1952
　　　　　010-68326294　　金　书　网：www.golden-book.com
封底无防伪标均为盗版　　　机工教育服务网：www.cmpedu.com

智能建筑规划教材编委会

主　任：吴启迪

副主任：徐德淦　温伯银　陈瑞藻

委　员：程大章　张公忠　王元恺

　　　　　龙惟定　王　忱　张振昭

序

20世纪，电子技术、计算机网络技术、自动控制技术和系统工程技术获得了空前的高速发展，并渗透到各个领域，深刻地影响着人类的生产方式和生活方式，给人类带来了前所未有的方便和利益。建筑领域也未能例外，智能化建筑便是在这一背景下走进了人们的生活。智能化建筑充分应用各种电子技术、计算机网络技术、自动控制技术、系统工程技术，并加以研发和整合成智能装备，为人们提供安全、便捷、舒适的工作条件和生活环境，并日益成为主导现代建筑的主流。近年来，人们不难发现，凡是按现代化、信息化运作的机构与行业（如政府、金融、商业、医疗、文教、体育、交通枢纽、法院、工厂等）所建造的新建筑物，都已具有不同程度的智能化。

智能化建筑市场的拓展为建筑电气工程的发展提供了宽广的天地。特别是建筑电气工程中的弱电系统，更是借助电子技术、计算机网络技术、自动控制技术和系统工程技术在智能建筑中的综合利用，使其获得了日新月异的发展。智能化建筑也为其设备制造、工程设计、工程施工、物业管理等行业创造了巨大的市场，促进了社会对智能建筑技术专业人才需求的急速增加。令人高兴的是众多院校顺应时代发展的要求，调整教学计划、更新课程内容，致力于培养建筑电气与智能建筑应用方向的人才，以适应国民经济高速发展的需要。这正是这套建筑电气与智能建筑系列教材的出版背景。

我欣喜地发现，参加这套建筑电气与智能建筑系列教材编撰工作的有近20个姐妹学校，不论是主编者或是主审者，都是这个领域有突出成就的专家。因此，我深信这套系列教材将会反映各姐妹学校在为国民经济服务方面的最新研究成果。系列教材的出版还说明一个问题，时代需要协作精神，时代需要集体智慧。我借此机会感谢所有作者，是你们的辛劳为读者提供了一套好的教材。

写于同济园
2002年9月28日

前 言

社会越进步，经济越发展，生活水平越高，人们对建筑的装饰越讲究、对光环境的要求越高，也就对照明设计要求越高。近年来涌现的现代建筑照明设计与技术所涉及的学科、理念很广，专业性很强，相应的产品更新换代也异常频繁。因此，行业从业者对设计技能的提高更加迫切。

自2004年1月，作为智能建筑规划教材之一的《电气照明技术》出版以来，得到了广大读者的好评。2009年第2版修订时，力求通过浅出阐释基本概念的方法，充分体现现代电气照明理论的先进性和工程的实用性，坚持以"照明设计为主线"，注重培养学生的设计思想和理念，着眼于学生实际能力的提升。时光荏苒，在本书出版10年之际，编者对本书再度进行修订，在修订过程中坚持"面向建筑、面向工程、面向设计"的原则，注重采用国家近年来颁发的有关建筑电气设计、规程、规范和标准，并重点说明在建筑照明设计中严格执行的由中华人民共和国住房和城乡建设部、中华人民共和国国家质量监督检验检疫总局联合发布、2014年6月1日正式实施的国家新标准《建筑照明设计标准》（GB 50034—2013），强调"照明设计有标准可依，它不是天马行空的所谓灯光创造，而是人类艺术美和技术美完美结合的产物"。此外，将照明领域最新的进展和技术，如21世纪人类重大发现之一的司辰视觉、固态照明LED新光源等，引入到本书中，方便读者学习。

在修订过程中，同济大学电子与信息工程学院的多位教授给予了指导，同济大学建筑设计研究院电气工程师们提供了最新的工程设计资料。作者对所有熟识的及未曾见面的、参考文献的各位作者致以衷心的感谢！正是他们的热情相助，才有了本书第3版的问世。

虽然此次修订希望做到全面更新，但由于编者的能力所限，加之时间仓促，书中难免存在不当之处，敬请专家、同行不吝赐教，编者感激不尽。

编 者

目 录

序
前言

第一章 绪论 1
第一节 光的基本概念 1
一、光辐射 1
二、光的本质 2
三、光的辐射特性 2
第二节 常用的光度量 4
一、光通量 4
二、发光强度（光强）......4
三、照度 5
四、光出射度 6
五、亮度 6
第三节 材料的光学性质 7
一、反射比、透射比和吸收比 7
二、光的反射 8
三、光的透射 9
四、材料的光谱特征 10
思考题 11

第二章 视觉与颜色 12
第一节 人眼与视觉 12
一、人眼的构造 12
二、人眼的视觉 12
第二节 视觉特性 13
一、暗视觉、明视觉和中介视觉 13
二、光谱灵敏度 14
三、视觉阈限 14
四、视觉适应 14
五、眩光 15
第三节 视觉功效 15
一、对比敏感度与可见度 15
二、视觉敏锐度（视力）......16
三、视亮度 16
第四节 颜色特性 17
一、光谱能量（功率）分布 17
二、颜色的基本特征 18
三、颜色混合 20
四、颜色视觉 21
第五节 表色系统 22
一、孟塞尔表色系统 22
二、CIE 表色系统 23
第六节 颜色与显色 25
一、光源的颜色 25
二、物体的颜色 27
思考题 28

第三章 电光源 29
第一节 概述 29
一、热辐射光源 29
二、气体放电光源 29
三、固体发光光源 29
第二节 白炽发光和热辐射 29
一、黑体辐射 29
二、钨丝的辐射 31
三、白炽灯和卤钨灯 32
第三节 气体放电 36
一、气体放电的全伏安特性 37
二、辉光放电灯 38
三、弧光放电灯 38
四、气体放电灯的稳定工作 39
第四节 荧光灯 40
一、结构与材料 40
二、工作电路 40
三、工作特性 42
四、电子镇流器 44
五、荧光灯的种类 45
第五节 高强度气体放电灯 47
一、HID 灯的结构 47
二、HID 灯的工作特性 50
三、HID 灯的工作电路 52
四、HID 灯的常用产品及其应用 53
第六节 场致发光光源 55

一、LED 的原理及其结构 ………… 55
二、LED 的性能 ………………………… 57
三、LED 的常用产品及其应用 ……… 57
四、有机发光二极管 …………………… 58
第七节　各种常用电光源的性能比较与
　　　　选用 ……………………………… 59
一、电光源性能比较 …………………… 59
二、电光源的选用 ……………………… 60
思考题 ………………………………………… 61

第四章　照明器 ………………………………… 62

第一节　照明器的特性 ……………………… 62
一、照明器的配光曲线 ………………… 62
二、照明器的遮光角与亮度分布 ……… 66
三、照明器的效率 ……………………… 68
第二节　照明器的设计 ……………………… 69
一、照明器设计的目的 ………………… 69
二、照明器设计的基本流程 …………… 69
三、照明器的主要控光部件 …………… 70
第三节　照明器的分类 ……………………… 72
一、按照明器的用途分类 ……………… 72
二、按照明器防触电保护方式分类 …… 72
三、按照明器的防尘、防水等分类 …… 73
四、按照明器光通量在空间的
　　分布分类 …………………………… 74
五、按照明器配光曲线分类 …………… 75
六、按照明器结构特点分类 …………… 75
七、按照明器安装方式分类 …………… 75
第四节　照明器的选用 ……………………… 76
一、按配光曲线选择照明器 …………… 76
二、按使用环境条件选择照明器 ……… 76
三、按照明器的使用空间选择照明器 … 77
四、按经济效果选择照明器 …………… 77
思考题 ………………………………………… 78

第五章　照明计算 ……………………………… 79

第一节　平均照度计算 ……………………… 79
一、基本计算公式 ……………………… 79
二、利用系数法 ………………………… 80
三、概率曲线与单位容量法 …………… 85
第二节　点光源直射照度计算 ……………… 88
一、逐点计算法（平方反比法） ……… 88
二、等照度曲线计算法 ………………… 90

三、举例 ………………………………… 92
第三节　线光源直射照度计算 ……………… 92
一、直射照度计算（方位系数法） …… 92
二、连续线光源的照度计算 …………… 93
三、断续线光源的照度计算 …………… 97
四、举例 ………………………………… 97
第四节　面光源直射照度计算 …………… 101
一、形状因数法 ……………………… 101
二、等亮度面光源的照度计算 ……… 102
三、矩形非等亮度面光源的照度
　　计算 ……………………………… 105
四、举例 ……………………………… 105
第五节　平均亮度计算 …………………… 106
一、顶棚空间的平均亮度 …………… 106
二、墙面平均亮度 …………………… 106
第六节　不舒适眩光计算 ………………… 107
一、统一眩光值（UGR） …………… 110
二、眩光值（GR） …………………… 111
思考题 ……………………………………… 112

第六章　照明光照设计 ……………………… 113

第一节　概述 ……………………………… 113
一、光照设计的内容 ………………… 113
二、光照设计的目的 ………………… 113
三、光照设计的基本要求 …………… 114
四、光照设计的步骤 ………………… 114
第二节　照明种类 ………………………… 114
一、按照明的使用情况分类 ………… 114
二、按照明的目的分类 ……………… 115
三、按光线的投射方向分类 ………… 115
四、按灯具的光通量分布分类 ……… 115
五、正常照明和应急照明的关系 …… 116
第三节　照明方式和灯具布置 …………… 117
一、照明方式 ………………………… 117
二、灯具布置 ………………………… 118
第四节　照明质量评价 …………………… 120
一、评价指标 ………………………… 120
二、照度的表达法 …………………… 138
第五节　照明设计软件简介 ……………… 139
一、照明设计软件特点 ……………… 139
二、设计举例 ………………………… 140
思考题 ……………………………………… 144

第七章 照明电气设计 ······ 145

第一节 概述 ······ 145
一、照明电气设计的主要内容 ······ 145
二、照明电气设计应注意的事项 ······ 145
三、照明电气设计的具体步骤 ······ 145

第二节 电气设计基础 ······ 146
一、初始资料收集 ······ 146
二、照明供电 ······ 146
三、照明负荷计算 ······ 147

第三节 设备选择 ······ 149
一、线路的计算电流 ······ 149
二、导线和电缆选择与敷设 ······ 150
三、照明配电线路的保护与低压电器的选择 ······ 155

第四节 照明电气设计与施工 ······ 157
一、照明电气设计与施工标准 ······ 157
二、照明电气设计与施工的主要任务 ······ 157
三、照明电气设计施工图 ······ 157
四、照明电气施工与验收 ······ 161

思考题 ······ 161

第八章 照明与节能 ······ 162

第一节 照明控制 ······ 162
一、照明控制策略 ······ 162
二、照明控制方式 ······ 163
三、照明控制系统 ······ 163
四、照明控制的发展 ······ 166

第二节 天然光的利用 ······ 167
一、利用天然光的意义和优越性 ······ 167
二、天然光照明技术 ······ 167
三、天然光和人工照明的优化控制 ······ 170

第三节 照明节能 ······ 171
一、建筑与照明节能 ······ 171
二、各类建筑的照明节能指标 ······ 171

第四节 绿色照明 ······ 176
一、"绿色照明"的含义 ······ 176
二、"绿色照明"的内容 ······ 177
三、实施"绿色照明"的途径 ······ 177

思考题 ······ 178

第九章 照明测量 ······ 179

第一节 光检测器 ······ 179
一、光电效应 ······ 179
二、光电池 ······ 179
三、照度计 ······ 180

第二节 照度的现场测量 ······ 182
一、注意事项 ······ 183
二、测量方法 ······ 183
三、室内照度测量——实验指导书 ······ 184

第三节 亮度测量 ······ 187
一、亮度测量的原理 ······ 187
二、直接测量 ······ 187
三、间接测量 ······ 190

思考题 ······ 190

第十章 照明设计与应用 ······ 191

第一节 室内照明 ······ 191
一、住宅建筑照明 ······ 191
二、学校照明 ······ 193
三、办公照明 ······ 197
四、旅馆照明 ······ 198
五、商场照明 ······ 201

第二节 室外照明 ······ 204
一、体育场照明 ······ 204
二、道路照明 ······ 209
三、人行横道照明 ······ 214

第三节 城市夜景照明 ······ 215
一、城市夜景照明规划（专项） ······ 215
二、景观照明 ······ 216
三、建筑物泛光照明 ······ 220
四、广场照明 ······ 224

第四节 照明规划与设计实例 ······ 226
一、淮安市夜景照明规划 ······ 226
二、无锡市快速内环夜景设计 ······ 229
三、杭州市雷峰塔立面泛光照明设计 ······ 232
四、上海城市规划展示馆夜景照明设计 ······ 235

思考题 ······ 239

参考文献 ······ 240

第一章 绪 论

第一节 光的基本概念

光是能量的一种形态,这种能量能从一个物体传播到另一个物体,在传播过程中无须任何物质作为媒介。这种能量的传递方式称为辐射,辐射的含义是指能量从能源出发沿直线向四面八方传播,尽管实际上它并不总是沿直线方向传播的,特别在通过物质时,其方向会有所改变。光一度被认为是粒子束,后来经实践证明,光线的方向也是波传播的方向。约一百年前,人们已证实了光的本质是电磁波,此后又弄清了在波长极其宽阔的电磁波中,可见光波的范围仅占很小的一部分,如图1-1所示。

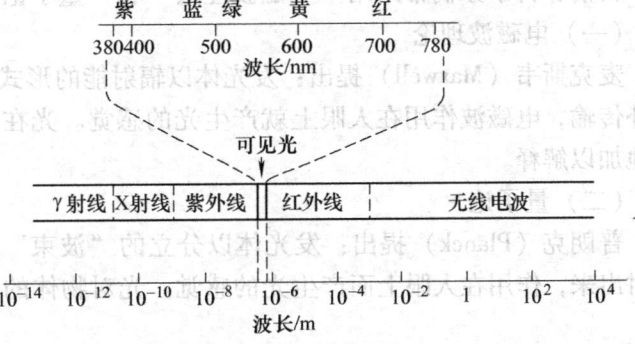

图 1-1 电磁波频谱

波长根据所在波谱中的不同位置,可以用单位 nm、μm 等表示。其中,$1nm = 10^{-9}m$,$1μm = 10^{-6}m$。

一、光辐射

1666 年,牛顿使一束自然光线通过棱镜,从而发现光束中包含组成彩虹的全部颜色。可见光谱的颜色实际上是连续光谱混合而成的,光的颜色与相应的波段如表 1-1 所示。可见

表 1-1 光的各个波长区域

波长区域/nm	区域名称	性 质	
100～200	真空紫外	紫外光	
200～300	远紫外		
300～380	近紫外		
380～450	紫	可见光	光辐射
450～490	蓝		
490～560	绿		
560～600	黄		
600～640	橙		
640～780	红		
780～1500	近红外	红外光	
1500～10000	中红外		
10000～100000	远红外		

光的波长从 380nm 向 780nm 增加时，光的颜色从紫色开始，按蓝、绿、黄、橙、红的顺序逐渐变化。任何物体发射或反射足够数量合适波长的辐射能，作用于人眼睛的感受器官，就可被人看见。

紫外线波谱的波长在 100～380nm 之间，紫外线是人眼看不见的。太阳是近紫外线发射源；人造发射源可以产生整个紫外线波谱。

红外线波谱的波长在 780nm～1mm 之间，红外线也是人眼看不见的。太阳也是天然的红外线发射源；白炽灯一般可发射波长在 5000nm 以内的红外线；发射近红外线的特制灯可用于理疗和工业设施。

紫外线、红外线两个波段的辐射能与可见光一样，可用平面镜、透镜或棱镜等光学元件进行反射、成像或色散。因而，将紫外线、可见光、红外线统称为光辐射。

二、光的本质

目前，科学家们常采用"电磁波理论"和"量子论"来阐述光的本质。

（一）电磁波理论

麦克斯韦（Maxwell）提出：发光体以辐射能的形式发射光，而辐射能又以电磁波形式向外传输，电磁波作用在人眼上就产生光的感觉。光在空间运动可以用"电磁波理论"圆满地加以解释。

（二）量子论

普朗克（Planck）提出：发光体以分立的"波束"形式发射辐射能，这些波束沿直线发射出来，作用在人眼上而产生光的感觉。光对物体的效应可用"量子论"圆满地加以解释。

对于照明工程师有着重要意义的光特性，量子论和电磁波论都做了一一说明。无论光被认为是波动性质还是光子性质，更确切地说，都属于电子运动过程产生的辐射。譬如，在气体放电中，被激励的电子返回到原子中较为稳定的位置时，将放射能量进而产生辐射。

三、光的辐射特性

为了研究光源辐射现象的规律，测定供给光源能量（比如说电能）转换成辐射能效率的高低，通常用下面的一些基本参量来描述光源的辐射特性。

（一）辐射量

1. 辐射能量 Q_e

光源辐射出来的光（包括红外线、可见光和紫外线）的能量称为光源的辐射能量。当这些能量被物质吸收时，可以转换成其他形式的能量。

辐射能量 Q_e 的单位为 J。

2. 辐射通量 Φ_e

光源在单位时间内辐射出去的总能量称之为光源的辐射通量。辐射通量也可称为辐射功率。

辐射通量 Φ_e 的单位为 W。

3. 辐射出射度 M_e

如果光源表面上的一个发光面积 A 在各个方向（在半个空间内）的辐射通量为 Φ_e，则该发光面的辐射出射度为

$$M_e = \frac{\Phi_e}{A} \tag{1-1}$$

辐射出射度 M_e 的单位为 W/m^2。

由于一般光源发光面上各处的辐射出射度是不均匀的，因此，发光面上某一微小的面积 dA 的辐射出射度，应该是该发光面向所有方向（在半个空间内）发出的辐射通量 $d\Phi_e$ 与面积 dA 之比，即

$$M_e = \frac{d\Phi_e}{dA} \tag{1-2}$$

（二）光谱辐射量

光源发出的光，往往由许多波长的光所组成。为了研究各种波长的光分别辐射的能量，还需对单一波长的光辐射作相应规定。

1. 光谱辐射通量 Φ_λ

光源发出的光在单位波长间隔内的辐射通量称为光谱辐射通量 Φ_λ，即

$$\Phi_\lambda = \frac{\Delta\Phi_e}{\Delta\lambda} \tag{1-3}$$

若波长 λ 单位为 m（为了方便，有时被描述为 nm），则光谱辐射通量 Φ_λ 的单位为 W/m。

由于光源发出的各种波长的光谱辐射通量 Φ_λ 一般是不同的，因此应取微小的波长间隔 $d\lambda$。在 λ 到 $(\lambda+d\lambda)$ 间隔内的辐射通量是 $d\Phi_e(\lambda)$，那么该波长 λ 处的光谱辐射通量为

$$\Phi_\lambda = \frac{d\Phi_e}{d\lambda} \tag{1-4}$$

2. 光谱辐射出射度 M_λ

光源发出的光在单位波长间隔内的辐射出射度称为光谱辐射出射度 M_λ：

$$M_\lambda = \frac{dM_e}{d\lambda} \tag{1-5}$$

光谱辐射出射度 M_λ 的单位为 $W/(m^2 \cdot m)$。

3. 光谱光视效能 $K(\lambda)$

光谱光视效能是用来度量由辐射能所引起的视觉能力。光谱光视效能 $K(\lambda)$ 的量纲被描述为流明每瓦（lm/W）（"流明"为光通量的量纲，本章第二节述及）。

4. 光谱光视效率 $V(\lambda)$

人眼在可见光谱范围内的视觉灵敏度是不均匀的，它随波长而变化。人眼对波长为 555nm 黄绿光的感受效率最高，而对其他波长光的感受效率却较低。故称 555nm 为峰值波长，以 λ_m 表示，并将其光谱光视效能 $K(\lambda_m)$（该值等于 683lm/W）定义为峰值光视效能 K_m。

为便于分析，将其他波长 λ 的光谱光视效能 $K(\lambda)$ 与 K_m 之比定义为光谱光视效率（又称视见函数或人眼的视觉灵敏度），即

$$V(\lambda) = \frac{K(\lambda)}{K_m} \tag{1-6}$$

也就是说，当波长在峰值波长 λ_m 时，$V(\lambda_m) = 1$；在其他波长 λ 时，$V(\lambda) < 1$（见图 1-2 中的

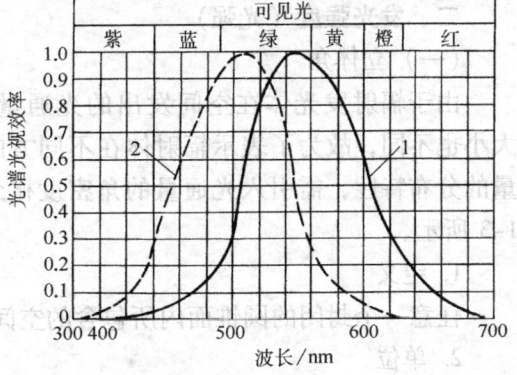

图 1-2 光谱光视效率曲线
1—明视觉 $V(\lambda)$ 2—暗视觉 $V'(\lambda)$

曲线1)。

值得指出的是，图中曲线 1 表示明视觉条件下的光谱光效率，曲线 2 表示暗视觉条件下的光谱光效率。在照明技术中，主要研究明视觉条件下的光谱辐射。

第二节 常用的光度量

除了特殊用处的光源（如红外光源和紫外光源）外，大量的光源均作为照明使用，而照明的效果最终是以人眼来评定的，仅用没有考虑人眼作用的能量参数来表达是不够的。因此照明光源的光学特性还应考虑用基于人眼视觉的光度量参数来描述。

本节介绍几个基本的、在照明中常用的光度量。

一、光通量

前面说过人眼对各种不同波长的光的视觉灵敏度 $V(\lambda)$ 是不一样的。波长为 555nm 的 $V(\lambda)$ 最大，等于 1，其他波长的 $V(\lambda)$ 都小于 1。如果在很小的波长间隔（$\lambda \sim \lambda + d\lambda$）内，光源的辐射通量是 $d\Phi_e$，那么在人眼中引起的光通量 $d\Phi$ 为

$$d\Phi = K(\lambda)d\Phi_e \tag{1-7}$$

把式 (1-4)、式 (1-6) 分别代入式 (1-7)，有

$$d\Phi = K_m V(\lambda)\Phi_\lambda d\lambda$$

将上式对波长进行积分，就可得到光源的总辐射通量在人眼中引起的光通量（Luminous flux）：

$$\Phi = K_m \int_0^\infty \Phi_\lambda V(\lambda) d\lambda = K_m \int_{380}^{780} \Phi_\lambda V(\lambda) d\lambda \tag{1-8}$$

式中 Φ——光通量，单位为 lm；

K_m——峰值光视效能，683lm/W（对应于 $\lambda = 555$nm）；

Φ_λ——光谱辐射通量，为便于描述，这里量纲取为 W/nm；

$V(\lambda)$——明视觉条件下的光谱光效率，无量纲系数。

积分限的变换是由于当波长小于 380nm 和大于 780nm 的不可见光时，$V(\lambda) = 0$。

流明是国际单位制和我国法定单位制的基本单位之一。在照明工程中，光通量是说明光源发光能力的基本量。例如，一只 220V、40W 的白炽灯发射的光通量为 350lm，而一只 220V、36W（T8 管）荧光灯发射的光通量为 2500lm，为白炽灯的 7 倍之多。

二、发光强度（光强）

（一）立体角

由于辐射发光体在空间发出的光通量不均匀，大小也不同，故为了表示辐射体在不同方向上光通量的分布特性，需引入光通量的角密度概念。如图 1-3 所示。

1. 定义

任意一个封闭的圆锥面内所包含的空间。

2. 单位

球面度（sr），即以圆锥顶为球心、r 为半径作一个球体，若锥面在球上截出面积 A 为 r^2，则该立

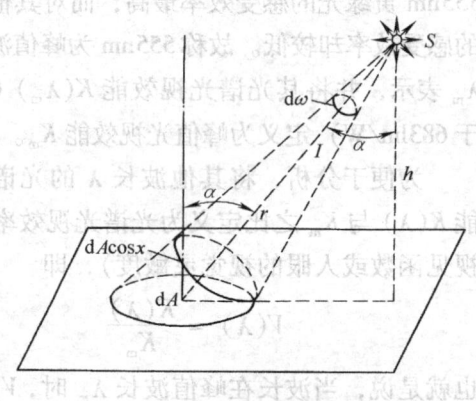

图 1-3 点光源的发光强度

体角称为一个单位立体角,又称为球面度(sr)。其表达式为

$$\omega = A/r^2$$

式中 A——面积,单位为 m^2。

由此可知,一个球体的立体角为 $\omega = A/r^2 = 4\pi r^2/r^2 \text{sr} = 4\pi \text{sr}$。

(二) 光强的定义

在图 1-3 中,S 为点状发光体,它向各个方向辐射光通量。若在某一方向上取微小立体角 $d\omega$,在此立体角内所发出的光通量为 $d\Phi$,则两者的比值定义为这个方向上的光强 (Luminous intensity) I。其表达式为

$$I = \frac{d\Phi}{d\omega} \tag{1-9}$$

(三) 光强的单位

光强的单位为坎德拉(cd),也就是过去的烛光(Candle-Power),数量上,$1 \text{cd} = 1 \text{lm/sr}$。光强用于说明光源发出的光通量在空间各方向或选定方向上的分布密度。

(四) 平均光强

若光源辐射的光通量 Φ_ω 是均匀的,则在立体角 ω 内的平均光强 I 为

$$I = \frac{\Phi_\omega}{\omega} \tag{1-10}$$

式中 Φ_ω——光源在立体角内所辐射的光通量,单位为 lm;
ω——光源辐射范围的立体角,单位为 sr;
I——在立体角内的平均光强,单位为 cd。

例如,一只 220V、40W 的白炽灯发射的光通量为 350lm 光通量,它的平均光强为 $350 \text{lm}/(4\pi \text{sr}) = 28 \text{cd}$。若在该裸灯上装一盏白色搪瓷平盘灯罩,那么灯的正下方发光强度可提高到 70~80cd;如果配上一个聚焦合适的镜面反射罩,那么灯下方的发光强度可以高达数百坎德拉。然而,在后两种情况下,灯发出的光通量并没有变化,只是光通量在空间的分布更为集中,相应的光强也就提高了。

三、照度

(一) 定义

照度(Illuminance)是用来表示被照面上光的强弱,它是以被照场所光通量的面积密度来表示的。即表面上一点的照度 E 定义为入射光通量 $d\Phi$ 与该单元面积 dA 之比,其表达式为

$$E = \frac{d\Phi}{dA} \tag{1-11}$$

照度的单位为勒克斯(lx),数量上,$1 \text{lx} = 1 \text{lm/m}^2$。

为了对照度有些实际概念,现列举几个例子:晴朗的满月夜地面照度约为 0.2lx;白天采光良好的室内照度为 100~500lx;阴天室内照度为 5~50lx;晴天室外太阳散射光(非直射)下的地面照度约为 1000lx;中午太阳光照射下的地面照度可达 10^5lx。

(二) 平均照度

对于任意大小的表面积 A,若入射光通量为 Φ,则表面积上的平均照度 E 为

$$E = \frac{\Phi}{A} \tag{1-12}$$

式中 A——受照面积,单位为 m^2;

Φ——受照面上所接受的光通量,单位为 lm;
E——受照面上的平均照度,单位为 lx。

四、光出射度

(一) 定义

具有一定面积的发光体,其表面上不同点的发光强弱可能不一致的。为表示这个辐射光通量的密度,可在表面上任取一个微小的单元面积 dA,如果它发出的光通量为 $d\Phi$,则该单元面积的光出射度(Luminous exitance)M 为

$$M = \frac{d\Phi}{dA} \tag{1-13}$$

(二) 单位

光出射度就是单位面积发出的光通量,单位为辐射勒克斯(rlx),1rlx 等于 $1 lm/m^2$。

(三) 平均光出射度

对于任意大小的发光表面 A,若发射的光通量为 Φ,则在表面 A 上的平均光出射度 M 为

$$M = \frac{\Phi}{A} \tag{1-14}$$

(四) 光出射度 M 与照度 E 之间关系

1) 光出射度和照度具有相同的量纲。
2) 光出射度表示发光体发出的光通量表面密度,而照度则表示被照物体所接受的光通量表面密度。
3) 对于因反射或透射而发光的二次发光表面,光出射度分别为

反射发光 $\qquad\qquad\qquad\qquad M = \rho E \tag{1-15}$

透射发光 $\qquad\qquad\qquad\qquad M = \tau E \tag{1-16}$

式中 ρ——被照面的反射比;
τ——被照面的透射比;
E——二次发光面上被照射的照度。

五、亮度

(一) 定义

光的出射度只表示单位面积上所发出的光通量,并没有考虑光辐射的方向,因此,它不能表征发光面在不同方向上的光学特性。如图 1-4 所示,在一个广光源上取一个单元面积 dA,从与表面法线成 θ 角的方向上去观察,在这个方向上的光强与人眼所"见到"的光源面积之比,定义为光源在这个方向的亮度(Luminance)。

由图中可以得出,能够看到的光源面积 dA' 及亮度 L_θ 分别为

$$dA' = dA\cos\theta、L_\theta = \frac{d\Phi}{d\omega dA\cos\theta} = \frac{I_\theta}{dA\cos\theta} \tag{1-17}$$

式中 dA——发光体的单元面积,单位为 m^2;

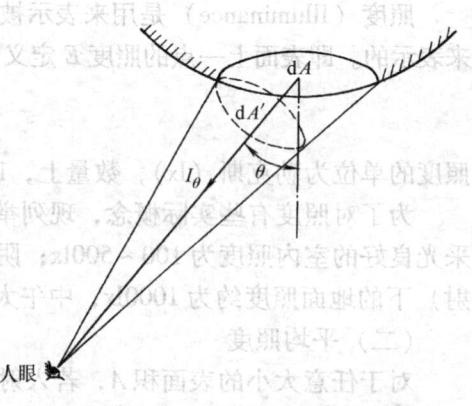

图 1-4 广光源一个单元面积上的亮度

θ——视线与受照表面法线之间的夹角,单位为度(°);

I_θ——与法线成 θ 角的给定方向上的光强,单位为 cd。

(二)单位

亮度的单位为坎德拉每平方米(cd/m²)或尼特(nt)。在数量上,$1nt = 1cd/m^2$。

(三)说明

1)如果 dA 是一个理想的漫射发光体或漫反射表面的二次发光体,它的光强将遵守朗伯余弦定律,即 $I_\theta = I_0\cos\theta$,如图 1-5 所示。

由式(1-17)得

$$L_\theta = \frac{I_0\cos\theta}{dA\cos\theta} = \frac{I_0}{dA} = L_0 \quad (1-18)$$

式中 I_0——发光体表面法线方向的光强,单位为 cd。

式(1-18)表明发光体的亮度 L_θ 与方向无关,即从任意方向看,亮度都是一样的。

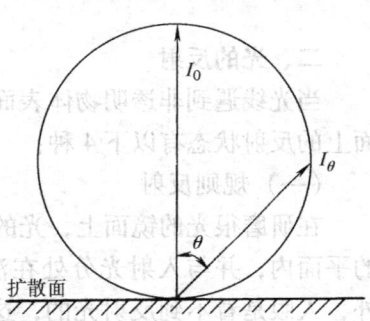

图 1-5 理想漫反射面的光强分布

2)对于完全扩散的表面,光出射度 M 与亮度 L 的关系为

$$M = \pi L \quad (1-19)$$

部分光源的亮度如表 1-2 所示。

表 1-2 部分光源的亮度

光 源	亮 度/cd·m⁻²	光 源	亮 度/cd·m⁻²
太 阳	1.6×10^9 以上	蜡 烛	$(0.5 \sim 1.0) \times 10^4$
碳极弧光灯	$(1.8 \sim 12) \times 10^8$	蓝 天	0.8×10^4
钨丝灯	$(2.0 \sim 20) \times 10^6$	电视屏幕	$(1.7 \sim 3.5) \times 10^2$
荧光灯	$(0.5 \sim 15) \times 10^4$		

第三节 材料的光学性质

一、反射比、透射比和吸收比

光线如果不遇到物体时,总是以直线方向进行传播;当遇到某种物体时,光线可能被反射,或者被吸收、被透射。光投射到非透明的物体时,光通量的大部分被反射,小部分被吸收;光投射到透明物体时,光通量除被反射与吸收一部分外,大部分则被透射。

材料对光的反射、吸收和透射性质可用相应的系数表示

反射比 $$\rho = \frac{\Phi_\rho}{\Phi_i} \quad (1-20)$$

吸收比 $$\alpha = \frac{\Phi_\alpha}{\Phi_i} \quad (1-21)$$

透射比 $$\tau = \frac{\Phi_\tau}{\Phi_i} \quad (1-22)$$

式中　Φ_i——投射到物体材料表面的光通量；

　　　Φ_ρ——Φ_i 之中被物体材料反射的光通量；

　　　Φ_α——Φ_i 之中被物体材料吸收的光通量；

　　　Φ_τ——Φ_i 之中被物体材料透射的光通量。

根据能量守恒定律，则有

$$\rho + \alpha + \tau = 1 \tag{1-23}$$

二、光的反射

当光线遇到非透明物体表面时，大部分光被反射，小部分光被吸收。光线在镜面和扩散面上的反射状态有以下 4 种：

（一）规则反射

在研磨很光的镜面上，光的入射角等于反射角，反射光线总是在入射光线和法线所决定的平面内，并与入射光分处在法线两侧，称为"反射定律"，如图 1-6 所示。在反射角以外，人眼是看不到反射光的，这种反射称为"规则反射"（Regular reflection），亦称定向反射（或镜面反射）。它常用来控制光束的方向，灯具的反射灯罩就是利用这一原理制作的。

（二）散反射

光线从某一方向入射到经散射处理的铝板、经涂刷处理的金属板或毛面白漆涂层时，反射光向各个不同方向散开，但其总的方向是一致的，其光束的轴线方向仍遵守反射定律。这种光的反射称之为"散反射"（Spread reflection），如图 1-7 所示。

（三）漫反射

光线从某一方向入射到粗糙表面或涂有无光泽镀层时，反射光被分散在各个方向，即不存在规则反射，这种光的反射称为"漫反射"（Diffuse reflection）。当反射遵守朗伯余弦定律，那么，从反射面的各个方向看去，其亮度均相同，这种光的反射则称为各向同性漫反射（或完全漫反射），如图 1-8 所示。

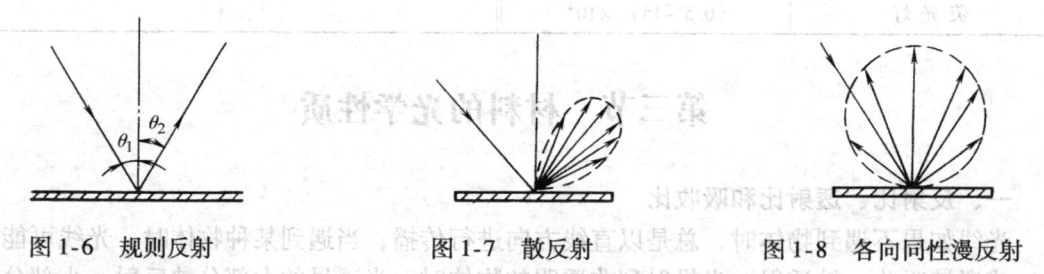

图 1-6　规则反射　　　　　图 1-7　散反射　　　　　图 1-8　各向同性漫反射

（四）混合反射

光线从某一方向入射到瓷釉或带有高度光泽的漆层上时，其反射特性介于规则反射与漫反射（或散反射）之间，则称之为"混合反射"（Mixed reflection），如图 1-9 所示。图 1-9a 为漫反射与规则反射的混合；图 1-9b 表示的是散反射与漫反射的混合；图 1-9c 表示的是散反射与规则反射的混合，在规则反射方向上的发光强度比其他方向要大得多，且有最大亮度，而在其他方向上也有一定数量的反射光，但亮度分布不均匀。

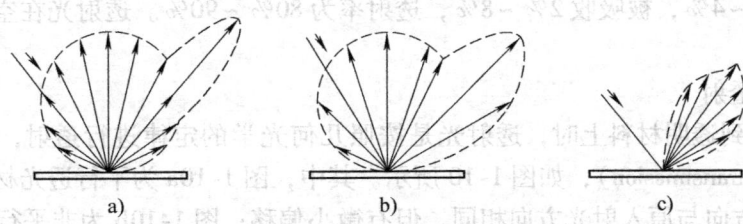

图1-9 混合反射

照明器（灯具）采用反射材料的目的在于把光源的光反射到需要照明的方向。为了提高效率，一般宜采用反射比较高的材料，此时反射面就成为二次发光面。部分材料的反射比和吸收比，如表1-3所示。

表1-3 部分材料的反射比和吸收比

	材 料	反 射 比	吸 收 比
规则反射	银	0.92	0.08
	铬	0.65	0.35
	铝（普通）	60～73	40～27
	铝（电解抛光）	0.75～0.84（光泽），0.62～0.70（无光）	—
	镍	0.55	0.45
	玻璃镜	0.82～0.88	0.18～0.12
漫反射	硫酸钡	0.95	0.05
	氧化镁	0.975	0.025
	碳酸镁	0.94	0.06
	氧化亚铅	0.87	0.13
	石膏	0.87	0.13
	无光铝	0.62	0.38
	率喷漆	0.35～0.40	0.65～0.60
	木材（白木）	0.40～0.60	0.60～0.40
建筑材料	抹灰、白灰粉刷墙壁	0.75	0.25
	红砖墙	0.30	0.70
	灰砖墙	0.24	0.76
	混凝土	0.25	0.75
	白色瓷砖	0.65～0.80	0.35～0.20
	透明无色玻璃（厚1～3mm）	0.08～0.10	0.01～0.03

三、光的透射

光线入射到透明或半透明材料表面时，一部分被反射、被吸收，而大部分可以透射过去。譬如，光在玻璃表面垂直入射时，入射光在第一面（入射面）反射4%，在第二面（透过面）反射3%～4%，被吸收2%～8%，透射率为80%～90%。透射光在空间分布的状态有以下4种：

（一）规则透射

当光线照射到透明材料上时，透射光是按照几何光学的定律进行透射，这就是"规则透射"（Regular transmission），如图1-10所示。其中，图1-10a为平行透光材料（如平板玻璃），透射光的方向与原入射光方向相同，但有微小偏移；图1-10b为非平行透光材料（如三棱镜），透射光的方向由于光的折射而改变了方向。

（二）散透射

光线穿过散透射材料（如磨砂玻璃）时，在透射方向上的发光强度较大，在其他方向上发光强度则较小。此时，表面亮度也不均匀，透射方向较亮，而其他方向则较弱，这种情况称为"散透射"（Spread transmission），如图1-11所示。

（三）漫透射

光线照射到散射性好的透光材料（如乳白玻璃等）时，透射光将向所有的方向散开，并均匀分布在整个半球空间内，这称为"漫透射"（Diffuse transmission）。当透射光服从朗伯余弦定律，即亮度在各个方向上均相同，则称为均匀（或完全）漫透射，如图1-12所示。

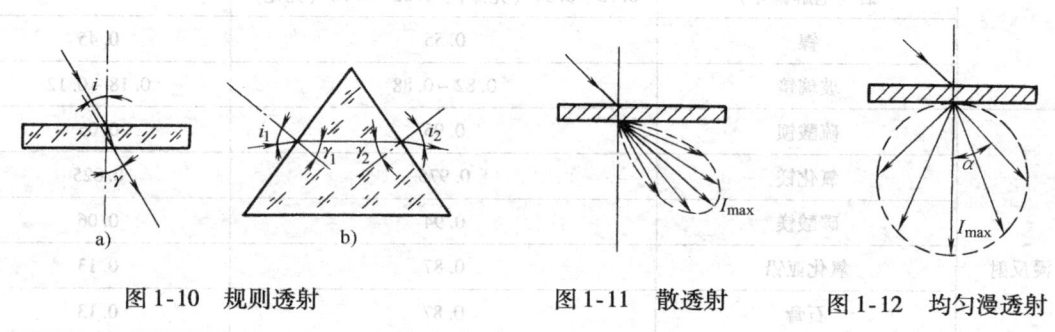

图1-10　规则透射　　　　图1-11　散透射　　　　图1-12　均匀漫透射

（四）混合透射

光线照射到透射材料上，其透射特性介于漫透射（或散透射）与规则透射之间的情况，称之为"混合透射"（Mixed transmission）。

四、材料的光谱特征

（一）光谱反射比

材料表面具有选择性地反射光通量的性能，即对于不同波长的光，其反射性能也不同。这就是在太阳光照射下物体呈现各种颜色的原因。为了说明材料表面对于一定波长光的反射特性，可引入光谱反射比这一概念。

光谱反射比ρ_λ定义为物体反射的单色光通量$\Phi_{\lambda\rho}$与入射的单色光通量$\Phi_{\lambda i}$之比

$$\rho_\lambda = \frac{\Phi_{\lambda\rho}}{\Phi_{\lambda i}} \tag{1-24}$$

图1-13所示的是几种颜色的光谱反射系数$\rho_\lambda = f(\lambda)$的曲线。由图可见，这些有色彩的表面在与其色彩相同的光谱区域内具有最大的光谱反射比。

通常所说的反射比 ρ 是对色温为 5500K 的白光而言。

（二）光谱透射比

透射性能也与入射光的波长有关，即材料的透射光也具有光谱选择性，用光谱透射比表示。光谱透射系数 τ_λ 定义为透射的单色光通量 $\Phi_{\lambda\tau}$ 与入射的单色光通量 $\Phi_{\lambda i}$ 之比

$$\tau_\lambda = \frac{\Phi_{\lambda\tau}}{\Phi_{\lambda i}} \tag{1-25}$$

通常所说的透射比 τ 是对色温为 5500K 的白光而言的。

材料的其他光学特性，如光的偏振、干涉和衍射等现象。在照明中，我们可以利用偏振光的特性，减少光滑表面上反射光线产生的眩光；在检测光源的光谱仪器中所使用的衍射光栅，就同时利用了干涉和衍射两种效应。

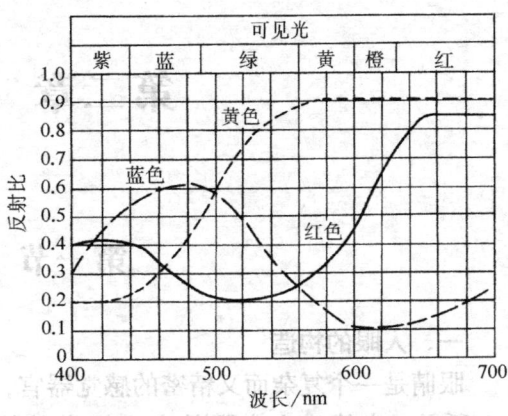

图 1-13 几种颜色的光谱反射系数

思 考 题

1. 光的本质是什么？人眼可见光的波长范围是多少？
2. 可见辐射、紫外辐射、红外辐射的含义是什么？
3. 说明以下常用照明术语的定义及其单位：
   （1）光通量
   （2）光强（发光强度）
   （3）照度
   （4）光出射度
   （5）亮度
4. 说明材料反射比、透射比和吸收比的含义以及它们三者之间的关系。
5. 光的反射有几种状态？并加以简单说明。
6. 光的透射有几种状态？并加以简单说明。
7. 什么是材料的光谱特征？通常所说的反射比、透射比的含义指的是什么？

第二章 视觉与颜色

第一节 人眼与视觉

一、人眼的构造

眼睛是一个复杂而又精密的感觉器官,如图 2-1 所示。光线进入人眼是产生视觉的第一阶段,作为一种光学仪器,人眼的工作状态在很多方面与照相机相似。其中,把倒像投射到视网膜上的透镜是有弹性的,它的曲率和焦距由"睫状肌"控制,其控制过程叫做调节。透镜的孔径即瞳孔的大小由虹膜控制,像自动照相机那样,在低照度下瞳孔孔径变大;而在高照度下瞳孔孔径缩小。

二、人眼的视觉

视觉并不是瞬息即逝的过程,它是"多步"编码和分析的最终产物,这些编码和分析的过程综合起来为人们提供环境亮度和色度变化图样的含义。照明设计师正是在满足人们视觉需求的基础上,营造舒适高效节能的光环境。

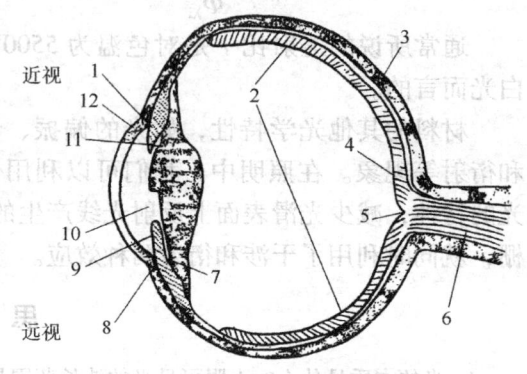

图 2-1 人眼的剖面图
1—透膜变圆 2—视网膜 3—巩膜
4—中央凹 5—盲点 6—视神经 7—睫状肌
8—透膜变平 9—虹膜张开 10—瞳孔
11—虹膜收缩 12—角膜

（一）视觉产生的过程

在光辐射中有一部分是人眼能够看见的。人眼怎么会感到这部分光呢?原来在人眼的视网膜上布满了大量的感光细胞。感光细胞有两种:锥状细胞和柱状细胞,如图 2-2 所示。

1. 锥状细胞

锥状神经的实际数量达几百万个,以中心凹区域分布最为致密。锥状神经的功能是在昼间看物体,而且可看到物体的颜色。色盲则由锥状神经功能失调所致。

2. 柱状细胞

柱状神经的数量也达几百万个,它们呈扇面形状分布在黄斑到视网膜边缘的整个区域内。柱状神经在黄昏光线下活跃,在夜视中起作用,但它们不能感知到颜色。在照度低的情

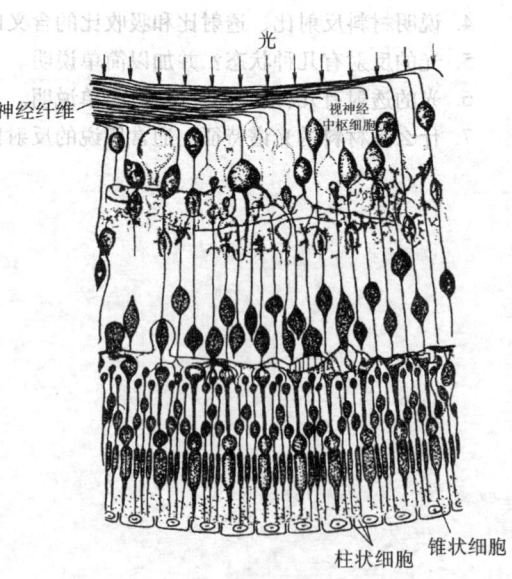

图 2-2 视网膜的剖面图

况下,柱状神经对蓝色光的敏感度要比锥状神经高许多倍。

3. 视觉产生

在柱状细胞和锥状细胞里都含有一种感光物质,当光线照到视网膜上时,感光物质发生化学变化,刺激神经细胞,最后由神经传到大脑,产生视觉。视觉过程是由人的大脑和眼睛共同完成的。

4. 视野

当人的头部不动时,眼睛能看见的范围称为视野。单眼的综合视野水平方向为180°,垂直方向为130°,水平面上方为60°,水平面下方为70°。

(二) 司辰视觉 (citopic)

2002年科学家们研究表明,在人眼的视网膜上还有一种能感受光的细胞,通过这些细胞将光信号传递到大脑的次丘脑超交叉神经,引起褪黑色素分泌的变化。如果褪黑色素减少人就要兴奋,反之就嗜睡,控制昼夜活动节律的生物钟,这种非视觉效应称为"司辰视觉"。因此,"司辰视觉"不会给人带来视看作用,只起到管理时间的功能,可协调和控制人们在不同时段里的活动节律和幅度。

司辰视觉是21世纪世界上十大发现之一,是眼睛的另一种特有的非视觉功能。根据对家鼠的研究:司辰视觉的光生物学效应在波长为465nm时为最大。但对人类来说,遗传学的研究表明,波长在480~485nm为最大。司辰视觉、暗视觉和明视觉的光谱光视效率曲线如图2-3所示。

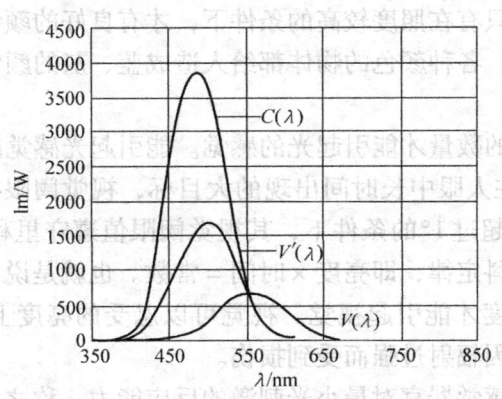

图2-3 司辰视觉、暗视觉和明视觉的光谱光视效能
$V(\lambda)$——明视觉 $V'(\lambda)$——暗视觉 $C(\lambda)$——司辰视觉

第二节 视觉特性

一、暗视觉、明视觉和中介视觉

视网膜上分布着"柱状细胞"和"锥状细胞"两种细胞。这两种细胞对光的感受性是不同的。其中,柱状细胞对光的感受性很高,而锥状细胞对光的感受性却很低。

(一) 暗视觉

视场亮度在 $10^{-6} \sim 10^{-2} cd/m^2$ 时,只有柱状细胞工作,锥状细胞不工作,这种视觉状态称为"暗视觉"。

（二）中介视觉

亮度在 $10^{-2} \sim 10 cd/m^2$ 时，柱状细胞、锥状细胞同时起作用，这种视觉状态称为"中介视觉"。

（三）明视觉

亮度超过 $10 cd/m^2$ 时，锥状细胞的工作起主要作用，这种视觉状态称为"明视觉"。

二、光谱灵敏度

不同的观察者的眼睛对各种波长的光的灵敏度稍有不同，而且还随着时间、观察者的年龄和健康状况而变。因此，只能从许多人的大量观察结果中取平均。国际照明委员会（Committee of Illuminating Engineering，CIE）承认的平均人眼对各种波长 λ 的光的光谱灵敏度（简称光谱光视效率）如图 1-2 所示。图中，$V(\lambda)$ 为明视觉的光谱光视效率曲线、$V'(\lambda)$ 则为暗视觉的光谱光视效率曲线。

柱状细胞的最大灵敏度在波长为 507nm 处，而锥状细胞的最大灵敏度在波长为 555nm 处。因此，黄昏亮度低，暗视觉柱状细胞工作时，绿光与蓝光显得特别明亮；而在白天亮度高，明视觉锥状细胞工作时，波长较长的光谱（如黄光与红光）显得明亮。

如同感光片对各种颜色光的感光灵敏度不同一样，人眼对各种颜色光的灵敏度也不一样，它对绿光的灵敏度最高，而对红光的灵敏度则低得多。也就是说，相同能量的绿光和红光，前者在人眼中引起的视觉强度比后者所引起的大得多。

虽然柱状细胞对光的感受性很高，但它却不能分辨颜色；只有锥状细胞在感受光刺激时，才有颜色感。因此，只有在照度较高的条件下，才有良好的颜色感；而在低照度的暗视觉中，颜色感很差，此时，各种颜色的物体都给人造成蓝、灰的颜色感。

三、视觉阈限

光刺激必须达到一定的数量才能引起光的感觉。能引起光感觉的最低限度的亮度称为视觉的"绝对阈限"。对于在人眼中长时间出现的大目标，视觉阈限亮度为 $10^{-6} cd/m^2$。在呈现时间少于 0.1s，视角不超过 1°的条件下，其视觉阈限值遵守里科定律，即亮度×面积 = 常数；也遵守帮森—罗斯科定律，即亮度×时间 = 常数。也就是说，目标越小，或呈现的时间越短，越需要更高的亮度才能引起视觉。视觉可以忍受的亮度上限约为 $10^6 cd/m^2$，超过这个数值，视网膜就可能因辐射过强而受到损伤。

绝对阈限的倒数表明感觉器官对最小光刺激的反应能力，称之为"绝对感受性"。实验证明，在充分适应黑暗的条件下，人眼的绝对感受性非常之高，即人眼视觉阈限十分小。

四、视觉适应

视觉器官的感觉随着接收的亮度和颜色的刺激而变化的过程，称为"视觉适应"。它可分为明适应与暗适应。

（一）明适应

视觉系统适应高于几个 cd/m^2 亮度变化过程及终极状态称为"明适应"。

（二）暗适应

视觉系统适应低于百分之几 cd/m^2 亮度变化过程及终极状态称为"暗适应"。

对人眼来说，视觉适应过程不仅是一个生理光学过程，同时也是一个光化学过程。开始是瞳孔大小的变化，继之是视网膜上的光化学反应。明视觉是视网膜中心锥体细胞为主的视觉，而暗视觉则是以边缘的柱体细胞为主，视觉适应则包含着这两种细胞工作的转化过程。

一般说来，暗适应所需过渡时间较长。图2-4所示的变化曲线是在短时间内能看清白色测试目标所需的最低亮度界限（即亮度阈值）。可见，整个过程的开始阶段感受性增长很快，以后变得越来越慢，大约30min后才能趋于稳定。

明适应发生在由暗处到亮处的时候。开始时人眼也不能辨别物体，几秒到几十秒后才能看清物体。这个过程也是人眼的感受性降低的过程，起初瞳孔缩小，视网膜上感受性降低，柱状细胞退出工作，而锥状细胞开始工作。由图2-3可以看出，明适应时间较短，开始时感受性迅速降低，30s以后变化很缓慢，几百秒后则趋于稳定。

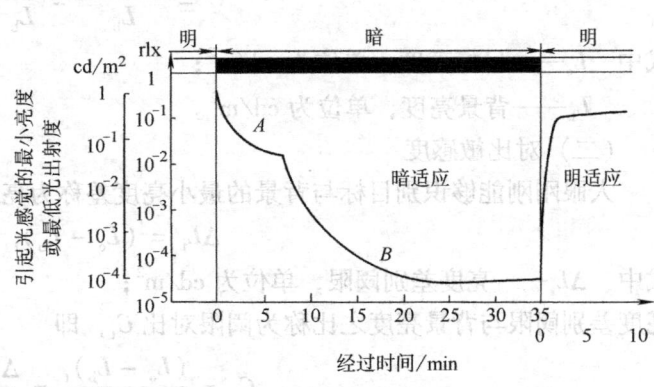

图2-4 明适应与暗适应

当视场内明暗急剧变化时，人眼不能很快适应，视力下降。为了满足眼睛适应性的要求，譬如，在隧道入口处必须有一段明暗过渡照明，以保证一定的视力要求；而隧道出口处因明适应时间很短，一般在1s以内，故可不作其他处理。

五、眩光

由于视野中的亮度分布或亮度范围的不适宜，或存在极端的对比，以致引起人眼的不舒适感觉或者降低观察细部（或目标）的能力，这种视觉现象统称为"眩光"。前者称为"不舒适眩光"，后者称为"失能眩光"。

影响眩光的因素有：

1）周围环境较暗时，眼睛的适应亮度很低，即使是亮度较低的光，也会有明显的眩光。

2）光源表面或灯具反射面的亮度越高，眩光越显著。

3）光源的大小。

一个明亮光源发出的光线，被一个有光泽的或半光泽的表面反射进入观察者眼睛，可能产生轻度分散注意力直至相当不舒适的感觉。当这种反射发生在作业面上时，就称为"光幕反射"；若发生在作业面以外时，就称为"反射眩光"。光幕反射会降低作业面的亮度对比，使目视工作效果降低，从而也就降低了照明效果。

第三节 视觉功效

人的视觉器官完成给定视觉作业能力的评价，称为视觉功效。视觉作业一般用完成作业的速度和精度表示，它既取决于作业固有的特性（大小、形状、作业细节与背景的对比等），又与照明条件有关。一般可用以下的指标评价。

一、对比敏感度与可见度

任何视觉目标都有它的背景。目标和背景之间在亮度或颜色上的差别，是人在视觉上能认知世界万物的基本条件。前者是亮度对比，后者为颜色对比。

（一）亮度对比

视野中目标亮度和背景亮度之差与背景亮度之比称为亮度对比 C，即

$$C = \frac{L_\text{o} - L_\text{b}}{L_\text{b}} = \frac{\Delta L}{L_\text{b}} \tag{2-1}$$

式中　L_o——目标亮度，单位为 cd/m^2；

L_b——背景亮度，单位为 cd/m^2。

（二）对比敏感度

人眼刚刚能够识别目标与背景的最小亮度差称为亮度差别阈限 ΔL_t，即

$$\Delta L_\text{t} = (L_\text{o} - L_\text{b})_\text{t} \tag{2-2}$$

式中　ΔL_t——亮度差别阈限，单位为 cd/m^2；

亮度差别阈限与背景亮度之比称为阈限对比 C_t，即

$$C_\text{t} = \frac{(L_\text{o} - L_\text{b})_\text{t}}{L_\text{b}} = \frac{\Delta L_\text{t}}{L_\text{b}} \tag{2-3}$$

阈限对比的倒数称为对比敏感度（或对比灵敏度），用符号 S_c 表示

$$S_\text{c} = \frac{1}{C_\text{t}} = \frac{L_\text{b}}{\Delta L_\text{t}} \tag{2-4}$$

S_c 不是一个固定不变的常数，它随照明条件而变化；同观察目标的大小和呈现的时间也有关系。在理想条件下，视力好的人能够分辨 0.01 的阈限对比，即对比敏感度最大可达 100。由式（2-4）可知，要提高对比敏感度，就必须增加背景的亮度。

（三）可见度

人眼确定物体存在或形状的难易程度称为可见度（或能见度）。在室内应用时，以目标与背景的实际亮度对比 C 与阈限对比 C_t 之比来描述，用符号 V 表示

$$V = \frac{C}{C_\text{t}} = \frac{\Delta L}{\Delta L_\text{t}} \tag{2-5}$$

在室内应用时，以人眼恰可看到标准目标的距离定义。

二、视觉敏锐度（视力）

被识别的物体或细节对观察点所形成的张角称为视角，通常以弧分来度量。

视觉敏锐度是人眼区分物体细节的能力，以眼睛刚好可以分辨的两个相邻物体（点或线）的视角的倒数定量表示，也称为视力。

视力与视觉系统的功能有关，随着年龄的增长而逐渐变差。特别是 50 岁以后，白内障使水晶体变混浊，视网膜功能衰竭，视力下降，即使背景亮度再高视力也很难提高。

视力也同视觉对象的亮度及观看时间有关。视目标的亮度越低，一定的视力所需的视觉认知的提示时间也就越长，而且还决定于视目标的明亮程度，在约 $\frac{1}{10}$ s 以下的提示时间内，视力的提高与时间成正比。

三、视亮度

人眼对物体的明亮程度的主观感觉。它受适应亮度水平和视觉敏锐度的影响，没有量纲。对于一个固定成分的光，在不同适应亮度条件下，其感觉亮度和实际亮度不同，或者在同一亮度条件下，不同成分的光，其亮度感觉也不同。也就是说，客观的亮度与感受到的亮

度之间会有差异。

第四节 颜色特性

一、光谱能量（功率）分布

颜色来源于光。可见光包含的不同波长的单色辐射在视觉上反映出不同的颜色。表2-1是各种颜色的中心波长及光谱的范围。

表 2-1 光谱中各种颜色的波长及其范围

颜 色	波 长/nm	波 长 区 域/nm
紫	420	380~450
蓝	470	450~480
绿	510	480~550
黄	580	550~600
橙	620	600~640
红	700	640~780

一个光源发出的光是由许多不同波长的辐射组成，其中各个波长的辐射能量（功率）也不同。光源的光谱辐射能量（功率）按波长的分布称为光谱能量（功率）分布，以光谱能量的任意值来表示光谱能量分布称为相对光谱能量分布。常用照明电光源的相对光谱功率（功率）分布，如图2-5所示。

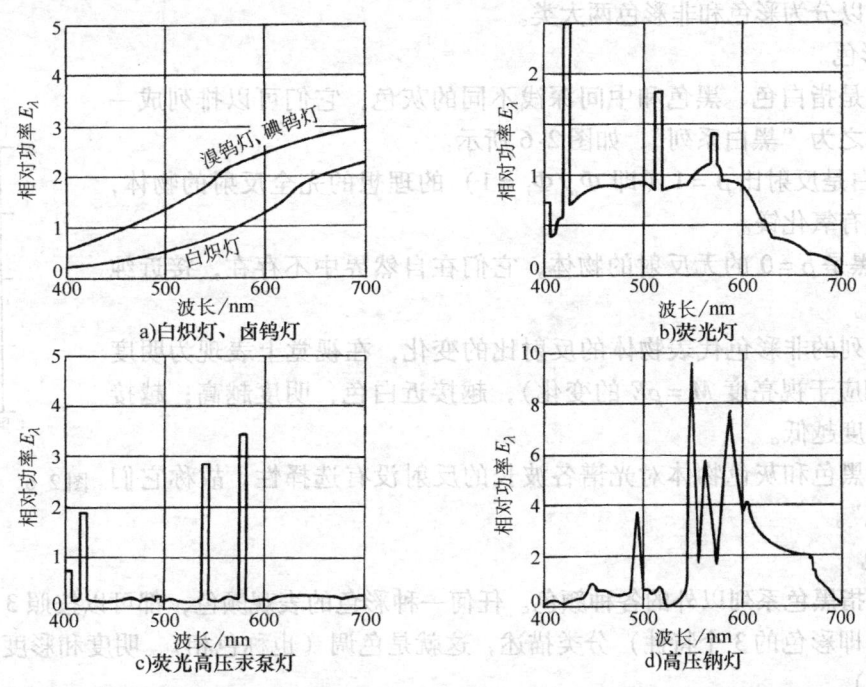

图 2-5　常用照明电光源的相对光谱功率分布

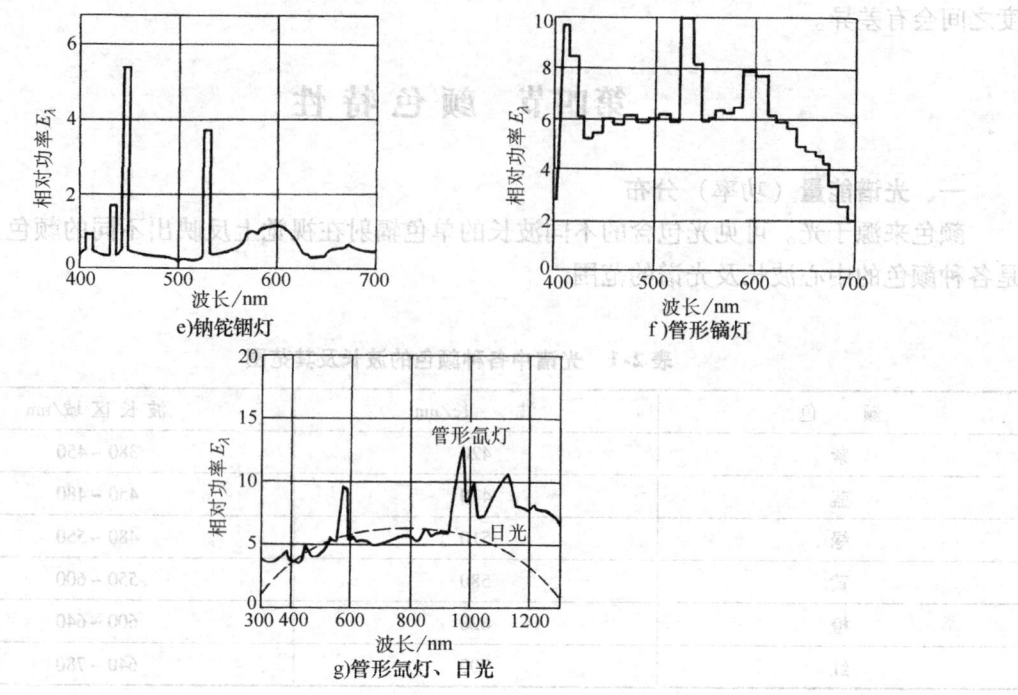

图 2-5 常用照明电光源的相对光谱功率分布（续）

物体的颜色是物体对光源的光谱辐射有选择地反射或透射对人眼所产生的感觉。

二、颜色的基本特征

（一）颜色分类

颜色可以分为彩色和非彩色两大类。

1. 非彩色

非彩色是指白色、黑色和中间深浅不同的灰色，它们可以排列成一个系列，称之为"黑白系列"，如图 2-6 所示。

1）纯白是反射比 $\rho = 1$（即 $\Phi_\rho/\Phi_i = 1$）的理想的完全反射的物体，接近纯白的有氧化镁。

2）纯黑是 $\rho = 0$ 的无反射的物体，它们在自然界中不存在，接近纯黑的有黑绒。

黑白系列的非彩色代表物体的反射比的变化，在视觉上表现为明度的变化（相应于视亮度 $M = \rho E$ 的变化），越接近白色，明度越高；越接近黑色，明度越低。

白色、黑色和灰色物体对光谱各波长的反射没有选择性，故称它们是"中性色"。

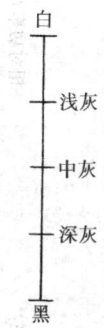

图 2-6 黑白系列

2. 彩色

彩色是指黑色系列以外的各种颜色。任何一种彩色的表观颜色，都可以按照 3 个独立的主观属性（即彩色的 3 个特性）分类描述，这就是色调（也称色相）、明度和彩度（有时也称为饱和度）。

1）色调（Hue）是各彩色彼此区别的特性。可见光谱不同波长的辐射，在视觉上表现为各种色调，如红、橙、黄、绿、蓝等。各种单色光在白色背景上呈现的颜色，就是光谱的色调。光源的色调决定于辐射的光谱组成对人眼所产生的感觉。物体的色调决定于物体对光源的光谱辐射有选择地反射或透射对人眼所产生的感觉。

2）明度（Lightness）是指颜色相对明暗的特性。彩色光的亮度越高，人眼越感觉明亮，它的明度就越高。物体颜色的明度则反映为光反射比的变化，反射比大的颜色明度高，反之明度低。

3）彩度（Chroma）指的是彩色的纯洁性。可见光谱的各种单色光彩度最高。当光谱色渗入白光成分越多时，其彩度越低；当光谱色渗入白光成分比例很大时，在眼睛看来，彩色光就变成了白光。当物体表面的反射具有很强的光谱选择性时，这一物体的颜色就具有较高的彩度。

非彩色只有明度的差别，没有色调和彩度这两个特性。因此，对于非彩色，只能根据明度的差别来辨认物体，而对于彩色，可以从明度、色调和彩度3个特性来辨认物体，这就大大提高了人们识别物体的能力。

（二）颜色立体

用一个三维空间的立体，可以把颜色的3个特性全部表示出来，此立体称之为"颜色立体"，如图2-7所示。

在颜色立体中，纵轴表示黑白系列明度的变化。色调由水平面上的圆周表示，圆周上各点代表不同的光谱色（红、橙、黄、绿、蓝、紫）；圆的中心是中灰色，它的明度和圆周上各种色调的明度相同。从圆周向圆心过渡，表示颜色彩度逐渐降低。

色调和彩度逐渐的改变，不一定伴随着明度的变化。当颜色在立体的同一平面上变化时，只改变色调或彩度而不改变明度。

颜色立体是一个理想化的示意模型，其目的是为了使人们易于理解颜色三特性的相互关系。在真实的颜色关系中，颜色立体中部的色调圆形平面是倾斜的；而且色调平面也不是一个真正的圆形。目前，孟塞尔颜色系统能够真实地表示颜色三特性相互关系的颜色立体模型。

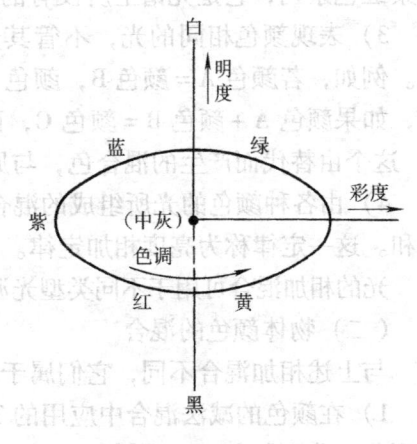

图2-7　颜色立体

（三）颜色环

颜色环是一个表示颜色及其混合规律的示意图。若把颜色饱和度最高的光谱色，依波长顺序围成一个圆环，并加上紫红色，便构成颜色立体的圆周，称之为颜色环，如图2-8所示。每一种颜色都在圆环上或圆环内占有一个确定位置，白色位于圆环的中心，颜色越不饱和，其位置越靠

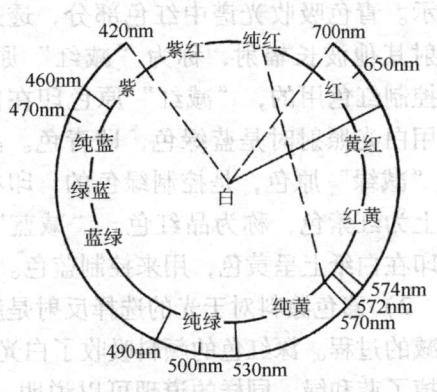

图2-8　颜色环

近中心。

三、颜色混合

人眼能够感知和辨认的每一种颜色都能用红、绿、蓝3种颜色匹配出来。但是，这3种颜色中无论哪一种都不能由其他两种颜色混合产生。因此，在色度学中将红、绿、蓝称为加法三原色。

颜色混合可以是颜色光的混合，也可以是物体颜色（彩色涂料或染料）的混合。这两种混合所得结果是不同的。

（一）颜色光的混合

它们属于相加混合，是由不同颜色的光谱引起眼睛的同时兴奋。光的混合具有以下规律：

1）凡两种颜色按适当比例混合能产生白色或灰色，这两种颜色称为互补色。颜色环圆心相对边的两种颜色都是互补色，即互补色若按适当比例混合，可得到白色或灰色。例如，黄和蓝、红和青、绿和品红是互补色。

2）颜色环上任何两种非互补色相混合时，可以产生中间色，其位置大致位于两种颜色相连的直线上，其色调取决于两颜色的比例。例如，420nm 紫色和700nm 红色相混合将产生紫红色系列，它是光谱上所没有的颜色。

3）表现颜色相同的光，不管其光谱组成是否相同，在颜色相加混合中具有同样的效果。例如，若颜色 A = 颜色 B，颜色 C = 颜色 D，则颜色 A + 颜色 C = 颜色 B + 颜色 D。另外，如果颜色 A + 颜色 B = 颜色 C，而颜色 E = 颜色 B，则同样有：颜色 A + 颜色 E = 颜色 C，这个由替代而产生的混合色，与原来的混合色在视觉上是等同的。

4）由各种颜色的光所组成的混合光的总亮度，等于组成混合光的各种颜色光的亮度的总和。这一定律称为亮度相加定律。

光的相加混合可用于不同类型光源的混合照明、舞台照明、彩色电视的颜色合成等方面。

（二）物体颜色的混合

与上述相加混合不同，它们属于相减混合。

1）在颜色的减法混合中应用的3个减法原色，分别是加法三原色红、绿、蓝的补色，即青色、品红色和黄色，如图2-9所示。青色吸收光谱中红色部分，透过或反射其他波长辐射，称为"减红"原色，是控制红色用的，"减红"原色印在白纸上用白光照射时是蓝绿色，即青色。品红为"减绿"原色，是控制绿色的，印在白纸上为红紫色，称为品红色。"减蓝"原色印在白纸上呈黄色，用来控制蓝色。

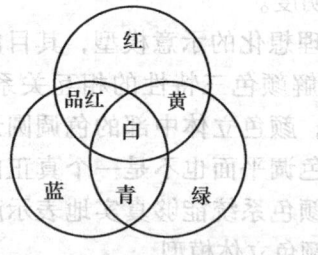
a)相加混合(光)

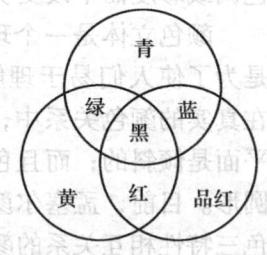
b)相减混合(物体色光)

图2-9 彩色的原色与中间色

2）彩色涂料对于光的选择反射是颜色相减的过程。深红色的颜料吸收了白光中大量的蓝和绿，仅反射红色，也就是它从入射光中减掉了蓝和绿。同样的道理可以说明一块黄色的滤光片由于减掉了蓝色，只透过红色和绿色，红光和绿光进而混合呈黄色。颜料和彩色滤光片的减色原理，如图2-10所示。

3）当两种颜料混合或两个彩色滤光片重合时，有重叠相减的效果，并且相减混合得到的颜色总比原来的颜色暗。例如，将黄色滤光片与青色滤光片重合，由于黄滤光片"减蓝"、青滤光片"减红"，重叠相减只透过绿色；同样，品红和黄色颜料混合，因品红滤光片"减绿"、黄色滤光片"减蓝"而呈红色；将品红、黄、青3种减法原色混合在一起，则彩色全被减掉而呈现黑色。

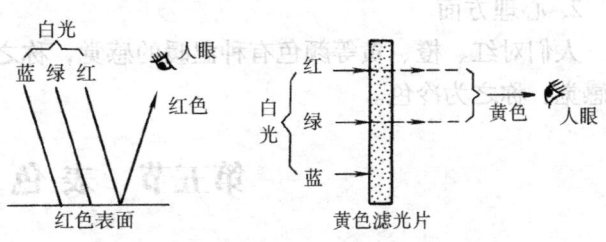

图2-10 颜料与彩色滤光片的减色原理

掌握颜色混合的规律，一定要注意颜色相加混合与颜色相减混合的区别，而不能误用日常配色经验。切忌将减法原色的品红色误为红色，将青色误称为蓝色，并以为红、黄、蓝是减法三原色，而造成与加法原色的红、绿、蓝混淆不清。

四、颜色视觉

人的视觉器官不但能反映光的强度，而且还能反映光的波长特性。前者表现为亮度的感觉，后者表现为颜色的感觉。颜色是物体的属性，通过颜色视觉，人们能从外界获得更多的信息。因此，颜色视觉在生产、生活中具有重要的意义。

在明视觉条件下，人眼对于380～780nm范围内的电磁波引起不同的颜色感觉。感觉的颜色从紫色到红色，相应的波长由短到长（见图2-1）。人眼是一种高效率的彩色匹配仪，具有正常视觉的人，其视网膜中央凹能够分辨各种颜色，属全色区。

（一）颜色对比

相邻的不同颜色，在观看时存在着相互影响，这种现象称为颜色对比。例如，在一块黄色背景上放张白纸，用眼睛注视白纸中心几分钟，白纸会出现蓝色。黄和蓝为互补色，即每一种颜色都在其周围诱导出一种确定的颜色，这种颜色称为被诱导色（原来诱导颜色的互补色或相似颜色）。

（二）颜色适应

人眼在颜色刺激的作用下所造成的颜色视觉变化，称为颜色适应。例如，先在日光下观察物体的颜色，然后突然改在室内白炽灯下观察物体的颜色，开始时，室内照明看起来带有白炽灯的黄色，物体的颜色也带有一些黄色。几分钟后，当视觉适应了白炽灯光的颜色，室内照明趋向变白，物体的颜色也趋向恢复到日光下的原来颜色。再如，在暗色背景上照射一小块黄光，当眼睛先看过大面积的强烈红光一段时间之后，再看这黄光，此时黄光呈现绿色；经过一段时间，眼睛会从红光的适应中逐渐恢复，绿色渐淡，几分钟后又成为原来的黄色。可见，对于某种颜色光适应以后，再观察另一颜色时，后者的颜色会发生变化，并带有适应光的补色成分。

（三）彩色对人的生理、心理作用

1. 生理方面

就眼睛对各种光色引起视觉疲劳而言，蓝、紫色最易引起疲劳，红橙色次之，黄绿、蓝绿、淡青等颜色最小。所以一般设备外壳颜色宜采用黄绿、蓝绿等颜色。眼睛对黄色较为敏感，因此，常用黄与黑或黄与蓝相间的彩色作为危险部位的警告色标。

2. 心理方面

人们对红、橙、黄等颜色有种温暖的感觉，称之为暖色；而对青、蓝、紫等色有冷、凉的感觉，称之为冷色。

第五节 表色系统

颜色的种类很多，日常采用不同的名称命名，如红、大红、朱红、粉红、紫红、桃红等。由于人感受的差别，这种命名往往会造成不确切的结果，因此须将颜色进行分类，并用数字、字母来表示，这很有必要。

表色系统可分为两类：

一类以颜色的3个特性为依据，即按色调、明度和彩度加以分类，这类系统称为"单色分类系统"。这是一个由标准的颜色样品系列所组成，并将它们按序排列予以命名的系统，需说明的颜色只要与这类系统中某一种颜色样品相一致，就可确定其颜色。目前用得最广泛的是孟塞尔表色系统。

另一类以三原色说为依据，即任意一种颜色可以用3种原色按一定比例混合而成，这类系统称为"三色分类系统"。这是一种以光的等色实验结果为依据、由色刺激来表示的体系。目前用得最为广泛的是 CIE 表色系统。

一、孟塞尔表色系统

孟塞尔表色系统是由孟塞尔创立的，它是一种采用颜色图册的表色系统，即按颜色的3个特性进行分类，并以它们的各种组合来表示。

（一）色调 H（孟塞尔色调）

如图2-11所示，按照红（5R）、黄红（5YR）、黄（5Y）、黄绿（5GY）、绿（5G）、蓝绿（5BG）、蓝（5B）、蓝紫（5PB）、紫（5P）、红紫（5RP）分成10种色调，每种色调又各自分成从0~10的感觉上的等距指标，共有40种不同的色调。

（二）明度 V（孟塞尔明度）

如图2-12所示，对同一色调的色彩来说，浅的明亮，深的阴暗。其中光波被完全吸收而

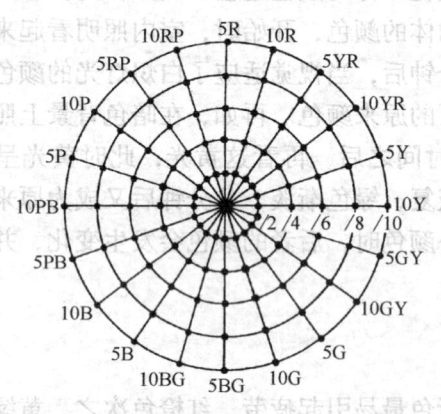

图2-11 孟塞尔表色系统中一定明度的
色调与明度

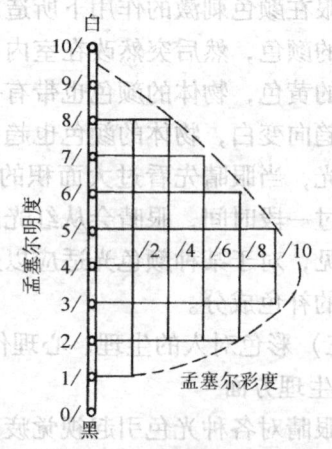

图2-12 孟塞尔表色系统中一个色调面上的
明度、彩度组成

不反射者为最暗,明度定为0;光被全部反射而不吸收者为最亮,明度定为10;在它们之间按感觉上的等距指标分成10等分来表示其明度。明度与反射比的关系,如表2-2所示。

表 2-2 明度与反射比的关系

明 度	反 射 比	明 度	反 射 比	明 度	反 射 比
10.0	1.000	6.5	0.353	3.0	0.0637
9.5	0.875	6.0	0.293	2.5	0.0450
9.0	0.766	5.5	0.240	2.0	0.0304
8.5	0.665	5.0	0.192	1.5	0.0198
8.0	0.575	4.5	0.151	1.0	0.0117
7.5	0.492	4.0	0.117	0.5	0.0057
7.0	0.420	3.5	0.088	0.0	0.0000

(三)彩度 C(孟塞尔彩度)

对相同明度的色彩来说,又有鲜艳和阴沉之分,鲜艳的程度称为彩度。如红旗的红,其彩度高;红豆的红,其彩度就低。一般光谱色(单色光,譬如5R、5Y、5G、5B、5P)的彩度最高。

色调和明度均具有一定的颜色,在图册排列中,把非彩色的彩度作为0,彩度按感觉上的等距指标增加。与明度有所不同,彩度规定为11个等级,不同的色调所分的等级也不同。例如蓝色为1~6,红色为1~16。对于一种颜色,数字越大,彩度就越高。图2-13所示的是孟塞尔表色系统中色立体图的一部分。

按上述色调、明度和彩度的分类,孟塞尔表色系统用数字和符号表示颜色的方法是:先写色调,其次写明度,然后在斜线下写出彩度,即表示为"HV/C"。譬如:红旗可表示为"5R5/10"。对于非彩色用符号N,再标上其明度,如N5。

二、CIE 表色系统

(一)三原色学说

眼睛受单一波长的光刺激产生一种颜色感觉,而受一束包含各种波长的复合光刺激也只产生一种颜色感觉,这说明视觉器官对刺激具有特殊的综合能力。研究证明,光谱的全部颜色可以用红、绿、蓝3种光谱波长的光混合得到,这就是颜色视觉的三原色学说。这种学说认为锥体细胞包含红、绿、蓝3种反应色素,它们分别对不同波长的光发生反应,视觉神经中枢综合这3种刺激的相对强度而产生一种颜色感觉。3种刺激的相对强度不同时,就会产生不同的颜色感觉。据此,可通过不同比例的3种原色

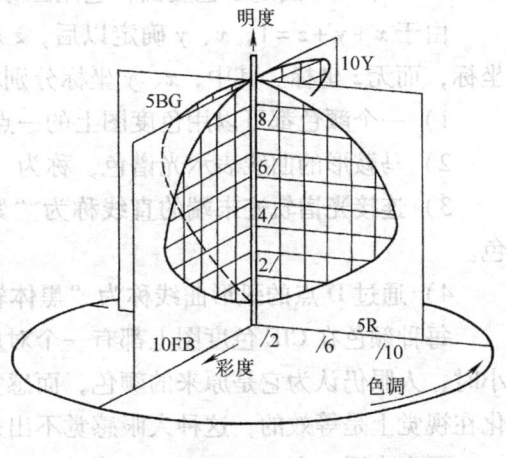

图 2-13 孟塞尔表色系统中色立体的组成

相加混合来表示某种特定颜色，即

$$[C] \equiv r[R] + g[G] + b[B] \tag{2-6}$$

式中　[C]——某种特定颜色（或被匹配的颜色）；

[R]、[G]、[B]——红、绿、蓝三原色；

r、g、b——红、绿、蓝三原色的比例系数，且满足 $r+g+b=1$；

$\equiv$——表示匹配关系，即在视觉上颜色相同，而能量或光谱成分却不同。

例如，蓝绿色用颜色方程式表示时，可写成 $[C] \equiv 0.06[R] + 0.31[G] + 0.63[B]$。

另外，匹配白色或灰色时，三原色系数必须相等，即满足 $r=g=b$。

如果 [R]、[G]、[B] 三原色相加混合得不到相等的匹配时，可将三原色之一加到被匹配颜色的一方，以达到相等的颜色匹配。此时，式（2-6）中有一项必为负值（假设为 [B]），这可以理解为该原色将被滤去，即 $[C] \equiv r[R] + g[G] - b[B]$。

由于 RGB 系统可能出现负值，故 CIE 另用 3 个假想的原色 X、Y、Z 来代替 RGB，任何一种颜色（光）的 X、Y、Z 比例都是不同的。颜色的色（度）坐标可以通过计算 X、Y、Z 各在 (X+Y+Z) 总量中的比例来获得，即

$$x = \frac{X}{(X+Y+Z)} \tag{2-7}$$

$$y = \frac{Y}{(X+Y+Z)} \tag{2-8}$$

$$z = \frac{Z}{(X+Y+Z)} \tag{2-9}$$

（二）CIE 色度图

1931 年 CIE 制定了色度图，它用三原色比例 x、y、z 来表示一种颜色，如图 2-14 所示。

由于 $x+y+z=1$，x、y 确定以后，z 就可以确定了。因此，在色度图中只有 x、y 两个坐标，而无 z 坐标。其中，x、y 坐标分别相当于红原色、绿原色的比例。

1) 一个颜色都可以用色度图上的一点来确定，这一点的色坐标为 (x, y)。

2) 马鞍形的曲线表示光谱色，称为"光谱轨迹"。

3) 连接光谱轨迹末端的直线称为"紫色边界"，它是光谱中所没有但自然界存在的颜色。

4) 通过 D 点的弧形曲线称为"黑体轨迹"，它表示黑体温度和色度的关系。

每种颜色在 CIE 色度图上都有一个对应的点。但就视觉而言，当颜色的坐标位置变化微小时，人眼仍认为它是原来的颜色，而感觉不出它的变化。也就是说，这个范围内的颜色变化在视觉上是等效的，这种人眼感觉不出来的颜色变化范围称之为"颜色宽容量"。

研究表明，在 CIE1931 XYZ 色度图上，不同位置的颜色宽容量是不同的，蓝色部分宽容量最小，绿色部分宽容量最大。即，在蓝色部分人眼对颜色的辨别力很强，而在绿色部分辨别力则较低。

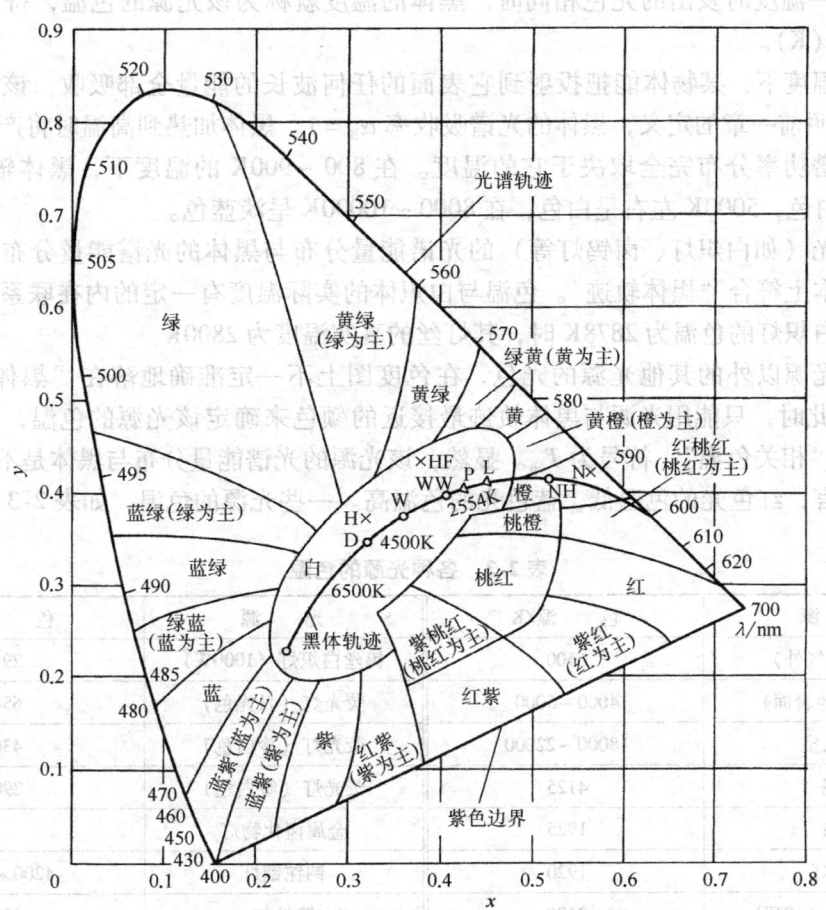

图 2-14　CIE 色度图

D—日光色荧光灯　　W—白色荧光灯　　WW—暖白色荧光灯
L—一般照明用白炽灯　　P—照明制版用灯　　H—高压水银灯　　HF—水银荧光灯　　N—钠灯　　NH—高压钠灯

第六节　颜色与显色

一、光源的颜色

照明光源的颜色质量常用两个性质不同的术语来表征：

1）光源的色表，即人眼观看光源所发出光的颜色（灯光的表观颜色）。

2）光源的显色性，即光源照射到物体上所显现出来的颜色。

光源的色表与显色性都取决于辐射的光谱组成。但是，不同光谱组成的光源可能具有相同的色表（同色异谱），而其显色性却有很大差异。同样，色表有明显区别的两个光源，在某种情况下，还可能具有大体相同的显色性。总之，不可能从一个灯的色表作有关其显色性的任何判断。

（一）光源的色温

在照明应用领域，常用色温定量描述光源的色表。当一个光源的颜色与黑体（完全辐射体）在某一温度时发出的光色相同时，黑体的温度就称为该光源的色温，符号为 T_c，单位为开尔文（K）。

在任何温度下，某物体能把投射到它表面的任何波长的能量全部吸收，该物体称之为"黑体"。按照前一章的定义，黑体的光谱吸收率 $\alpha_B = 1$。黑体加热到高温时将产生辐射，黑体辐射的光谱功率分布完全取决于它的温度。在 800~900K 的温度下，黑体辐射呈红色，3000K 呈黄白色，5000K 左右呈白色，在 8000~10000K 呈淡蓝色。

热辐射光（如白炽灯、卤钨灯等）的光谱能量分布与黑体的光谱能量分布近似，故其颜色变化基本上符合"黑体轨迹"。色温与白炽体的实际温度有一定的内在联系，但并不相等。例如，白炽灯的色温为 2878K 时，其灯丝的真实温度为 2800K。

热辐射光源以外的其他光源的光色，在色度图上不一定准确地落在"黑体轨迹"上，见图 2-14。此时，只能用光源与黑体轨迹最接近的颜色来确定该光源的色温，这样确定的色温称之为"相关色温"，符号为 T_{cp}。显然，该光源的光谱能量分布与黑体是不同的。

一般而言，红色光的色温低，蓝色光的色温高。一些光源的色温，如表 2-3 所示。

表 2-3 各种光源的色温

光　源	色　温/K	光　源	色　温/K
太阳（大气外）	6500	钨丝白炽灯（1000W）	2920
太阳（在地表面）	4000~5000	荧光灯（日光色）	6500
蓝色天空	18000~22000	荧光灯（冷白色）	4300
月亮	4125	荧光灯（暖白色）	2900
蜡烛	1925	金属卤化物灯	
煤油灯	1920	钠铊铟灯	4200~5000
钨丝白炽灯（10W）	2400	镝铽灯	6000
钨丝白炽灯（100W）	2740	钪钠灯	3800~4200
弧光灯	3780	高压钠灯	2100

（二）光源的显色性

照明光源显现被照物体颜色的性能称为"显色性"。光源的显色性是由光源的光谱功率分布所决定的，因此要判定物体颜色，就必须先确定光源。

1. 标准光源

CIE 规定了以下 4 种标准光源：

（1）标准光源 A　温度约为 2856K 的完全辐射体（黑体）发出的光，现实的标准光源 A 是色温为 2856K 的充气钨丝灯泡。

（2）标准光源 B　在标准光源 A 上加了一个特定的液体滤光器而得到近似 4874K 的黑体放射光，用它来代表直射阳光。

（3）标准光源 C　在标准光源 A 上加了一个特定的液体滤光器而得到近似 6774K 的黑体放射光，用它来代表平均昼光。

（4）标准光源 D_{65}　表示色温约为 6504K 的合成昼光。CIE 还规定了色温约为 5503K 的 D_{55} 和色温约为 7504K 的 D_{75} 等标准光源，作为典型的昼光色度。

目前，常以标准光源 A 作为低色温光源的参照标准，而以标准光源 D_{65} 作为高色温光源的参照标准，来衡量在各种不同光源照明下的颜色效果。

2. 显色指数

CIE 还制定了一种光源显色性的评价方法，即采用"显色指数"表示光源的显色性。

光源显色的优劣以显色指数定量评定，包括一般显色指数（R_a）与特殊显色指数（R_i）两种。R_a 的确定方法，是以选定的一套共 8 个有代表性的色样，在待测光源与参照光源下逐一进行比较，确定每种色样在两种光源下的色差 ΔE_i。然后，按照约定的定量尺度，计算每一种色样的显色指数 R_i

$$R_i = 100 - 4.6\Delta E_i \tag{2-10}$$

一般显色指数 R_a 则是 8 个色样显色指数的算术平均值

$$R_a = \frac{1}{8}\sum_{i=1}^{8} R_i \tag{2-11}$$

对于一般人工照明光源，只用 R_a 作为评价显色性的指标就够了。在需要考察光源对特定颜色的显色性时，尚可引用另外规定的 7 种色样中的一种或数种，作为特殊显色指数评价指标。这 7 种检验色样分别是深红、深黄、深绿、深蓝、白种人肤色、叶绿色、中国女性肤色。

毋庸置疑，光源的显色指数越高，其显色性越好。与参照光源完全相同的显色性，其显色指数为 100。一般认为

$R_a = 100 \sim 80$，显色性优良；

$R_a = 79 \sim 50$，显色性一般；

$R_a < 50$，显色性较差。

表 2-4 列出了我国生产的部分电光源的显色指数、色温以及色坐标。

表 2-4 电光源的颜色指标

光源名称	CIE 色坐标		色温/K	显色指数
白炽灯（500W）	$x = 0.447$	$y = 0.408$	2900	95~100
荧光灯（日光色（40W））	$x = 0.313$	$y = 0.337$	6500	70~80
荧光高压汞灯（400W）	$x = 0.334$	$y = 0.412$	5500	30~40
镝灯（1000W）	$x = 0.369$	$y = 0.367$	4300	85~95
普通型高压钠灯（400W）	$x = 0.516$	$y = 0.389$	2000	20~25

二、物体的颜色

物体表面的颜色是它对照射光线中某一种波长的光反射（或透射），比其他波长的光要强得多，反射（或透射）得最强的波长的光，即为该物体的色彩。物体呈现的色彩决定于本身的光谱反射比（或透射比）和光源的光谱能量分布。例如，黑色物体对各种彩色的光都吸收，不能反射光，因而无论什么彩色光或日光照射都显黑色。白色物体能将所有的彩色光都反射出来，日光照射时显白色，红光照射时显红色，其他彩色光照射时就显现与光源相同的彩色。再如，荧光高压汞灯的光谱中青、蓝、绿光多，而红光很少，照射在白黄色的人脸上反射的青、蓝、绿光较多，脸显青灰色。若用它照射在蓝布上，蓝布的光谱反射比以蓝

光为最强，蓝布吸收了其他颜色光而反射蓝光，蓝布就呈蓝色。如果用发射光谱中无蓝色光的钠灯照射蓝布时，绝大部分光线被蓝布吸收，几乎无反射光，此时蓝布呈现为黑色。

思 考 题

1. 什么是暗视觉、明视觉和中介视觉？
2. 明适应和暗适应有何区别？
3. 什么是眩光、不舒适眩光、失能眩光？影响眩光的因素有哪些？
4. 什么是黑白系列？
5. 说明彩色的3个特性。
6. 孟塞尔表色系统是如何表示颜色的？
7. CIE 表色系统是如何表示颜色的？
8. 光源的显色性、显色指数的含义是什么？

第三章 电 光 源

第一节 概 述

有许多物理和化学过程都能产生电磁辐射,为了达到照明的目的,人们最感兴趣的是在可见光范围内辐射的获得,也就是说波长在 380~780nm 范围内的辐射。但是,紫外和红外辐射在一定条件下,可以有效地转换成可见光。

将电能转换成光学辐射能的器件,称为电光源,而用作照明的称为照明电光源。目前使用的电光源,按照其工作原理可分为三大类:

一、热辐射光源

利用电能使物体加热到白炽程度而发光的光源,如白炽灯、卤钨灯。

二、气体放电光源

利用气体或蒸气的放电而发光的光源称为气体放电光源,如弧光放电灯和辉光放电灯。

1. 辉光放电灯

辉光放电灯主要利用负辉区的光或正柱区的光,如霓虹灯、氖灯、冷阴极荧光灯。

2. 弧光放电灯

弧光放电灯主要利用正柱区的光。根据正柱区的气体压力分为低压弧光放电灯和高压弧光放电灯。如荧光灯、低压钠灯是低压弧光放电灯;HID 灯、氙灯是高压弧光放电灯。

三、固体发光光源

利用适当的固体与电场相互作用而发光的光源,也称为电致发光光源。如场致发光灯(Electro Luminesent,EL)和半导体发光二极管(Light Emitting Diode,LED)。近年来,随着技术的进步,半导体发光二极管得到了长足的发展,已日渐成为新一代照明电光源。

第二节 白炽发光和热辐射

太阳发光是由于它的表面温度接近 6000K。所有的固体、液体以及气体如果达到足够高的温度,都会产生可见光。大约 3000K 时,白炽灯中的固体钨的炽热可能是现今最为人熟悉的人造光源。然而,我们的祖先可能对大约为 2000K 的火焰中的热的碳微粒,或者对大约为 1000K 的火中的灰烬更为熟悉。

这些例子揭示了白炽体的最重要的特性之一。随着辐射体的温度的升高,辐射的色表从暗红,经过桔黄、发白,然后是炽蓝。这样,色温也就随着辐射体的温度升高而提高。

一、黑体辐射

理想的白炽辐射体,就如所知的黑体或者完全辐射体,它的一般性质可以通过基本原理进行分析。黑体辐射不仅是理解白炽灯的基础,也是理解气体放电辐射的基础。

试验观察已表明,处于特定波长的一个好的吸收体,同时也是处于这个波长的好的辐射体。一个在宽的波长范围内,接近完美的吸收体是用吸收材料做的并在上面开了一个小孔的腔体。这个孔是一个几乎完美的吸收体,因为任何光线落到上面,都很少有机会被反射出来。作为一个接近完美的吸收体,这个孔是一个接近完美的辐射体,辐射接近最大可能的数量。这样一个腔体可以看作一个误差为1%的黑体或者完全辐射体,其辐射强度只依赖于腔的绝对温度$T(K)$,而与制造材料无关。

因此,辐射体可用一个固定的温度T来描述。热辐射也称为"温度辐射"或"平衡辐射",常用的钨丝灯属于热辐射光源,黑体辐射也属于热辐射的范畴。

(一) 普朗克公式

在经典辐射理论中,光的辐射被看成是由谐振子的振动所发出的,它的能量可以取连续变化的数值。根据经典辐射理论所得到的黑体辐射公式与实验不完全符合。1900年,普朗克开创性地引进了量子的概念以后,黑体辐射的问题才得到了圆满的解决。

普朗克将黑体看成是由带电的谐振子组成的,并假定:

1) 谐振子的最小能量单位

$$\varepsilon_0 = h\nu$$

式中　h——普朗克常数,单位为 $h = 6.626 \times 10^{-34} \text{J} \cdot \text{s}$;

ν——谐振子振动的频率,单位为 Hz;

ε_0——谐振子的能量,单位为 J。

2) 这些谐振子的能量不能连续变化,而只能取一些分立的值。它们是最小能量ε_0的整数倍,即,$E_n = n\varepsilon_0$,其中 $n = 0, 1, 2, \cdots$。

3) 在发射或吸收时,谐振子只能在这些分立状态之间跃迁,也就是说能量转移也只能以量子方式进行。

根据上述假定,得到以光谱辐射出射度表示的黑体辐射的普朗克公式,即

$$M_{\lambda B} = \frac{c_1}{\lambda^5 [\exp(c_2/\lambda T) - 1]} \times 10^{-9} \quad (3-1)$$

式中　c_1——常数,$c_1 = 3.741832 \times 10^{-16} \text{W} \cdot \text{m}^2$;

c_2——常数,$c_2 = 1.438786 \times 10^{-2} \text{m} \cdot \text{K}$;

T——黑体温度,单位为 K;

λ——波长,单位为 m;

$M_{\lambda B}$——黑体的光谱辐射出射度。为便于描述,量纲取($\text{W} \cdot \text{m}^2 \cdot \text{nm}^{-1}$),它表示黑体在其每平方米表面和每纳米波长间隔中辐射出的功率。

在温度为2000~4500K范围内,根据普朗克公式描述的黑体辐射曲线如图3-1所示。普朗克效应意味着热力学极限:它表示在温度为$T(K)$值时,没有任何物体能比黑体辐射出更

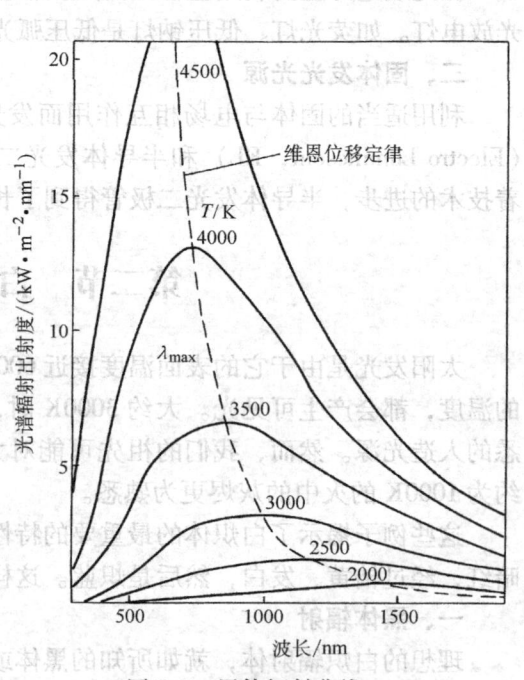

图3-1　黑体辐射曲线

大的功率。

（二）维恩位移定律

可见光区在 380~780nm 之间，维恩（Wien）位移定律描述了光色随着普朗克函数中的峰值波长（λ_{max}）向可见光区移动而变化的方法——将 $M_{\lambda B}$ 的表达式代入 $dM_{\lambda B}/d\lambda = 0$ 的关系式。由此，可得到维恩位移定律：

$$\lambda_{max} T = b \tag{3-2}$$

式中　λ_{max}——峰值辐射的波长，单位为 m；

　　　b——维恩常数，$b = 2.8977791 \times 10^{-3}$ m·K。

可见，随着温度升高，黑体辐射曲线的峰值波长 λ_{max} 逐渐移向短波，即黑体辐射的温度越高，最大辐射功率的波长就越移向可见光。维恩位移定律如图3-1中虚线所示。

（三）斯特藩—玻尔兹曼定律

图3-1 中曲线下所包围的面积也就是黑体的辐射出射度 M_{eB}，即，将 $M_{\lambda B}$ 的表达式在整个光谱区内进行积分：

$$M_{eB} = \int_0^\infty M_{\lambda B} d\lambda \tag{3-3}$$

由此，可得到斯特藩—玻尔兹曼定律（Stefan-Boltzmann）：

$$M_{eB} = \sigma_{eB} T^4 \tag{3-4}$$

式中　σ_{eB}——斯特藩—玻尔兹曼常数，$\sigma_{eB} = 5.67032 \times 10^{-8}$ W·m^{-2}·K^{-4}；

　　　M_{eB}——黑体的辐射出射度，单位为 W·m^2·nm^{-1}。

由图3-1可见，随着温度 T 升高，黑体的辐射出射度 M_{eB} 迅速增加。也就是说，如果提高工作温度，黑体产生的辐射通量可大大提高。

二、钨丝的辐射

实际上，所有的辐射体都不是黑体，其光谱辐射出射度 M_λ 总是比黑体的 $M_{\lambda B}$ 要小。为此，将两者之比定义为辐射体的光谱发射率，即

$$\varepsilon(\lambda, T) = \frac{M_\lambda}{M_{\lambda B}} \tag{3-5}$$

$\varepsilon(\lambda, T)$ 可用来表征真实辐射体的辐射特性，若辐射体的 $\varepsilon(\lambda, T)$ 随波长而变，则称之为"选择辐射体"。钨属于选择辐射体，随着波长的变短，其 $\varepsilon(\lambda, T)$ 的值增大，因而钨的光谱辐射出射度的峰值波长比同温度的黑体更接近可见光区，如图3-2 所示（在 3000K 时）。因此，用钨丝作光源比用同温度的黑体作光源的光效率要高。

通过实验及分析可知：钨丝热辐射的波长范围很广，其中可见光部分仅占很少的比例，紫外线也很少，绝大部分是红外线。钨丝辐射随着工作温度升高而增加，其中可见光部分比红外线增加得更快，因此钨丝的工作温度越

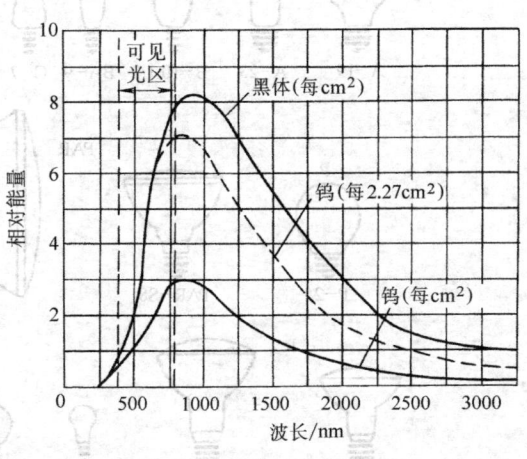

图3-2　同温度（3000K）下黑体和钨辐射的曲线

高,灯的光效率就越高。

三、白炽灯和卤钨灯

(一)白炽灯

白炽灯是利用钨丝通过电流时使灯丝处于白炽状态而发光的一种热辐射光源。白炽灯的灯丝在将电能转变成可见光的同时,还要产生大量的红外辐射和少量的紫外辐射。

1. 结构和材料

普通白炽灯的结构如图 3-3 所示,它由灯丝、支架、芯柱、引线、玻璃泡壳(简称"泡壳")和灯头等部分组成。

白炽灯的泡壳形式很多,一般常采用与灯泡纵轴对称的形式,例如球形、圆柱形、梨形等,以求有较高的机械强度以及便于加工,仅有很少的特殊灯泡是不对称的(如全反射灯泡等)。泡壳的尺寸及采用的玻璃则视灯泡的功率和用途而定。各种功率、用途的白炽灯,其典型外形,如图 3-4 所示,图中字母表示泡壳的形状,后面的数字表示最大直径是 $\frac{1}{8}$ in(即 3.175mm 的倍数,其中 1in = 25.4mm)的倍数。

白炽灯的钨丝是白炽灯泡的关键组成部分,是灯的"发光体",常用的灯丝形状有单螺旋和双螺旋两种(由于双螺旋灯丝发光效率高,使其成为发展方向)。特殊用途的灯泡甚至还采用了三螺旋形状的灯丝。根据灯泡规格的不同,钨丝具有不同的直径和长度。

白炽灯的灯头是灯泡与外电路灯座连接的部位,其外形有多种(如图 3-5 所示),并具有一定的标准,常用的灯头为螺口式(以字母 E 开头)和插口式(以字母 B 开头)两种。

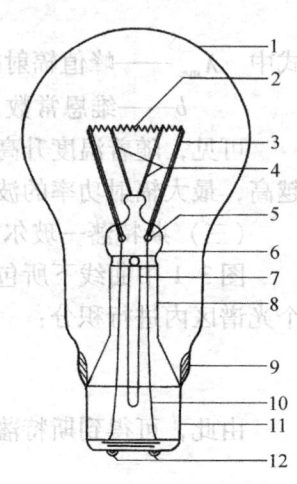

图 3-3 白炽灯的结构
1—玻璃泡壳 2—钨丝
3—引线 4—钼丝支架
5—杜美丝 6—玻璃夹封
7—排气管 8—芯柱
9—焊泥 10—引线
11—灯头 12—焊锡触点

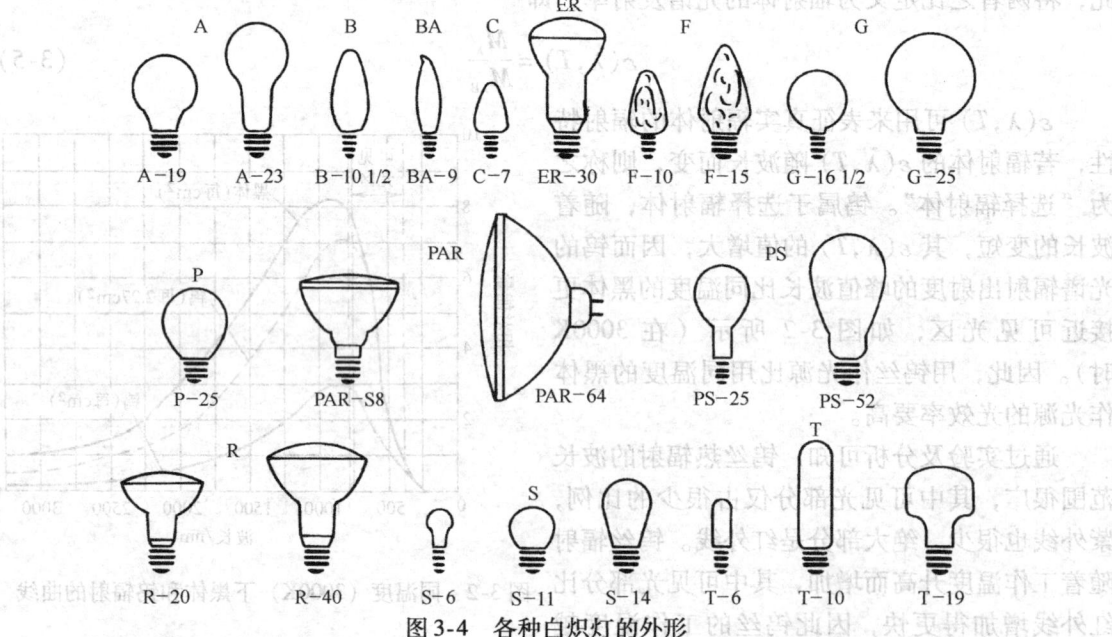

图 3-4 各种白炽灯的外形

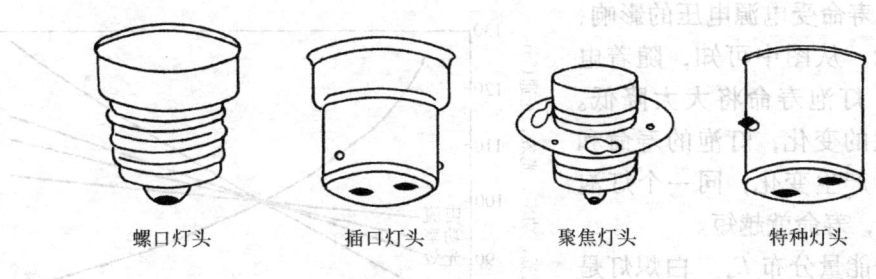

　　　螺口灯头　　　　插口灯头　　　聚焦灯头　　　特种灯头

图 3-5　几种灯头外形

目前，大部分白炽灯泡内都充氩、氮或氩—氮混合气体，氮的主要作用是防止灯泡产生放电。混合气体的比例可根据灯的工作电压、灯丝温度、引线之间的距离来确定。

消气剂也是白炽灯的一种重要材料，它能吸收灯中大量氧气、水汽等杂质气体。在灯的工作过程中，有些消气剂还能不断地吸收灯中陆续放出的杂质气体，有效地延长灯的寿命。

2. 光电参数

通常制造厂给出一些参数，以说明光源的特性，便于用户选用光源。

（1）额定电压 U_N　灯泡的设计电压称为"额定电压"。光源（灯泡）只能在额定电压下工作，才能获得各种规定的特性。使用时若低于额定电压，光源的寿命虽可延长，但发光强度不足，光效率降低；若在高于额定电压下工作，发光强度变强，但寿命缩短。因此，要求电源电压能达到规定值。

（2）额定功率 P_N　灯泡（管）的设计功率称为"额定功率"，单位为 W（给定某种气体放电灯的额定功率与其镇流器损耗功率之和称为灯的"全功率"）。

（3）额定光通量 Φ_N　在额定电压下工作，灯泡辐射出的是"额定光通量"，通常是指点燃 100h 以后，灯泡的初始光通量，以 lm 为单位。对于某些灯泡，例如反射型灯泡还应规定在一定方向的发光强度。

由于灯丝形状的变化、真空度（或充气纯度）的下降、钨丝蒸发粘附在灯泡内壁等因素，白炽灯在使用过程中光通量会衰减。充气白炽灯内的气体可以抑制钨丝的蒸发，因而光通量衰减情况较好。

通常还引入"光通量维持率"这一概念，它是指灯在给定点燃时间后的光通量与其初始光通量之比，用百分比表示。

（4）发光效率 η　用灯泡发出的光通量和消耗的电功率的比值来表示灯的效率，称作发光效率（简称"光效"），单位为 lm/W。普通白炽灯泡的光效很低，约为 9~12lm/W。

（5）寿命 τ　灯泡的寿命是评价灯的性能的一个重要指标，它有"全寿命"和"有效寿命"之分。

灯泡从开始点燃到不能工作的累计时间称为灯泡的"全寿命"（或者根据某种规定标准点燃到不能再使用的状态的累计时间）。

有效寿命是根据灯的发光性能来定义的。灯泡从开始点燃到灯泡所发出的光通量衰减至初始光通量的某一百分数（70%~85%）时的累计时间，称为灯的"有效寿命"。所谓"平均寿命"是指每批抽样试验产品有效寿命的平均值，产品样本上列出的光源寿命一般指平均寿命。白炽灯的有效寿命为 1000h。

白炽灯的寿命受电源电压的影响，如图3-6所示。从图中可知，随着电源电压升高，灯泡寿命将大大降低。随着灯丝温度的变化，灯泡的寿命和发光效率都将产生变化，同一个灯泡发光效率越高，寿命就越短。

（6）光谱能量分布 E_λ　白炽灯是热辐射光源，具有连续的光谱能量（功率）分布。

（7）色温 T_c、显色指数 R_a　白炽灯是低色温光源，一般为2400～2900K；一般显色指数为95～99。

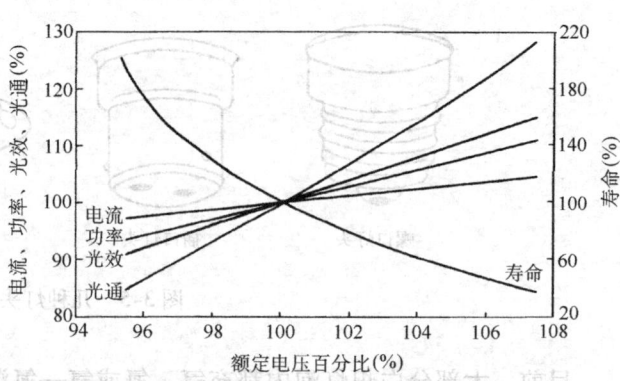

图3-6　白炽灯光电参数与电源电压关系

当电源电压变化时，白炽灯除了寿命有很大变化外，光通、光效、功率等也都有较大的变化，如图3-6所示。

（二）卤钨灯

填充气体内含有部分卤族元素或卤化物的充气白炽灯称为卤钨灯。卤钨灯也是一种热发光源，性能比普通钨丝白炽灯泡有了很大改进。

由于传统白炽灯在物理尺寸（即受黑化限制的单位泡壳面积的功率负载）、光效及经济寿命上的缺点，它的应用受到了很多限制。早在1882年就有一项专利（Schribner, 1882）阐述了利用氯元素来减慢泡壳黑化速度的化学输运循环。第二年斯旺（Swan）用卤素进行了试验，通过把氯气充入碳丝真空泡中，成功地减慢了泡壳黑化。然而，由于适用材料的实用性和控制这样一个活性的输运机理的限制，这一原理未能得到广泛的应用。直到1959年第一个商业实用型卤钨灯才被开发成功（Zubler and Mosby, 1959）。它实际上是由一根线状灯丝与内部充有少量碘的氧化硅（石英）灯管构成。

1. 卤钨循环的原理

当卤素加进填充气体后，如果灯内达到某种温度和设计条件，钨与卤素将发生可逆的化学反应。简单地讲，就是白炽灯灯丝蒸发出来的钨，其中部分朝着泡壳壁方向扩散。在灯丝与泡壳之间的一定范围内，其温度条件有利于钨和卤素结合，生成的卤化钨分子又会扩散到灯丝上重新分解，使钨又送回到了灯丝。至于分解后的卤素则又可参加下一轮的循环反应，这一过程称为卤钨循环或再生循环。卤素与钨反应的基本形式为

$$(\text{靠近灯丝})W + nX + A \Leftrightarrow WX_n + A(\text{靠近泡壳}) \quad (3-6)$$

式中　W——钨；

X——卤素；

n——原子的数目；

A——惰性气体。

这一可逆的化学反应过程表明：当温度高时，反应朝着有利于卤钨化合物分解的方向进行；反之，当温度低时，反应朝着有利于卤钨化合物生成的方向进行。

为了理解这个循环过程，详细分析一下沿着充有惰性气体和卤素的管子的轴线安置的钨丝的其工作情况，如图3-7所示。

1) 灯丝的工作温度一般在 2350～3150℃ 之间，温度高低取决于所需的寿命和工作电压。

2) 在灯丝和泡壳之间的惰性气体存在着温度梯度，这个梯度按划分的温度大小从灯丝径向地延伸到泡壳壁。

① 围绕灯丝的区域（区域1）无化学反应，该区域里的惰性气体、卤素原子、钨原子都以分离的成分存在。

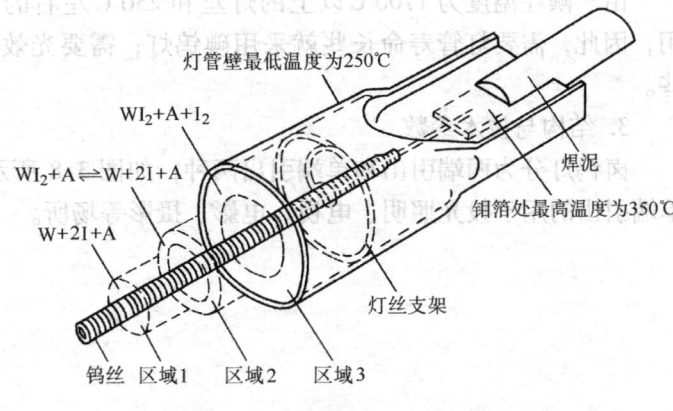

图 3-7 卤钨循环的简化机理

② 一个外区域（区域2），这些成分会发生反应，亦即使钨和卤素产生反应生成气态的卤化钨，其中靠近高温灯丝一边的卤化钨会分解。

③ 过此区域的低温边缘再向外直到泡壳壁的区域（区域3），这里没有热分解，只发生卤素原子的继续复合，并完成卤化钨的形成。

3) 这些卤化钨扩散到灯丝上，在对流中再循环重新分解成卤素和钨。可惜在多数情况下，再生钨并不直接回到灯丝上，而是游离在灯丝附近的区域内。

理论上氟、氯、溴、碘 4 种卤素都能在灯泡内产生再生循环，区别就在于循环时，产生各种反应所需的温度不同。目前，广泛采用的是溴、碘两种卤素，制成的灯则分别称为溴钨灯和碘钨灯，并统称为卤钨灯。

2. 卤素的选择

(1) 碘钨灯 碘钨灯是所有卤钨灯中最先取得商业价值的，其主要原因是由于维持碘再生循环的温度很适合许多实用灯泡的设计，特别适用于寿命超过 1000h 以上和钨蒸发速率不大的灯。

碘在室温下是固体，熔点是 113℃，沸点是 183℃，25℃ 时的蒸气压是 49.3Pa。主要的化学反应是 $W + 2I \rightleftharpoons WI_2$，反应温度约为 1000℃。要能成功地维持再生循环，则灯丝的最低温度应是 1700℃，泡壳壁温度至少达到 250℃。所需碘量要以多少钨需要再生而定，灯内呈紫红色的碘蒸气成分越多，那么被这种蒸气吸收而损失的光就越多，在实际设计中，光的损失可高达 5%。

(2) 溴钨灯 溴钨灯的寿命一般限制在 1000h 以内，钨丝的蒸发速率也比碘钨灯高，一般灯丝温度在 2800℃ 以上。在室温下，溴呈液体状，熔点是 -7.3℃，沸点是 58.2℃，25℃ 时的蒸气压是 30800Pa。溴钨循环和碘钨循环极为相似，在此循环中形成 WBr_2，所需温度约为 1500℃。

采用溴化物的优点是它们能在室温下以气体的形式填充入泡壳内，从而简化了生产过程。此外，灯内充入少量溴，实际上不会造成光吸收。因此光效的数值可比碘钨灯高 4%～5%，它形成再生循环的泡壳温度范围也比较宽，一般约为 200～1100℃。主要缺点是溴比碘的化学性能要活泼得多，若充入量稍微过量，即使灯的温度低于 1500℃ 时也会对灯丝的冷端产生腐蚀。

由于碘在温度为1700℃以上的灯丝和250℃左右的泡壳壁间循环，对钨丝没有腐蚀作用，因此，需要灯管寿命长些就采用碘钨灯；需要光效高的灯管可用溴钨灯，但寿命就短些。

3. 结构与技术参数

卤钨灯分为两端引出和单端引出两种，如图3-8所示。两端引出的灯管用于普通照明；单端引出的用于投光照明、电视、电影、摄影等场所。

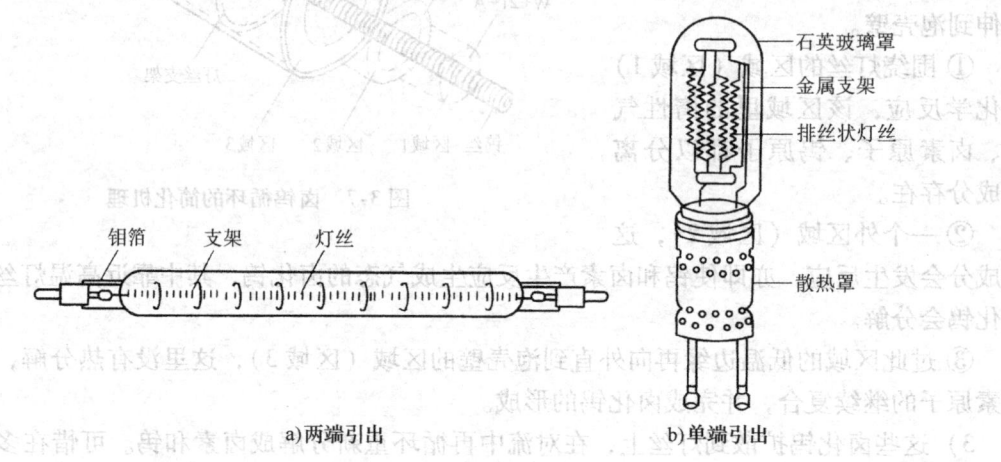

a) 两端引出　　b) 单端引出

图3-8　卤钨灯外形

由于卤钨循环使蒸发的钨又不断地回到钨丝上，抑制了钨的蒸发，并且因灯管内被充入较高压力的惰性气体而进一步抑制了钨蒸发，使灯的寿命有所提高，最高可达2000h，平均寿命为1500h，为白炽灯的1.5倍；因灯管工作温度提高，辐射的可见光量增加，使得发光效率提高，光效可达10~30lm/W；工作温度高，光色得到改善，显色性也好；卤钨灯与一般白炽灯比较，它的优点是体积小、效率较高、功率集中，因而可使照明灯具尺寸缩小，便于光的控制。因此灯具制作简单，价格便宜，运输方便。卤钨灯的显色性好，其色温特别适用于电视播放照明，并用于绘画、摄影和建筑物的投光照明等场合。

但是，在使用卤钨灯时，要注意以下几点：

1) 为维持正常的卤钨循环，使用时要避免出现冷端，例如，管形卤钨灯工作时，必须水平安装，倾角范围为±4°，以免缩短灯的寿命。

2) 管形卤钨灯正常工作时管壁温度约为600℃左右，不能与易燃物接近，而且灯管脚的引线应该采用耐高温导线，灯管脚与灯座之间的连接应良好。

3) 卤钨灯灯丝细长又脆，要避免振动和撞击，也不宜作为移动式局部照明。

第三节　气体放电

在电场的作用下，载流子在气体（或蒸气）中产生和运动，从而使电流通过气体（或蒸气）媒质时所发生的物理过程称为"气体放电"。利用气体放电发光的原理制成的灯，便是以下所要讨论的气体放电灯。虽然气体放电有很多种类，但各种气体放电灯的基本结构大同小异，一般可用图3-9所示的结构加以说明。

B是灯的泡壳，通常它是由透明的玻璃或石英按照所需的形状加工而成，有时则要用陶瓷或宝石等来做泡壳。A 和 C 是放电灯的电极。它们依靠一定的方法和泡壳 B 实现真空密封。其中，A 是阳极，C 是阴极。这样的区分是对直流灯而言的。而对交流灯，则没有阴、阳极之分，两极可交替作为阴、阳极之用。G 代表灯中所充气的气体。很显然，这些气体基本上不与泡壳、电板材料反应。它们可以是惰性气体，也可以是一些金属或金属化合物的蒸气。

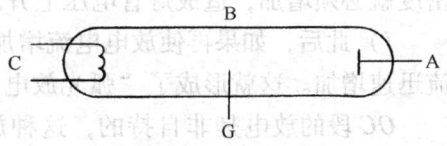

图 3-9　气体放电灯的结构示意

下面先定性讨论气体放电的形成和分类，然后再叙述气体放电灯的稳定工作问题。

一、气体放电的全伏安特性

如图 3-10a 所示，通过改变电源电压 U_0，测量在不同放电电流时的灯管电压 U，就可得到如图 3-10b 所示的关系曲线，该曲线称之为气体放电的"全伏安特性曲线"。

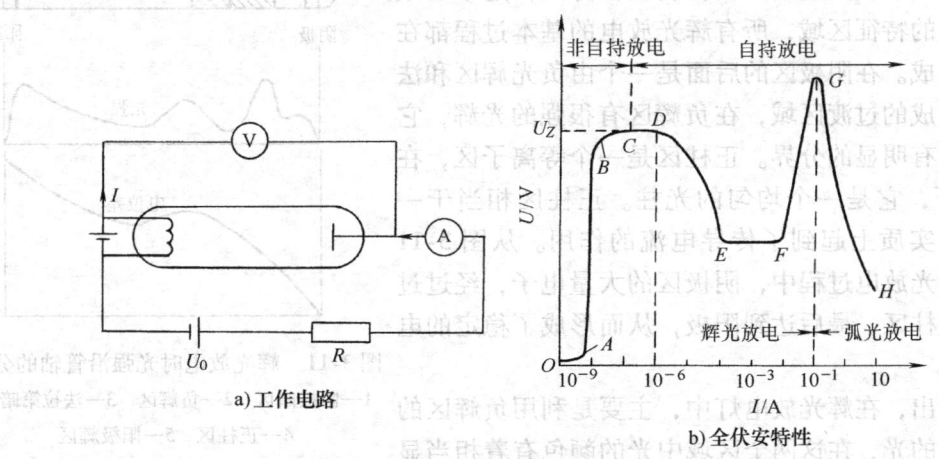

a) 工作电路　　　b) 全伏安特性

图 3-10　气体放电灯

气体放电的"全伏安特性曲线"的各段情况描述如下：

1) 由于外致电离，在灯管中存在带电粒子。在电场的作用下，这些带电粒子向电极运动，形成电流。随着电场的增强，带电粒子的速度增加，使电流增大，这就是 OA 段。

2) 当电场继续增强时，所有外致电离所产生的带电粒子全部到达电极，这使电流就饱和了，形成了 AB 段。

3) 如果电源电压 U_0 再继续升高，则电场将使初始的带电粒子的速度增加到很大，形成更多的电子，致使电子数雪崩式地增加。因此，往往称 BC 段为"雪崩放电"。

4) 在 C 点，通过灯管的电流突然增加至 D 点，管压降随即迅速降低（见 DE 段），同时在灯管中产生了可见的辉光。C 点称为气体放电的"着火点"，相应的电压 U_Z 称为灯管的"着火电压"。

5) 在 EF 段，不论增加 U_0 还是减小回路电阻 R 使电流增加，管压降基本不变，这一段称为"正常辉光放电"。正常辉光放电使管压降能维持不变是因为在这个范围内阴极并没有全部用于发射，用于发射的面积正比于电流，故此时阴极上的电流密度是一个常数。

6) 当整个阴极面都用于发射（对应于 F 点）之后，若还继续增大电流的话，阴极电流密度就必须增加，造成灯管电压上升。这样就进入"异常辉光发电"阶段FG。

7) 此后，如果再使放电电流增加，特性将又一次发生突变，灯管电压大幅度降低，电流迅速增加。这就形成了"弧光放电"的GH段。

OC段的放电是非自持的，这种放电称为"黑暗放电"，也就是说，若去除外致电离，电流即可停止。C点以后的放电是自持放电。从E点开始，以后就是稳定的自持放电，它包括辉光放电和弧光放电。从图3-10可以看出，"黑暗放电"电流大约在10^{-6}A以下，"辉光放电"电流为$10^{-6} \sim 10^{-1}$A，而"弧光放电"的电流约为10^{-1}A以上。

二、辉光放电灯

辉光放电灯的光强、电位等沿灯管轴向的分布情况，如图3-11所示。

根据发光的明暗程度，从阴极到阳极的空间可分为阴极暗区、负辉区、法拉第暗区、正柱区、阳极辉区等几个区域。其中，阴极暗区又称阴极位降区，这个区域是辉光放电的特征区域，所有辉光放电的基本过程都在这一区域完成。在阴极区的后面是一个由负光辉区和法拉第暗区组成的过渡区域，在负辉区有很强的光辉，它与阴极暗区有明显的分界。正柱区是一个等离子区，在一般情况下，它是一个均匀的光柱。正柱区相当于一个良导体，实质上起到了传导电流的作用。从图3-11可知，在辉光放电过程中，阴极区的大量电子，经过过渡区进入正柱区，最后达到阳极，从而形成了稳定的电流。

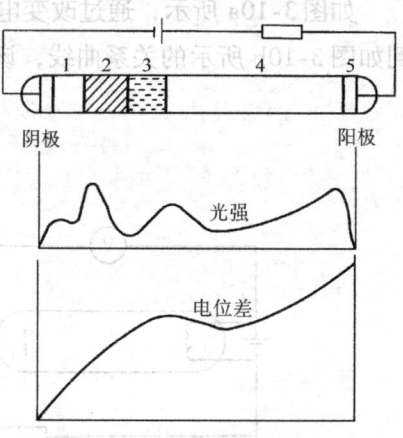

图3-11 辉光放电时光强沿管轴的分布
1—阴极暗区 2—负辉区 3—法拉第暗区
4—正柱区 5—阳极辉区

值得指出，在辉光放电灯中，主要是利用负辉区的光或正柱区的光，在这两个区域中光的颜色有着相当显著的差异。当灯管内气压降低时，正柱区的长度就要缩短，其他部分的尺寸则伸长，大约在1.33Pa时，正柱区的光便完全消失，法拉第暗区可扩展到阳极；另外，电极之间的距离增长或缩短，正柱区的长度也随之发生变化。

因此，利用正柱区发光的霓虹灯，灯内气体的气压不能太低，灯管要做得较长，还要将阴极部分的灯管涂黑，使负辉区的光透不过来；利用负辉区发光的辉光指示灯，灯管就要做得较短。

三、弧光放电灯

弧光放电可以用几种方法获得。通过升高电源电压或减小回路电阻来增加电流，放电就从"正常辉光"进入"异常辉光"。再增加电流时，由于电流密度加大而使正离子动能和数量不断增加，致使阴极温度升高产生热电子发射；或者使阴极材料大量蒸发而在阴极附近较薄的范围内产生很高的气压，形成极强的正空间电荷，从而产生强电场发射。无论是形成哪一种发射，都是使放电由"辉光"过渡到"弧光"。当然，弧光放电也可以不是由辉光放电过渡而来，而是由电极分离获得，即当电极分开的瞬间产生火花，其中将含有浓度很大的电子和离子，在这些电子和离子作用下迅速形成电弧。

与辉光放电一样，弧光放电的正柱区也是一个作为电流通道的等离子区，气体辐射主要在这里产生。根据正柱区的气体压力可分为低气压弧光放电和高气压弧光放电。低气压弧光放电的正柱区除具有更高的带电粒子浓度外，与辉光放电正柱区的性质基本一样。但是在高气压弧光放电中则有着不同的物理过程和性质。

（一）低气压弧光放电灯

低压汞灯（荧光灯）、低压钠灯等低气压弧光放电灯，当灯内气压很低（相当于 1013.25Pa）时，电子的自由程长，与气体原子碰撞次数少，电子能获得的能量多，相应的电子温度 T_e 比气体温度高得多，T_e 可达 5×10^4K 以上，而气体温度与管壁温度差不多。因此，在正柱区内的电离和激发，主要是靠电子的碰撞电离和碰撞激发。电子的碰撞激发几率与电子的能量有关，因而并不是所有的能级都一样被激发，而常常只是某些特定的能级被特别强地激发，因此，这些能级发出的线光谱特别强，如低压汞灯的 253.7nm 和低压钠灯 D 线（589nm）等。这就是说，低气压时，单个原子的性质占主导地位，辐射的光谱主要是该元素原子的特征谱线。因此，当气体（或蒸气）为不同元素时，由于特征谱线的不同表现出不同的色调。

（二）高气压弧光放电灯

当气压升高时，电子的自由程变小。在两次碰撞之间电子积累的能量很小，常不足以使气体原子激发和电离，而和气体原子发生弹性碰撞。由于气压高时，弹性碰撞的频率非常高，结果使电子动能减小，气体原子动能增加。相应地，电子的温度 T_e 降低，而气体的温度上升。当气压增加到一定高度时，等离子体的电子温度和气体温度变得差不多相同（电子温度总是比气体温度略高一些），这种状态称为"热平衡状态"，这种等离子体称之为"等温等离子体"（或高温等离子体），一般等温等离子体的温度可达 5000~7000K。在处于热平衡状态的正柱区中，电子的碰撞激发和电离所起的作用较小，高温气体的热激发和热电离（高能量原子之间的碰撞）则成为起主要作用的因素。当气压升高时，放电灯辐射的光谱也会发生明显的变化。在高气压放电中，由于相邻原子接近，原子之间的相互作用变强，使原子的特征谱线增宽。另外，高气压时电子、离子浓度很高，它们在放电管内复合的几率增加，而复合可以辐射的形式放出能量（电离能与电子、离子动能之和），此种现象称为"复合发光"。由于电子的动能是连续变化的，复合发光的波长也就不是固定的，而是连续可变的。复合发光的几率是随着气压升高而增加的，因此，在很高的气压下，辐射的光谱有很强的连续成分，高强气体放电灯（HID 灯）就是利用这个原理来得到连续光谱的。

四、气体放电灯的稳定工作

一般情况下，弧光放电具有负伏安特性（也有例外，如长弧氙灯）。具有负伏安特性的元件单独接至电网工作时是不稳定的。

假定某放电灯具有如图 3-12 中 a 线所示的伏安特性，且工作于一个确定的电压 U_1，通过的电流为 I_1。如果由于某种原因，电流从 I_1 瞬时增加到 I_2，这时就产生了一个过剩的电压 (U_1-U_2)，它将使电流进一步增加。同样，电流从 I_1 瞬时减小到 I_3，这时要维持 I_3，就差电压 (U_3-U_1)，这又导致电流进一步减小。可见，将具有负伏安特性的放电灯单独接到电网中去时，工作是不稳定的。它会导致电流无限制的增加，最后直到灯或电路的某一部分被大电流损坏为止。

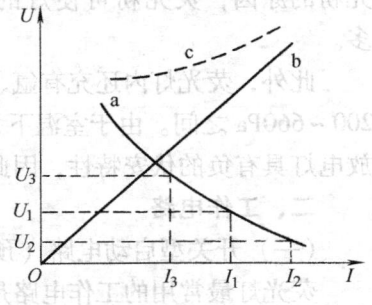

图 3-12 放电灯与电阻串联时的伏安特性

把灯和电阻串联起来使用,就可以克服电弧固有的不稳定性。图 3-12 中 a、b 分别为电弧和电阻的伏安性曲线,图 3-12 中 c 则是两者叠加的结果。不难看出,图 3-12c 具有正的伏安特性。在交流的情况下,还可用电感或电容来代替电阻。串联电阻、电感、电容或者它们之组合统称为"镇流器"或"限流器"。

第四节 荧 光 灯

荧光灯可以定义为一种低气压汞蒸气弧光放电灯,在它的玻璃管内壁上涂有荧光材料,因此把放电过程中产生的紫外线辐射转化为可见光。

1940 年左右,荧光灯最初用于普通照明并迅速普及。到 1970 年,荧光灯已成为最主要的人造光源。其高效能、良好的光输出,光输出持久性,颜色的多样性以及较长的使用寿命,使之在公共空间、商业等照明领域广泛采用。据估计全世界人造光源所发出光的总量中,大约 80% 是荧光灯所发出的。

自从 1980 年紧凑型荧光灯(CFLs)产品在欧洲问世至今,人们通俗地称之为节能灯。

一、结构与材料

荧光灯的结构如图 3-13 所示。它由内壁涂有荧光粉的钠钙玻璃管组成,其两端封接上涂覆三元氧化物电子粉的双螺旋形的钨电极,电极常常套上电极屏蔽罩。尤其在较高负载的荧光灯中,电极屏蔽罩一方面可以减轻由于电子粉蒸发而引起的荧光灯两端发黑,使蒸发物沉积在屏蔽罩上;另一方面可以减少灯的闪烁现象。灯管内还充有少量的汞,所产生的汞蒸气放电可使荧光灯发光。

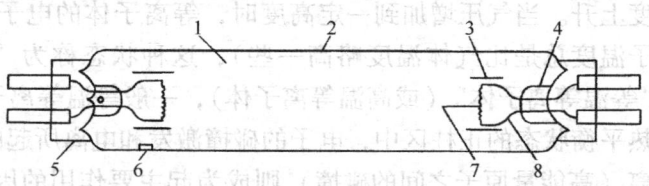

图 3-13 荧光灯的结构
1—氩和汞蒸气 2—荧光粉涂层 3—电极屏罩 4—芯柱
5—两引线的灯帽 6—汞 7—阴极 8—引线

在荧光灯工作时,汞的蒸气压仅为 1.3Pa,在这种工作气压下,汞电弧辐射出的绝大部分辐射能量是波长为 253.7nm 的紫外特征谱线,再加上少量的其他紫外线,也仅有 10% 在可见光区域。若灯管内没有荧光粉涂层,则荧光灯的光效仅为 6lm/W,这只是白炽灯泡的一半。为了提高光效,必须将 253.7nm 的紫外辐射转换成可见光,这就是玻璃管内要涂荧光粉的原因,荧光粉可使灯的发光效率提高到 80lm/W,差不多是白炽灯光效的 6 倍之多。

此外,荧光灯内还充有氩、氖、氪之类的惰性气体以及这些气体的混合气体,其气压在 200~660Pa 之间。由于室温下汞蒸气气压较低,惰性气体有助于荧光灯的起动。由于气体放电灯具有负的伏安特性,因此荧光灯必须与镇流器配合,才能稳定工作。

二、工作电路

(一) 开关型启动电路(预热式)

荧光灯最常用的工作电路是开关启动电路,如图 3-14a 所示。在开灯前,辉光启动器的双金属片的触点被一个小间隙隔开。当电源接通时,220V 电压虽不能使灯起动,但足以激发辉光启动器产生辉光放电,辉光放电产生的热量加热了双金属片,使双金属片弯曲直到接触。约1~2s后，电源通过辉光启动器、镇流器和电极灯丝形成了串联电路，一个相当强的预热电流迅速地加热灯丝，使其达到热发射的温度。一旦双金属片闭合，辉光放电即刻消失，此时双金属片开始冷却。冷却到一定温度后，它们复原弹开，并使串联电路断开。两电极闭合的一段时间也就是灯丝的预热时间（约0.5~2s）。灯丝经过预热，发射出大量电子，使灯的启动电压大大降低（通常可降低到未预热时启动电压的1/2~1/3）。由于电路呈感性，当电路突然中断时，在灯管两端会产生持续时间约为1ms的600~1500V的脉冲电压。这个脉冲电压很快地使灯内的气体和蒸气电离，电流即在两个相对的发射电极之间通过，这样灯就被点燃。灯点亮后，加在辉光启动器上的电压（即灯管两端的电压）只有约100V，而辉光启动器的熄灭电压在130V以上，所以不足以使辉光启动器再次发生辉光放电。这就是荧光灯的预热起动过程。

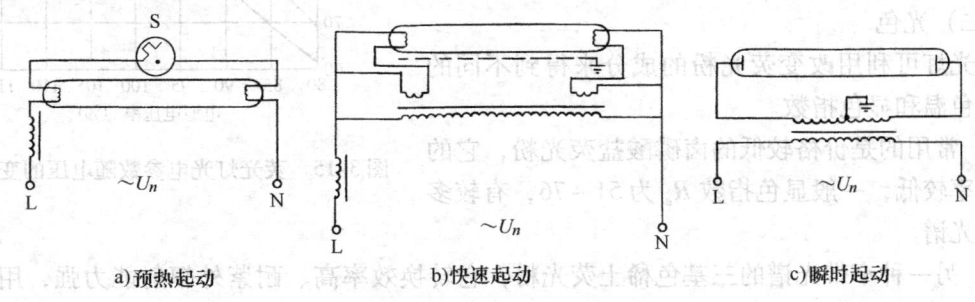

a) 预热起动　　　　b) 快速起动　　　　c) 瞬时起动

图3-14　荧光灯的起动电路

（二）变压器型起动电路

在这类电路中，必须区分阴极预热式的"快速起动"和冷阴极式的"瞬时起动"电路。

1. 快速起动（阴极预热式）

荧光灯的快速起动工作电路，如图3-14b所示。在这种电路中，变压器的主绕组跨接在灯管两端，二次绕组接到电极灯丝两头。电源接通，变压器一次绕组产生的高压虽不足以灯内产生放电，但二次绕组立即供给阴极加热。当阴极达到热电子发射温度时，灯就在高电压下击穿。灯点燃后，电路中的电流急剧增加。这时，在镇流器上建立起较高电压降，从而使灯管两端电压降到正常值。同时，灯丝变压器的电压随之降低，加热阴极的电流也降到较小的数值。由于放电灯管在管壁电阻很低或很高的情况下，灯的起动电压才最低，故可在灯管外的两端灯头之间敷设一条金属带，并将其中一个灯头接地，这样实现了减小管壁电阻，降低了灯的起动电压，从而达到可靠起动的目的。采用快速起动电路时，由于无须高压脉冲，加上阴极的电位降低，从辉光放电过渡到弧光放电的时间短，因而对阴极的伤害小。同样的灯，使用快速起动电路时寿命比开关起动电路和瞬时启动电路都要长得多。

2. 瞬时起动（冷阴极式）

冷起动对于具有无须预热就能起动的电极的灯是可能的。"IS（阴极）"名称就是以瞬时起动（Instantaneous Start）灯形命名的。另外，还有一些瞬时冷起动的荧光灯，采用圆柱形电极结构，工作时电极保持冷态，其典型的电路，如图3-14c所示。在该电路中，漏磁变压器给工作于50~120mA的冷阴极荧光灯提供1~10kV的瞬时起动电压。显然，这种工作方式对阴极的损伤较大。

三、工作特性

（一）电源电压变化的影响

电源电压变化对荧光灯光电参数是有影响的，供电电压增高时灯管电流变大、电极过热促使灯管两端早期发黑，寿命缩短。电源电压低时，启动后由于电压偏低工作电流小，不足以维持电极的正常工作温度，并加剧了阴极发射物质的溅射，使灯管寿命缩短。因此要求供电电压偏移范围为 ±10%。荧光灯光电参数随电压变化的情况，如图 3-15 所示。

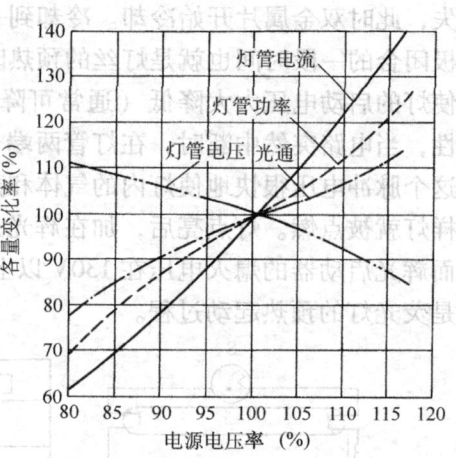

图 3-15　荧光灯光电参数随电压的变化

（二）光色

荧光灯可利用改变荧光粉的成分来得到不同的光色、色温和显色指数。

1) 常用的是价格较低的卤磷酸盐荧光粉，它的转换效率较低，一般显色指数 R_a 为 51～76，有较多的连续光谱。

2) 另一种窄带光谱的三基色稀土荧光粉，它转换效率高、耐紫外辐射能力强，用于细管径的灯管可得到较高的发光效率（紧凑型荧光灯内壁涂的是三基色稀土荧光粉），三基色荧光灯比普通荧光灯光效高 20% 左右。不同配方的三基色稀土荧光粉可以得到不同的光色，灯管一般显色指数 R_a 为 80～85，线光谱较多。

3) 多光谱带荧光粉，R_a >90，但与卤磷酸盐粉、三基色粉相比，效率低。

无论灯管的内壁涂敷何种荧光粉，都可以调配出三种标准的白色，它们是暖白色（2900K）、冷白色（4300K）、日光色（6500K）。

（三）环境温、湿度的影响

1) 环境温度对荧光灯的发光效率是有很大影响的。荧光灯发出的光通量与汞蒸气放电激发出的 254nm 紫外辐射强度有关，紫外辐射强度又与汞蒸气压有关，汞蒸气压与灯管直径、冷端（管壁最冷部分）温度等因素有关（冷端温度与环境温度有关）。

① 对常用的水平点燃的直管型荧光灯来说，环境温度 20～30℃，冷端温度 38～40℃ 时的发光效率最高（相对光通输出最高）。

② 对细管荧光灯，最佳工作温度偏高一点。

③ 对紧凑型细管荧光灯，工作的环境温度就更高些。

一般来说环境温度低于 10℃ 还会使灯管起动困难，灯管工作的最佳环境温度为 20～35℃。管壁温度及环境温度对荧光灯光输出的影响，如图 3-16 所示。

2) 环境湿度过高（75%～80%），对荧光灯的起动和正常工作也是不利的。湿度高时空气中的水分在灯管表面形成一层潮湿的薄膜，相当于一个电阻跨接在灯管两极之间，提高了荧光灯的起动电压，使灯起动困难。由于起动电压升高，使灯丝预热起动电流增大，阴极物理损耗加大，从而使灯管寿命缩短。

一般相对湿度在 60% 以下对荧光灯工作是有利的，75%～80% 时是最不利的。

（四）控制电路的影响

荧光灯所采用的控制电路类型对荧光灯的效率、寿命等都有影响。

1) 在辉光启动器预热电路中，灯的寿命主要取决于开关次数。优质设计的电子起动器，可以控制灯丝起动前的预热，并当阴极达到合适的发射温度时，发出触发脉冲电压，使灯更为可靠地起动，从而减少了对电极的损伤，有效地延长了荧光灯的寿命。

2) 应用高频电子镇流器的点灯电路也同样对灯丝电极的损伤极小，不会因为频繁开关

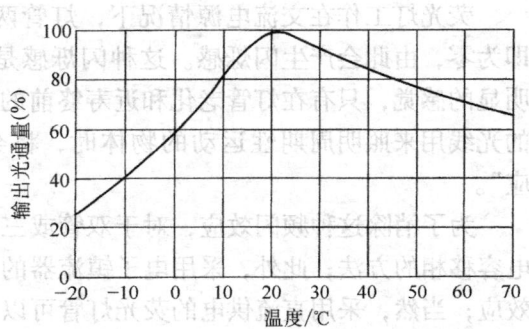

图3-16 荧光灯的光输出随环境温度的变化

而影响灯管寿命。大多数的电路在灯点燃期间提供了一定的电压持续辅助加热，它帮助阴极灯丝维持所需的电子发射温度。电极损耗的减少必然能提高荧光灯的总效率。

（五）寿命

当灯管的一个或两个电极上的发射物质耗尽时，电极再也不能产生足够的电子使灯管放电，灯的寿命即终止。

当灯工作时，阴极上的发射物质不断消耗；当灯起动时，尤其在开关起动电路工作时，阴极上还会溅射出较多的发射物质，这种溅射会使灯管的寿命缩短。我们知道，发射物质蒸发的速度在一定程度上也是依赖于充气压力的，充气压力减小会使蒸发速度增大，从而降低灯的寿命。

影响荧光灯寿命的另一个因素是开关灯管的次数。目前，灯管寿命的认定是根据国际电工委员会的规定（IEC81.1984）进行测试——将灯管用一个特制的镇流器点燃，基于每天开关8次或每3h开关一次的工作条件下来获得。这个寿命认定提供了灯管的中期期望寿命，它是大量的荧光灯同时点燃，其中50%报废的时间。总之，灯管开关次数越多，寿命则越短。

（六）流明维持（光通量衰减）

流明维持特性是指灯管在寿命期间光输出随点燃时间变化的情况，简称流明维持（或光通量衰减）。影响荧光灯流明维持的因素很多，包括玻璃的成分、灯的表面负载、充入惰性气体的种类和压力、涂层悬浮液的化学添加剂、荧光粉的粒度和表面处理以及灯的加工过程等。

1) 光通量衰减的主要原因是由于荧光粉材料的损伤。譬如，对高负载的灯和充气压力较低的灯，由于气体放电产生的短波长的紫外辐射（185nm）的增加，灯内荧光粉受到的损伤较大，因而灯的流明维持性能变差。

2) 灯管玻璃中的钠含量也是一个不可忽视的因素。

3) 造成光通量衰减还有一个原因是在荧光灯启动和点燃时，灯丝上所散落的污染物质沉积在荧光粉的表面；此外，当荧光灯工作相当长一段时间后，金属汞微粒在表面的吸附和氧化亚汞在表面的沉积，这使得荧光粉涂层表面呈明显的灰色。

为了防止荧光粉的恶化以及玻璃和汞反应引起的黑化，在现代制灯的技术中，采用先在玻璃上涂一层保护膜、然后再涂荧光粉的工艺，这极大地改善了荧光灯的流明维持特性。

（七）闪烁与频闪效应

荧光灯工作在交流电源情况下，灯管两端不断改变电压极性，当电流过零时，光通量即为零，由此会产生闪烁感。这种闪烁感是由于荧光粉的余辉作用，人们在灯光下并没有明显的感觉，只有在灯管老化和近寿终前的情况下才能明显地感觉出来。当荧光灯这种变化的光线用来照明周期性运动的物体时，将会降低视觉分辨能力，这种现象称为"频闪效应"。

为了消除这种频闪效应，对于双管或三管灯具可采用分相供电，而在单相电路中则采用电容移相的方法；此外，采用电子镇流器的荧光灯可工作在高频状态下，能明显地消除频闪效应；当然，采用直流供电的荧光灯管可以做到几乎无频闪效应。

（八）高频工作特性

当气体放电灯在交流供电情况下工作时，气体或金属蒸气放电的特性取决于交流电的频率和镇流器的类型。灯的等效阻抗近似为一个非线性电阻和一个电感的串联。在交流50/60Hz时，灯的阻抗在整个交流周期里一直不停地变化，从而导致了非正弦的电压和电流波形，并产生了谐波成分。荧光灯大约在工作频率超出1kHz时，灯内的电离状态不再随电流迅速地变化，从而在整个周期中形成几乎恒定的等离子体密度和有效阻抗。因此，灯的伏—安特性曲线趋于线性，波形失真也因之降低，如图3-17所示。荧光灯的高频工作特性曲线，如图3-18所示，从曲线中可看出，当其工作频率超过20kHz时，发光效率可提高10%～20%，同时荧光灯工作在高频状态下，可以克服闪烁与频闪给人带来的视觉不舒适。基于此原理，电子镇流器应运而生。

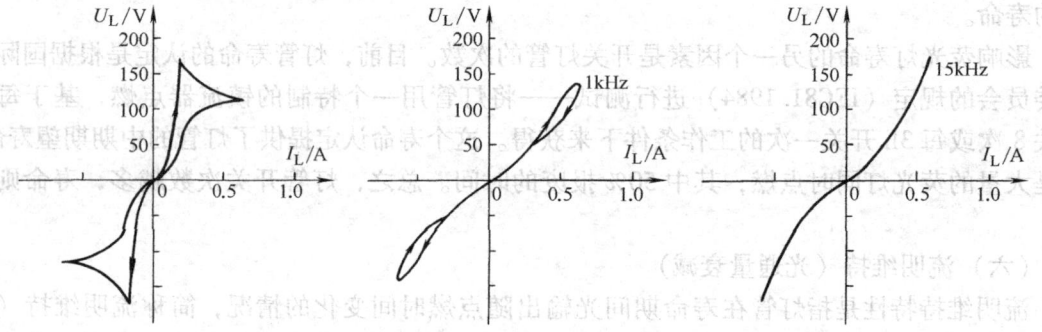

图3-17　带镇流器的荧光灯工作在不同频率下的动态伏—安特性曲线

四、电子镇流器

采用新型的半导体器件，可以构成采用主电源供电的许多荧光灯和放电灯的电子镇流器，通常，这些电子镇流器工作频率的范围为20～100kHz。从本质上来说，电子镇流器是一个电源变换器，它将输入的电源进行频率和幅度的改变，给灯管提供符合要求的能源；同时还具有灯的起动和输入功率的控制等作用。照明所采用的电子镇流器是以开关电源技术为基础进行制造的，其组成结构如图3-19所示。

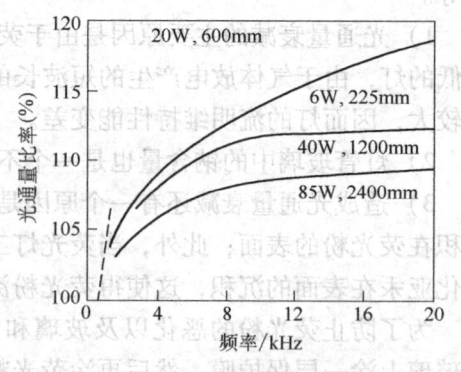

图3-18　荧光灯的高频工作特性曲线

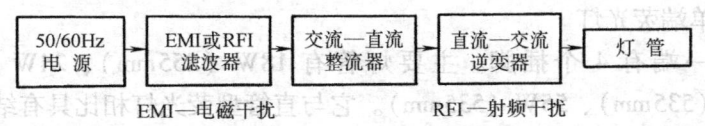

图 3-19　电子镇流器的组成框图

五、荧光灯的种类

（一）按功率（灯的负荷或管壁单位面积所耗散的功率）分类

1. 标准型

在标准点灯条件（环境温度 20~25℃、湿度低于 65%）下，为获得应有的发光效率，将管壁温度设计在最佳温度值（约 40℃），管壁负荷约 300W/m²。

2. 高功率型

为了提高单位长度的光通量输出，增加了灯的电流，管壁负荷设计约为 500W/m²。

3. 超高功率型

为进一步提高光输出，管壁负荷设计约为 900W/m²。高功率型的灯和超高功率型的灯，一般采用快速启动的方式工作。

（二）按灯管工作电源的频率分类

荧光灯是非纯电阻性元件，工作在不同频率的电源电压情况下，管压降不同。

1. 工频灯管

工作在电源频率为 50Hz 或 60Hz 状态下的灯管，一般与电感镇流器配套使用。目前市场中生产的主要是此种灯管。

2. 高频灯管

工作在 20~100kHz 高频状态下的灯管，高频电流是与其配套的电子镇流器产生的。

3. 直流灯管

工作在直流状态下的灯管，直流电压是由其配套的 AC/DC 整流器供给。

（三）按灯管形状和结构分类

1. 直管型荧光灯

直管型荧光灯其灯管长度 150~2400mm，直径 15~38mm，功率 4~125W。普通照明中使用广泛的灯管长度为：600mm、1200mm、1500mm、1800mm 及 2400mm，灯管直径有 38mm（T12）、25mm（T8）、15mm（T5）（"T" 后面的数为 1/8in 的倍数）。

（1）T12 灯管　灯管多数是涂卤磷酸盐荧光粉，填充氩气。其规格有：20W（长 600mm）、30W（长 900mm）、40W（长 1200mm）、65W（长 1500mm）、75W/85W（长 1800mm）、125W（长 2400mm），还有 100W（长 2400mm）填充氖—氩混合气，它可以安装在 125W 荧光灯具里以替代 125W 的灯管。

（2）T8 灯管　灯管内充氪—氩混合气体。它可直接取代以开关启动电路工作的充氩气的 T12 灯管（具有同样的灯管电压与电流），但取用的功率比 T12 灯管少（氪气使电极损耗减小）。

（3）T5 灯管　T5 灯管比 T8 灯管节电 20%，使用三基色稀土荧光粉，$R_a>85$，寿命

7500h。

2. 高光通量单端荧光灯

这种灯管在一端有 4 个插脚。主要灯管有 18W（255mm）、24W（320mm）、36W（415mm）、40W（535mm）、55W（535mm）。它与直管型荧光灯相比具有结构紧凑、光通量输出高、光通量维持好、在灯具中的布线简单了许多、灯具尺寸与室内吊顶可以很好地配合等特点。

3. 紧凑型荧光灯

紧凑型荧光灯（Compact Fluorescent Lights，CFLs）使用 10~16mm 的细管弯曲或拼接成一定形状（有 U 形、H 形、螺旋形等），以缩短放电管线形长度。

目前，紧凑型荧光灯可以分为两大类：一类灯和镇流器是一体化的，另一类灯和镇流器是分离的。在达到同样光输出的前提下，这种灯耗电仅为白炽灯的 1/4，而且它的寿命也较长，可达 8000~10000h，故称为"节能灯"。一体化的紧凑型荧光灯装有螺旋灯头或插式灯头，可以直接替代白炽灯。

（四）特种荧光灯

1. 平板（平面）荧光灯

两个互相平行的玻璃平板构成密闭容器，里面充入惰性气体和它的混合气体（如氙、氖—氩），内壁涂上荧光粉，容器外装上一对电极，就构成了平面荧光灯。这种灯光线柔和、悦目，可与室内的墙面、顶棚融为一体，同时它无须充汞，因而无污染。

2. 无极荧光灯

无极灯的灯内没有一般照明灯所必须具有的灯丝或电极，是通过高频发生器的电磁场以感应的方式耦合到灯内，使灯泡内的气体雪崩电离，形成等离子体，等离子体受激原子返回基态时辐射出 253.7nm 的紫外线，灯泡内壁的荧光粉受到 253.7nm 的紫外线激发产生可见光。

它一般由 3 部分组成，如图 3-20 所示。

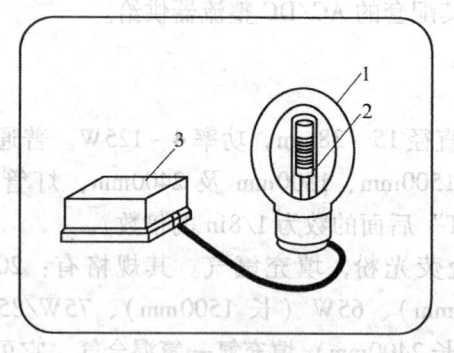
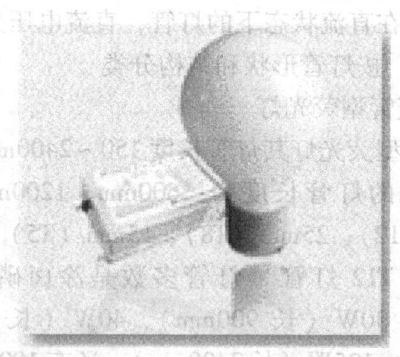

图 3-20　无极灯的结构原理图
1—灯泡　2—功率耦合器　3—高频发生器

(1) 灯泡。
(2) 功率耦合器。

(3) 高频发生器（俗称电源）。

严格来说，无极灯分为高频无极灯（HFED）和低频无极灯（LVD）：高频无极灯工作频率为2MHz以上，其泡体为常规型，内置耦合器。LVD灯的工作频率在2kHz左右，泡体多以环形为主，外置耦合器。但通常把高频无极灯简称为无极灯。低频电磁无极灯因工作在中低频率状态下，所以相对制造难度小，制造成本低。

无极灯最大的特点是没有电极，长寿命，市场上已有寿命超过60000h的产品，是白炽灯泡寿命的50倍，是一般气体放电灯的十几倍；无极灯工作频率高，灯光稳定无闪烁；使用固体汞齐，无汞污染，绿色环保；发光效率比较高，其显色指数也比较高，但价格也比较高，故特别适用于照明时间长，更换光源困难及更换光源成本高的场所。

（五）其他

除用作一般照明的荧光灯之外，还有一些特殊用途的荧光灯。如用伍德玻璃制成的产生峰值为370nm紫外辐射的黑光灯，能产生与重氮基光复印材料相匹配的光谱的复印用荧光灯等。另外，还有一些荧光灯是采用冷阴极辉光放电，装饰照明用的霓虹灯便是一例。在霓虹灯中，所要求的发光颜色是通过改变荧光粉或填充气体的种类来实现的。

第五节 高强度气体放电灯

"高强度气体放电灯（High Intensity Discharge，HID）"是高压汞灯、金属卤化物灯和高压钠灯的统称，其放电管的管壁负载大于$3W/cm^2$（即$3 \times 10^4 W/m^2$），工作期间蒸气压在$10132.5 \sim 101325Pa$（$0.1 \sim 1atm$）之间。

一、HID灯的结构

虽然HID灯的结构分别由放电管、外泡壳和电极等组成，但所用材料及内部充入的气体有所不同。

（一）荧光高压汞灯

荧光高压汞灯的典型结构，如图3-21a所示。

1. 放电管

采用耐高温、高压的透明石英管，管内除充有一定量的汞外，同时还充有少量氩气以降低启动电压和保护电极。

2. 主电极

由钨杆及外面重叠绕成螺旋的钨丝组成，并在其中填充碱土氧化物作为电子发射材料。

3. 外泡壳

一般采用椭球形，泡壳除了起保温作用外，还可防止环境对灯的影响。泡壳内壁上还涂敷适当的荧光粉，其作用是将灯的紫外辐射或短波长的蓝紫光转变为长波的可见光，特别是红色光。此外，泡壳内通常还充入数十千帕的氮气或氮—氩混合气体作绝热用。

4. 辅助电极（或起动电极）

通过一个起动电阻和另一主电极相连，这有助于荧光高压汞灯在干线电压作用下顺利起动。

荧光高压汞灯的主要辐射来源于汞原子激发，以及通过泡壳内壁上的荧光粉将激发后产生的紫外线转换为可见光。荧光高压汞灯光电参数如表3-1所示。

（二）金属卤化物灯

金属卤化物灯的典型结构，如图3-21b所示。

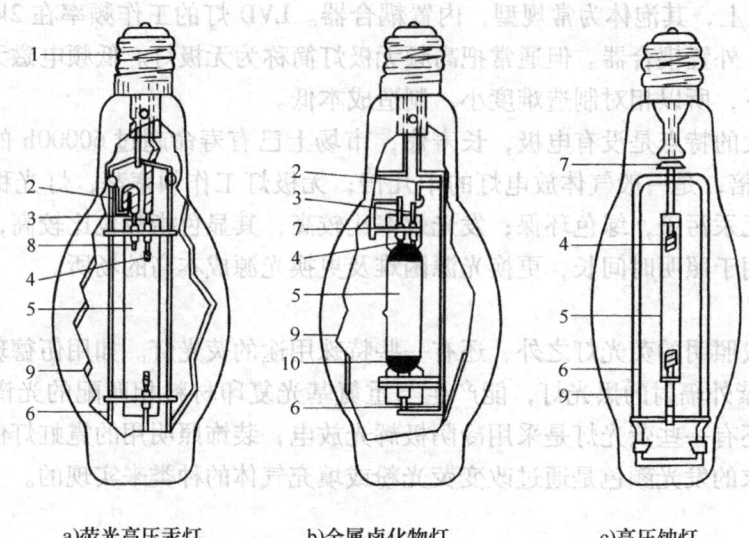

a）荧光高压汞灯　　b）金属卤化物灯　　c）高压钠灯

图3-21　HID灯的结构

1—灯头　2—起动电阻　3—起动电极　4—主电极　5—放电管　6—金属支架
7—消气剂　8—辅助电极　9—外泡壳（内涂荧光粉）　10—保温膜

1. 放电管

采用透明石英管、半透明陶瓷管。管内除充汞和较易电离的氖—氩混合气体（改善灯的启动）外，还充有金属（如铊、铟、镝、钪、钠等）的卤化物（以碘化物为主）作为发光物质，原因之一，金属卤化物的蒸气气压一般比纯金属的蒸气气压自身高得多，这可满足金属发光所要求的压力，其二，金属卤化物（氟化物除外）都不和石英玻璃发生明显的化学作用，故可抑制高温下纯金属与石英玻璃的反应。

值得指出，在金属卤化物灯中，汞的辐射所占的比例很小，其作用与荧光高压汞灯有所不同，即充入汞不仅提高了灯的发光效率、改善了电特性，而且还有利于灯的起动。

2. 主电极

主电极常采用"钍—钨"或"氧化钍—钨"作为电极，并采用稀土金属的氧化物作为电子发射材料。

3. 外泡壳

外泡壳通常采用椭球形（灯功率为175W、250W、400W、1kW），2kW和3kW等大功率等则采用管状形。有时椭球形的泡壳内壁上也涂有荧光粉，其作用主要是增加漫射，减少眩光。

4. 辅助电极（放电管内）或双金属起动片（泡壳内）。

5. 消气剂

灯在长期工作中，支架等材料的放气，会使泡壳内真空度降低，在引线或支架之间可能会产生放电。为了防止放电，需采用氧化锆的消气剂以保护灯的性能。

6. 保温膜

为了提高管壁温度,防止冷端(影响蒸气压力)的产生,需在灯管两端加保温涂层,常用的涂料是二氧化锆、氧化铝。

金属卤化物灯主要辐射来自于各种金属(如铟、镝、铊、钠等)的卤化物在高温下分解后产生的金属蒸气(和汞蒸气)混合物的激发。金属卤化物灯的光电参数如表3-1所示。

表3-1 部分HID灯的光电参数

类别	型号	功率/W	管压/V	电流/A	光通/lm	稳定时间/min	再启动时间/min	色温/K	显色指数	寿命/h
荧光高压汞灯	GGY-400	400	135	3.25	21000	4~8	5~10	5500	30~40	6000
金属卤化物灯 钠铊铟	NTY-400	400	120	3.7	26000	10	10~15	5500	60~70	1500
镝	DDG-400/V	400	125	3.65	28000	5~10	10~15	6000	≥75	2000
	DDG-400/H	400	125	3.65	24000	5~10	10~15	6000	≥75	2000
钪钠	KNG-400/V	400	130	3.3	28000			5000	55	1500
高压钠灯 普通型	NG-400	400	100	3.0	28000	5		2000	15~30	2400
改显型	NGX-400	400	100	4.6	36000	5~6	1	2250	60	12000
高显型	NGG-400	400	100	4.6	35000	5	1	3000	>70	12000

(三)高压钠灯

高压钠灯的典型结构,如图3-21c所示。

1. 放电管

放电管是一种特殊制造的透明多晶氧化铝陶瓷管,多晶氧化铝管能耐高温、高压,对于高压下的钠蒸气具有稳定的化学性能(抗钠腐蚀能力强)。放电管内填充的钠和汞是以"钠汞齐"形式放入(一种钠与汞的固态物质),充入氩气可使"钠汞齐"一直处于干燥的惰性气体环境之中,另外填充氙气作为启动气体以改善起动性能。采用小内径的放电管可获得最高的光效。

2. 主电极

主电极由钨棒和以此为轴重叠绕成螺旋的钨丝组成,在钨螺旋内灌注氧化钡和氧化钙的化合物作为电子发射材料。

3. 外泡壳

外泡壳常采用椭球形、直管状和反射型。

4. 消气剂

在整个高压钠灯的寿命期间,泡壳内都需要维持高真空,以保护灯的性能以及保护灯的金属组件不受放出的杂质气体的腐蚀,常采用钡或锆—铝合金的消气剂来达到高真空的目的。

高压钠灯主要辐射来源于分子压力为10^4Pa的金属钠蒸气的激发。高压钠灯的光电参数如表3-1所示。

从HID灯的发展情况来看,荧光高压汞灯显色指数R_a低(30~40),但由于其寿命长,目前仍为人们广泛采用。后起的金属卤化物灯显色指数R_a高(60~85),目前国外生产的

50W、70W等小容量灯已进入家庭住宅。随着制灯的技术发展，寿命逐渐提高，最终将取代荧光高压汞灯。高压钠灯光效之高，居光源之首（达150lm/W），但普通型高压钠灯显色指数 R_a 很低（15~30），使它的使用范围受到了限制。目前，采用适当降低光效的办法来提高显色指数，即生产所谓"改进显色性型高压钠灯"和"高显色性型高压钠灯"，以扩大其使用范围，故高压钠灯也是很有发展前途的光源。

二、HID灯的工作特性

高强度气体放电灯（HID灯）的工作电路必须满足两点要求：采用镇流器；采用比电源电压更高的起动电压。

（一）灯的起动与再起动

电源接通后，电源电压就全部施加在灯的两端，此时，主电极和辅助电极间（高压钠灯不用辅助电极）立即产生辉光放电，瞬间转至主电极间，形成弧光放电。数分钟后，放电产生的热量致使灯管内金属（汞、钠）或金属卤化物全部蒸发并达到稳定状态，达到稳定状态所需的时间称为"起动时间"或"稳定时间"。一般起动时间为4~10min。各种HID灯的光、电参数在起动过程中变化情况，如图3-22所示。

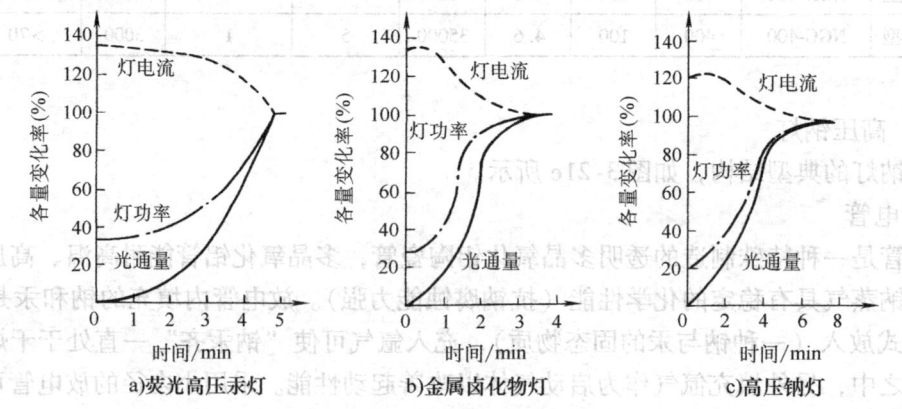

图3-22 HID灯起动后各参数的变化

一般而言，HID灯熄灭以后，不能立即起动，必须等到灯管冷却。因为灯熄灭后，灯管内部温度和蒸气压力仍然很高，在原来的电压下，电子不能积累足够的能量使原子电离，所以不能形成放电。如果此时再起动灯，就需几千伏的电压。然而，当放电管冷却至一定温度时，所需的起动电压就会降低很多，在电源电压下便可进行再启动。从HID灯熄灭到再点燃所需的时间称为"再起动时间"。一般再起动时间为5~10min。

（二）电源电压变化的影响

电源电压变化对各种HID灯的光电参数影响，如图3-23所示。灯在点燃过程中，电源电压允许有一定的变化范围。必须注意，电压过低时，可能会造成HID灯的自然熄灭或不能起动，光色也有所变化；电压过高也会使灯因功率过高而熄灭。

从图3-23a可知，荧光高压汞灯在工作时，灯管内所有的汞都会蒸发，因此，灯管内汞蒸气压力随温度的变化不大，灯管电压也不会随电源电压的变化有大的变化。电感镇流器虽然有控制电流的作用，但电源电压变化时，灯的电流还是有较大的变化，相应地，灯的功率和光通量的变化也较大。

从图3-23b可知，在金属卤化物灯中，金属卤化物的蒸气气压很低，当充入汞以后，灯内的气压大为升高，电场强度和灯管电压也就相应升高。由于金属卤化物的蒸气压与汞蒸气气压相比很小，因此一般来说它对灯管电压的影响不是很大，灯管电压主要由汞蒸气气压决定。当电源电压变化时，灯的电流、灯的功率和光通量的变化没有图3-23a那么大。

从图3-23c可知，由于高压钠灯内有汞齐的储存，灯在工作时，电源电压的变化不仅会引起灯的电流变化，而且还会引起灯管电压的变化，因而，灯功率和光通量就会有明显的变化。

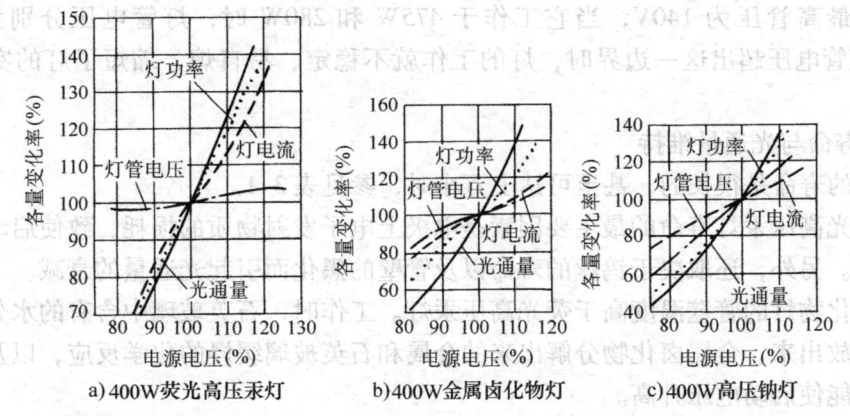

a) 400W荧光高压汞灯　　b) 400W金属卤化物灯　　c) 400W高压钠灯

图3-23　HID灯各参数与电源电压的关系

为了延长灯的寿命，镇流器的设计应能将这些变化限制在合理的范围内。图3-24中给出了400W高压钠灯功率—灯管电压的限制四边形，即要求镇流器的特性限定在该四边形的范围内，才能保证高压钠灯稳定地工作。

在荧光高压汞灯中，所有的汞气化，灯的光电特性比较稳定，其中灯的功率增大时，灯管的电压却上升很少。但是，对于高压钠灯，灯的冷端温度和汞齐的储存对灯的光电特性影响很大。其中，当灯的功率变化时，灯管电压随之线性变化，图3-24中的直线段AC所示，该直线表征了灯功率—灯管电压特性。

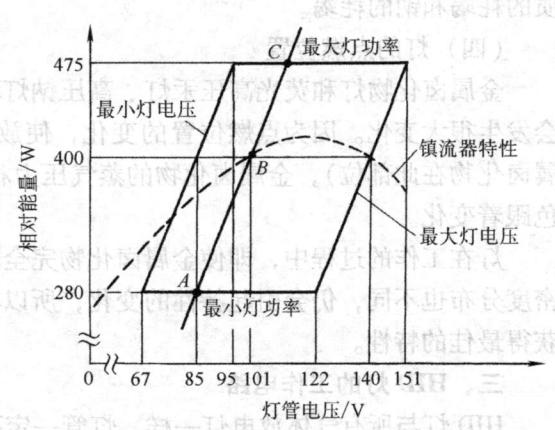

图3-24　400W高压钠灯功率—电压四边形

图中的虚线属于典型的电感镇流器的特性曲线，它表示电源和镇流器的组合供给灯的功率和灯管电压之间的关系。显然，该曲线与高压钠灯特性曲线的交点B就是灯的工作点。由此可知，400W高压钠灯的工作点位置为：(101V，400W)。

值得指出的是：由于灯和镇流器生产中允许存在偏差，加上灯具光学特性和散热条件可能不同以及灯在工作时冷端温度升高、钠的损失，高压钠灯的工作点常会发生移动。

为了保证灯具有合适的工作特性，有必要对高压钠灯工作点变化的范围做出一个规定（见图 3-24 中的四边形）。其中，四边形的上边规定了灯功率的上限，四边形的下边规定了功率下限；四边形的两条侧边是灯的两条功率—灯管电压特性曲线：左边的边界代表了灯管最小电压，右边的边界代表了灯管最高电压；镇流器的特性曲线应介于上下限之间，不能与上下限相交，它与灯的特性曲线的交点（灯的工作点）应处于镇流器特性曲线峰值的左边。

例如，对于 400W 高压钠灯，功率上限为 475W，超过此功率，灯的寿命就要缩短；灯功率下限为 280W，小于此功率，灯的光通量太低。此外，400W 高压钠灯的最小管压为 84V，当它工作于 475W 和 280W 时，灯管电压分别为 95V 和 67V，灯管电压不应比这种情况还低，否则灯的工作电流就会太大，可能导致镇流器（自身损耗过大）供给灯的功率不够；该灯的最高管压为 140V，当它工作于 475W 和 280W 时，灯管电压分别为 151V 和 122V，当灯管电压超出这一边界时，灯的工作就不稳定、易自熄，缩短了灯的实际使用寿命。

（三）寿命与光通量维持

HID 灯的寿命是很长的，甚至可达上万小时，参见表 3-1。

影响荧光高压汞灯寿命的最主要因素是电极上电子发射物质的损耗，致使启动电压升高而不能启动。另外，还取决于钨丝的寿命以及管壁的黑化而引起光通量的衰减。

金属卤化物灯的管壁温度高于荧光高压汞灯。工作时，石英玻璃中含有的水分及不纯气体很容易释放出来、金属卤化物分解出来的金属和石英玻璃缓慢的化学反应，以及游离的卤素分子等都能使启动电压升高。

高压钠灯由于氧化铝陶瓷管在灯的工作过程中具有很好的化学稳定性，因而寿命很长，国际上已做到 20000h 左右。高压钠灯寿命告终可能是由于放电管漏气、电极上电子发射物质的耗竭和钠的耗竭。

（四）灯的点燃位置

金属卤化物灯和荧光高压汞灯、高压钠灯不同，当灯的点燃位置变化时，灯的光电特性会发生很大变化。因为点燃位置的变化，使放电管最冷点的温度跟着变化（残存的液态金属卤化物在此部位），金属卤化物的蒸气压力相应地发生变化，进而引起灯电压、光效和光色跟着变化。

灯在工作的过程中，即使金属卤化物完全蒸发，但由于点灯位置的不同，它们在管内的密度分布也不同，仍会引起特性的变化，所以在使用中要按产品指定的位置进行安装，以期获得最佳的特性。

三、HID 灯的工作电路

HID 灯与所有气体放电灯一样，灯管一定要与镇流器串联才能稳定工作。灯的启动方式有辅助启动电极或双金属启动片的，统称内触发。也有用外触发的，即利用触发电路产生高压脉冲将气体击穿。灯管进入工作状态后触发器不再工作，灯依靠镇流器稳定工作。各种 HID 灯的工作电路，如图 3-25 所示。

常见的荧光高压汞灯，其内部装有启动电极，一般采用扼流镇流器，要求能在 220V 或 240V 交流电源下起动和工作。图 3-25a 表示了一个简单、通用、有效、低成本的内触发 HID 灯的工作电路。

各种形式的金属卤化物灯内填充有不同类型的金属卤化物的混合物。其起动电压比荧光高压汞灯高得多，通常采用外触发来起动。图 3-25b 表示了金属卤化物灯的触发电路，它是应用电力电子元件的触发，使电路在每一个周期内产生一个持续时间较长的起动高压。

由于高压钠灯的放电管细而长，又没有可以帮助起动的辅助电极，因此，高压钠灯起动时必须要有一个约 3kV、10～100μs 的高压脉冲产生触发。图 3-25c 表示了一种使用电子触发元件的起动电路，它通过触发电力电子器件的导通，致使储存在电容 C_1 中的能量，经过扼流线圈进行放电，再由升压变压器的线圈比在灯管两端产生峰值为 3～4kV 的短时脉冲高压。这种电路，在每半周可得到连续的脉冲。

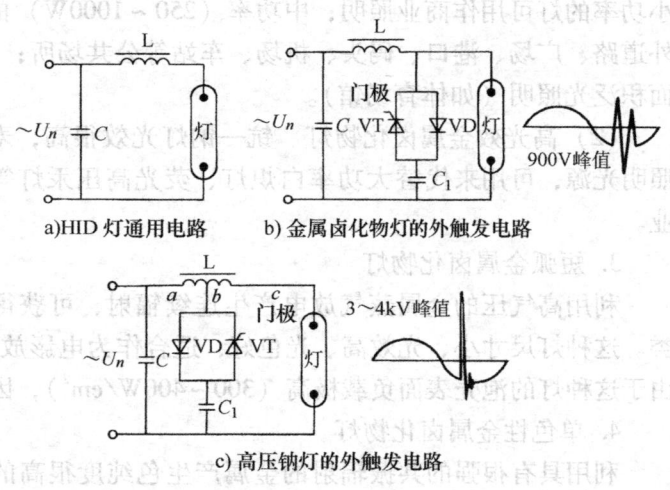

图 3-25 HID 灯的工作电路

四、HID 灯的常用产品及其应用

（一）荧光高压汞灯

除了具有较高的发光效率外，荧光高压汞灯还能发出很强的紫外线，因而它不仅可作照明，还可用于晒图、保健日光浴治疗、化学合成、塑料及橡胶的老化试验、荧光分析和紫外线探伤等方面。

（二）金属卤化物灯

金属卤化物灯从 20 世纪 60 年代推出以来，历经 40 多年的努力，已进入一个成熟的阶段，其发光效率可达 130lm/W，显色指数 R_a 可达 90 以上，色温可由低色温（3000K）到高色温（6000K），寿命可达 10000～20000h，功率由几十瓦到上万瓦。目前，金属卤化物灯虽然品种繁多，但按其光谱特性大致可分为以下 5 类：

1. 钠—铊—铟金属卤化物灯

钠—铊—铟金属卤化物灯是利用钠、铊和铟 3 种卤化物的 3 根"强线（即黄、绿、蓝线）"光谱辐射加以合理组合而产生高效白光。3 种成分的填充量将影响 3 条线的强度，进而影响灯的光效和颜色。铊的 535nm 绿线（503nm）对灯的可见辐射有很大贡献，535nm 谱线强，则灯光效高；铟的 451.1nm 蓝线（478nm）对提高发光效率的贡献极小，但可以改进灯的显色性；钠的 589～589.6nm 黄线（572nm）对提高灯的发光效率有作用（它位于光谱光效率 $V(\lambda)$ 比较大的区域），同时，该线对灯显色性的改善也起着关键的作用。3 种碘化物的最佳填充量的范围是就通常用于街道或广场照明的灯而言的，这时 R_a 为 60 左右。

2. 稀土金属卤化物灯

稀土类金属（如镝、钬、铥、铈、钕等）以及钪、钍等的光谱在整个可见光区域内具有十分密集的谱线。其谱线的间隙非常小，如果分光仪器的分辨率不高的话，看起来光谱似乎是连续的。因此，灯内要是充有这些金属的卤化物，就能产生显色性很好的光。

（1）高显色性金卤灯 镝、钬—钠、铊系列灯有着很好的显色性与高的色温。其中，小功率的灯可用作商业照明；中功率（250～1000W）的灯可用于室内空间高的建筑物、室外道路、广场、港口、码头、机场、车站等公共场所；高功率（2kW，3.5kW）主要用于大面积泛光照明（如体育场馆）。

（2）高光效金属卤化物灯　钪—钠灯光效很高，寿命很长，显色性也不差，是很好的照明光源，可用来代替大功率白炽灯、荧光高压汞灯等光源。主要用于工矿企业、交通事业。

3. 短弧金属卤化物灯

利用高气压的金属蒸气放电产生连续辐射，可获得日光色的光，超高压钠灯属于这一类。这种灯尺寸小、光效高、光色好，适合作为电影放映用光源和显微投影仪光源。但是，由于这种灯的泡壳表面负载极高（300～400W/cm²），因而寿命较短。

4. 单色性金属卤化物灯

利用具有很强的共振辐射的金属产生色纯度很高的光，目前用得较多的是碘化铟—汞灯、碘化铊—汞灯。这些灯分别发出铟的451.1nm蓝线、铊的535nm绿线，蓝灯和绿灯的颜色饱和度很高。适合用于城市夜景照明。

5. 陶瓷金属卤化物灯

近年来，出现了以采用透光耐高温的陶瓷管作为放电管的陶瓷金属卤化物灯。在陶瓷管内填充着汞、氩、金属卤化物，陶瓷金卤灯放电管结构如图3-26所示。相对于采用普通石英管的金卤灯，陶瓷金卤灯的陶瓷管材料晶体结构更加致密，能耐更高的温度。

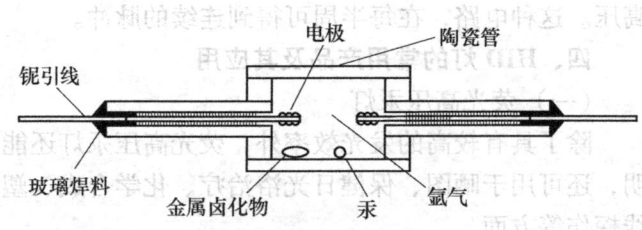

图3-26　陶瓷金属卤化物灯放电管结构

放电管内的运行温度通常超过1200K，使得金属卤化物在高温高压的条件下蒸发，电离的金属原子由于电离激发发光。

目前，陶瓷金卤灯有20W、35W、70W、100W、150W、200W、250W、400W等规格，2001年20W的陶瓷金卤灯投入市场，其光通量大于1000lm，显色指数大于80。另外，其结构多种多样，有采用管状外泡壳的、单端或双端灯头的；也有采用反射型的外壳，做成PAR灯的。随着技术的进步，更低功率、更小型化光源的出现，陶瓷金卤灯的应用将更为广泛。

（三）高压钠灯

高光效、长寿命和较好的显色性使高压钠灯在室内照明、室内街道照明、郊区公路照明、区域照明和泛光照明中都有着广泛的用途。因为高压钠灯功率消耗低和寿命长（可达24000h），在许多场合，可以代替荧光高压汞灯、卤钨灯和白炽灯。

1. 普通型高压钠灯

普通型高压钠灯光效高、寿命长，但光色较差，一般显色指数R_a只有15～30，相关色温约2000K。因此，只能用于道路、厂区等处的照明。

2. 直接替代荧光高压汞灯的高压钠灯

直接替代荧光高压汞灯的高压钠灯是为便于高压钠灯的推广而生产的，它可直接使用在相近规格的荧光高压汞灯镇流器及灯具装置上。

3. 舒适型高压钠灯（SON Comfort型）

为扩大高压钠灯在室内、外照明中的应用，对其色温与显色性进行了改进，使高压钠灯适用于居民区、工业区、零售商业区及公众场合的使用。

4. 高光效型的高压钠灯（SON-plus 型）

在灯管内充入较高气压的氙气，使灯得到了极高的发光效率（140lm/W），而且还提高了显色指数（R_a 为 50~60），可作为室内照明的节能光源。特别适合于工厂照明和运动场所的照明。

5. 高显色性高压钠灯（White SON 型）

为了满足对显色性要求较高的需要，人们成功开发了高显色性高压钠灯（又称白光高压钠灯）。改进后的这种灯，一般显色指数 R_a 达到 80 以上，色温提高到 2500K 以上，十分接近于白炽灯，暖白色的色调，显色性高，对美化城市、美化环境有着很大的作用。

第六节 场致发光光源

场致发光（又称"电致发光"）是指由于某种适当物质与电场相互作用而发光的现象。目前在照明上应用的有两种：一种是场致发光灯（EL），另一种是发光二极管（LED）。

场致发光灯采用的微晶粉末状荧光质，一般是诸如硫化锌这一类"Ⅱ-Ⅵ族"化合物，而发光二极管大多数则是利用 GaAs、GaP 或它们的组合晶体（GaAsP）等"Ⅲ-Ⅴ族"化合物。一般来说，场致发光灯通常工作在高电压下，至于它是由交流或直流供电，则取决于器件的要求，它的电流密度一般较低。

发光二极管是一种将电能直接转换为光能的固体元件，也就是说它可作为有效的辐射光源。与所有半导体二极管一样，LED 具有体积小、寿命长、可靠性高等优点，能在低电压下工作，还能与集成电路等外部电路配合使用，便于实现控制。

一、LED 的原理及其结构

（一）单色 LED

LED 是一种固态半导体器件，它能将电能直接转为可见光。由于 LED 的大部分能量均辐射在可见光谱内，因而 LED 具有很高的发光效率。图 3-27 为一只典型的 T-13/4 的 LED，采用塑料封装，其外壳占据了大部分空间。LED 是由发光片来产生光，其材料的分子结构决定了发光的波长（光的颜色）。

LED 的颜色和发光效率等光学特性与半导体材料及其加工工艺有着密切的关系。在 P 型和 N 型材料中掺入不同的杂质，就可以得到不同发光颜色的 LED。同时，不同外延材料也决定了 LED 的功耗、响应速度和工作寿命等光学特性和电气特性。

在 LED 制造工艺中，目前常用的有"气相晶体生长法"和"液相晶体生长法"两种。晶体生长法工艺的发展使人们可以选用具有结晶特性的 LED 材料，进而制成各种高纯度、高精度的发光器件。在这一方面，早期技术是难以做到的。最近，金属无机物气体的沉淀技术又有了新的突破，这使得"Ⅲ族"（如铝、镓、铟）的氮化合物的生产成本大为降低。高光效的蓝色 LED

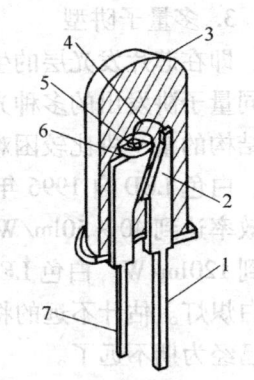

图 3-27 LED 的组成结构
1—阳极引线 2—阳极
3—环氧封装、圆顶透镜
4—阳极导线
5—带反射杯的阴极
6—半导体触点 7—阴极引线

（InGa：N 材料）正是由这种工艺实现的。

（二）白色 LED

现阶段，获取白光 LED 的技术途径大致可以分为以下 3 种：光转换型、多色直接组合型、多量子阱型。

1. 光转换型

目前，产生蓝光的半导体材料多数采用氮铟镓（InGa：N）材料，因此，超精细、亚微米的晶体结构对于提高光效至关重要。高强度的蓝光在周围高效荧光物质内散射时，被强烈吸收，并转化为光能较低的宽带黄色荧光；其中少部分蓝光则能透过荧光物质层，并和宽带黄光一起形成色温可达 6500K 的白光。此时，蓝色 LED 通过荧光粉就变成了单片白色微型荧光灯。如图 3-28 所示，白色 LED 的光谱能量几乎不含红外与紫外成分，显色指数 R_a 达 85。

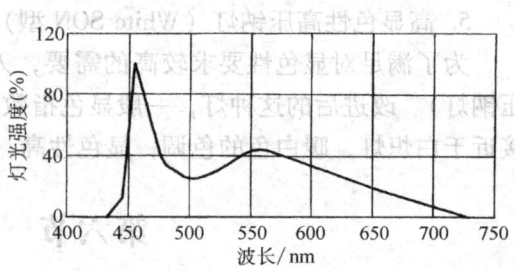

图 3-28 白色 LED 光谱能量分析

另外，其光输出随输入电压的变化基本上呈线性，故调光简单、可靠。也可以将多种光转换材料涂在以 GaN 基紫外 LED 芯片上，用 LED 发出的紫外光激发荧光材料，产生红、绿、蓝 3 种光，从而复合得到白光发射，这样获得的白光显色性好。若将多个单片白色 LED 组合在一起或采用光波导板，可制成超薄白色面光源，进而形成能用于普通照明的半导体光源。

2. 多色直接组合型

该种方法是将 R、G、B 三色 LED 芯片按一定方式排布集合成一个发白光的标准模组，从而直接复合出白光，具有效率高和使用灵活的特点。由于发光全部来自 3 种 LED，不需要进行光谱转换，因此其能量损失最小，效率最高。同时，由于 RGB 三色 LED 可以单独发光，其发光强度可以单独调节，故具有相对较高的灵活性。

3. 多量子阱型

即在芯片发光层的生长过程中，掺杂不同的杂质生长出能产生互补色的多量子阱，通过不同量子阱发出的多种光子复合发射白光。这种方法对半导体的加工技术要求很高，生长不同结构的量子阱比较困难，在短时间内还不能产业化。

白色 LED 自 1996 年诞生以来，其光效不断地提高，1999 年达到 15lm/W，2001 年，发光效率达到 40～50lm/W。如今，白色 LED 的光效已经达到 80～100lm/W，预计 2010 年将达到 120lm/W。白色 LED 与白炽灯的性能比较，如表 3-2 所示，显然，LED 的性能绝对优于白炽灯。估计不远的将来，随着功率较大的白色 LED 的出现，利用白色 LED 作为照明光源已经为期不远了。

表 3-2 白色 LED 与白炽灯的性能比较

性　能	发光二极管	白　炽　灯
色温/K	3000～10000	2500～3000
光效/lm·W^{-1}	>15	15
冲击电流	无	额定电流的 10 倍

(续)

性　能	发光二极管	白　炽　灯
寿命/h	>20000	<1000
耐冲击性	很强	封接玻璃、灯丝易断裂
可靠性	非常高	低

二、LED 的性能

LED 的电性能与一般检波二极管十分相似，在 10mA 工作电流时，典型的正向偏压为 2V。在 LED 工作时，为了防止元件的温升过高，应对正向电流加以限制，通常需串联限流电阻或采用电流源供电。

LED 是一种高密度辐射的电光源，其亮度取决于电流密度。市场上供应的红色 LED 的亮度可达 $3500cd/m^2$，而荧光灯的标准亮度仅为 $5000cd/m^2$。LED 的寿命很长，其额定寿命一般都超过 100000h。部分 LED 的颜色与性能，如表 3-3 所示。

表 3-3　发光二极管的特性

发光二极管	颜　色	峰值波长/nm	光效/$lm \cdot W^{-1}$
GaAs (0.6) P (0.4)	红色	650	0.38
GaAs (0.35) P (0.65) : N	橙色	632	0.95
GaAs (0.15) P (0.85) : N	黄色	589	0.90
GaP: N	绿色	570	4.20
InGa: N	蓝色	465	5.00
InGa: N + 荧光粉	白色 (6500K)	白光	10.0

三、LED 的常用产品及其应用

（一）常用产品

1. 单个 LED 发光器

单个 LED 本身就是一个光源。为了限制电流、便于安装和应用，需要配置一些附件（如平行光发射器、偏振片、透光罩、导线等），从而组成了一个新的单个 LED 发光器，如图 3-29a 所示。要改变单个 LED 出射光线的光束角，可以改变其封装外壳圆顶的几何形状。

2. LED 组合模块

按照明领域的使用要求及功能，可将单个二极管发光器进行组合，以形成具有不同光学性能、电气特性的 LED 组合模块，如线性模块、背景照明模块、带有光学透镜模块以及带有光导板模块等。

3. LED 灯具

近年来，人们一方面不断地研究 LED 的不同组合方式，另一方面相应地开发 LED 的配套附件，并向市场推出各种类型的 LED 灯具，如平面发光灯、交通信号灯、舞台型聚光灯、台灯、镜前灯等。图 3-29b、c 分别为超小型聚光灯、平行光的产生示意图。

（二）应用

众所周知，由于 LED 具有寿命长、功耗低、结构牢固等优点，已被广泛地用作各类仪器的指示灯，例如，录像机、VCD、洗衣机、电视机、电饭煲等家用电器的电源显示，以及调谐器中的谐波量指示。LED 的驱动电路与集成电路兼容，所以它可直接装到印制电路板上，成为电路状态或故障指示器。

对于许多仅需很小光强或几十流明光通量的照明应用场合，LED 是一种最理想的选择。譬如，易弯曲的塑料管内装 LED 可安置在地坪上或踏步下；LED 作为公路车道线的标志，在雨天或迷雾状况下仍能保持良好的能见度；LED 也能安装在人行道上，用于照亮步行道与街道间的落差。

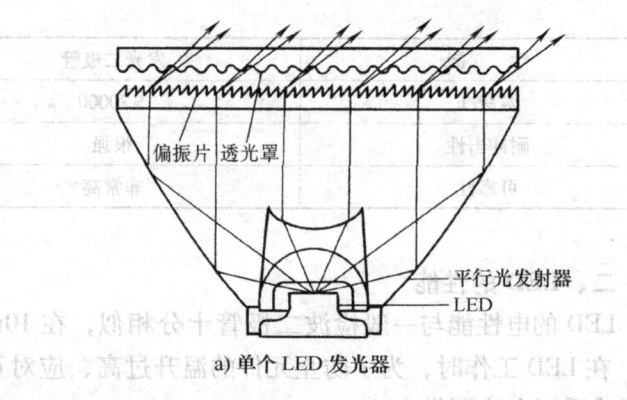
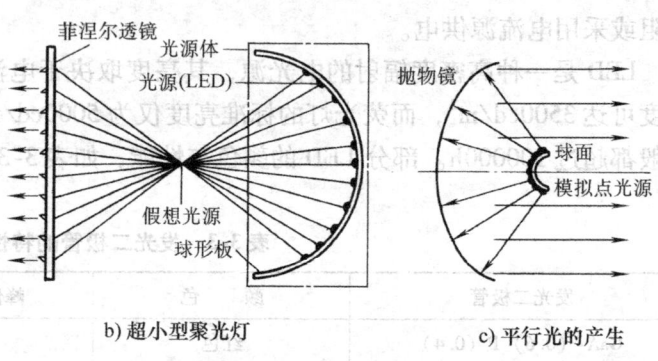

图 3-29　LED 灯具的光路示意

目前，国内外有许多城市已采用 LED 作为交通信号灯，据美国国内的一个统计数据显示，如果仅用 LED 替代全美所有的白炽灯作为交通信号，一年可节约 2.5 亿度电（1 度电 = 1kW·h）。另外，红色 LED 还可用作疏散指示灯，据报道，当今美国诱导灯市场中，LED 作为主光源的市场占有率已由 1998 年的 80% 上升为 100%；与此同时，道路安全信号灯的市场占有率也发生了同样变化。

在城市景观照明中，人们利用不同颜色的 LED 组合，借助于微处理器来控制灯光的颜色变换，这种设计实现了在美化环境的同时又照亮了周边区域的企图。随着 LED 的发光效率现已达到或超过其他光源，LED 光源将会有更大的应用前景。

四、有机发光二极管

有机发光二极管（Organic Light Emitting Diode，OLED）是近年来开发研制的一种新型 LED。其原理是在两电极之间夹上有机发光层，当正负极电子在此有机材料中相遇时就会发光，OLED 通电之后就会自己发光。

同无机 LED 相比，OLED 除了具有省电、超薄、重量轻、响应速度快、易于安装等特点外，还具有制备工艺简单、发光颜色可在可见光区内任意调节、易于大面积和柔韧弯曲、不存在视角问题等优点。OLED 被认为是未来重要的平板显示技术之一。OLED 已经在手机、数码相机、电视机等方面得到了应用。

随着材料以及制备工艺的发展，白光 OLED 已经取得了突破性的进展，现在光效已超 30lm/W，寿命达到两万个小时。白光 OLED 为实现新一代平板显示技术和照明光源技术提供了新的途径，但是目前成本仍比较高，并且距离实际应用还有许多关键技术要解决。

OLED应用于显示器和照明光源要解决的关键技术有所不同，应用于显示器的关键技术包括精密像素制作、高对比度、色彩饱和度等，应用于照明光源的关键技术包括高效率、长寿命、大面积制造技术等。

第七节 各种常用电光源的性能比较与选用

一、电光源性能比较

各种常用照明电光源的主要性能，如表3-4所示。从表中可以看出，光效较高的有高压钠灯、金属卤化物灯和荧光灯等；显色性较好的有白炽灯、卤钨灯、荧光灯、金属卤化物灯等；寿命较长的光源有荧光高压汞灯和高压钠灯；能瞬时起动与再起动的光源是白炽灯、卤钨灯等。输出光通量随电压波动变化最大的是高压钠灯，最小是荧光灯。维持气体放电灯正常工作不至于自熄尤为重要，从实验得知，荧光灯当电压降至160V、HID灯电压降至190V将会自熄。

表3-4 各种常用照明电光源的主要性能

类 型	功率范围/W	光效/lm·W^{-1}	寿命/h	显色指数R_a	色温/K
普通照明白炽灯	15~1000	10~15	1000	99~100	2700 (2400~2900)
卤钨循环白炽灯	20~2000	15~20	1500~3000	99~100	2900~3000
T5、T8荧光灯	20~100	50~80	6000~8000	67~80	3000~6500
紧凑型荧光灯	5~150	50~70	6000~8000	80	2700~6500
高压钠灯	70~1000	80~120	10000~12000	25~30	2200 (2000~2400)
金卤灯	35~1000	60~85	4000~6000	50~80	4000~6500
陶瓷金卤灯	20~400	90~110	8000~12000	80~95	3000~6000
白光LED	1~200	70~100	>10000	7~90	4000~6000
高压汞灯	50~1000	32~55	10000~20000	30~60	5500

采用电感镇流器且无补偿电容时，气体放电灯的功率因数及镇流器功率损耗占灯管功率的百分数（%）如表3-5所示，以供参考（备注：采用节能型电感镇流器时，其损耗约减半）。

表3-5 气体放电灯的功率因数及镇流器功率损耗占灯管功率的百分数

光源种类 （采用电感镇流器）	额定功率/W	功率因数	镇流器损耗占灯管功率的百分数
荧光灯	36~40	0.50	19
	≤125	0.45	25
荧光高压汞灯	250	0.56	11
	400~1000	0.60	5
金属卤化物灯	1000	0.45	14
	70~100	0.65~0.70	16~14
高压钠灯	150~250	0.55	12
	400	0.50	10

二、电光源的选用

电光源的选用首先要满足照明设施的使用要求（照度、显色性、色温、起动、再起动时间等），其次要按环境条件选用，最后综合考虑初期投资与年运行费用。

（一）根据照明设施的目的与用途来选择光源

不同的场所，对照明设施的使用要求也不同。

1）对显色性要求较高的场所应选用平均显色指数 $R_a \geq 80$ 的光源，如美术馆、商店、化学分析实验室、印染车间等。

2）色温的选用

色温的选用主要根据使用场所的需要：

① 办公室、阅览室宜选用中间到高色温光源，使办公、阅读更有效率感。
② 休息的场所宜选用低色温光源，给人以温馨、放松的感觉。
③ 转播彩色电视的体育运动场所除满足照度要求外，对光源的色温也有所要求。

3）有频繁开关或调光要求的室内场所宜优先选用发光二极管（LED）作为主要照明光源。

4）要求瞬时点亮的照明装置，如各种场所的事故照明，不能采用起动时间和再起动时间都较长的 HID 灯。

5）美术馆展品照明，不宜采用紫外线辐射量多的光源。

6）要求防射频干扰的场所，对气体放电灯的使用要特别谨慎。

（二）按照环境的要求选择光源

环境条件常常限制了某些光源的使用。

1）低温场所，不宜选择配用电感镇流器的预热式荧光灯管，以免起动困难。

2）在空调的房间内，不宜选用发热量大的白炽灯、卤钨灯等。

3）电源电压波动急剧的场所，不宜采用容易自熄的 HID 灯。

4）机床设备旁的局部照明，不宜选用气体放电灯，以免产生频闪效应。

5）有振动的场所，不宜采用卤钨灯（灯丝细长而脆）等。

（三）按投资与年运行费用选择光源

1. 光源对初期投资的影响

光源的发光效率对于照明设施的灯具数量、电气设备、材料及安装等费用均有直接影响。

2. 光源对运行费用的影响

年运行费用包括年电力费、年耗用灯泡费、照明装置的维护费（如清扫及更换灯泡费用等）以及折旧费，其中电费和维护费占较大比重。通常照明装置的运行费用往往超过初期投资。

综上所述，选用高光效的光源，可以减少初期投资和年运行费用；选用长寿命光源，可减少维护工作，使运行费用降低，特别对高大厂房、装有复杂的生产设备的厂房、照明维护工作困难的场所来说，这一点显得更加重要。

各种场所对灯性能的要求及推荐的灯（CIE—1983），如表 3-6 所示，以供参考。

表 3-6　各种场所对灯性能的要求及推荐的灯

使用场所		要求的灯性能①			推荐的灯⑤：　　　　优先选用 ☆　　可用 ○									
		光输出②	显色性③	色温④	荧光灯					汞灯	金卤灯		高压钠灯	
					S	H.C	3	C	F	S	H.C	S	I.C	H.C
工业建筑	高顶棚	高	Ⅳ/Ⅲ	1/2	○					○	○	☆	○	
	低顶棚	中	Ⅲ/Ⅱ	1/2	☆					○	○	☆	☆	
办公室、教室		中	Ⅲ/Ⅱ/Ⅰ_B	1/2	☆		☆	○		○	○	○	○	
商店	一般照	高/中	Ⅱ/Ⅰ_B	1/2	○	☆	☆	○			☆			☆
	陈列照	中/小	Ⅰ_B/Ⅰ_A	1/2			☆	☆						☆
饭店与旅馆		中/小	Ⅰ_B/Ⅰ_A	1/2				☆			○			☆
博物馆		中/小	Ⅰ_B/Ⅰ_A	1/2			☆	○						
医院	诊断	中/小	Ⅰ_B/Ⅰ_A	1/2										
	一般	中/小	Ⅱ/Ⅰ_B	1/2			☆							
住宅		小	Ⅱ/Ⅰ_B/Ⅰ_A	1/2			☆	☆						
体育馆⑥		中	Ⅲ/Ⅱ	1/2	○					☆	☆	○	☆	

① 各种使用场合都需要高光效的灯，灯的光效要高，而且照明总效率也要高；同时应满足显色性的要求，并适合特定应用场所的其他要求。
② 光输出值的高低按以下分类：高—>10000lm，中—3000~10000lm，小—<3000lm。
③ 显色指数的分级如下：Ⅰ_A—R_a≥90，Ⅰ_B—90>R_a≥80，Ⅱ—80>R_a≥60，Ⅲ—60>R_a≥40，Ⅳ—R_a<40。
④ 色温分类如下：1—<3300K，2—3300~5300K，3—>5300K。
⑤ 各种灯的符号：荧光灯（S—标准型、H.C—高显色型、3—三基色窄带光谱、C—紧凑型），汞灯（F—荧光高压汞灯），金卤灯（S—标准型、H.C—高显色型），高压钠灯（S—标准型、I.C—改显色型、H.C—高显色型）。
⑥ 需要电视转播的体育照明，应满足电视演播照明的要求。

思 考 题

1. 常用的照明电光源分几类？各类有哪几种灯？
2. 照明光源的主要光电参数包括哪些？如何选择照明光源？
3. 为什么气体放电灯必须在工作线路中接入一个镇流器才能稳定工作？常用的镇流器有哪几种？
4. 为什么卤钨灯比普通白炽灯光效高？
5. 快速启动的荧光灯与瞬时起动的荧光灯有何区别？
6. 金属卤化物灯与其他 HID 灯相比，其主要优缺点如何？
7. 与其他光源相比，LED 有哪些特点？LED 在照明工程中有哪些用途？
8. 如何根据不同的使用要求选用各种常用电光源？

第四章 照 明 器

照明器俗称照明灯具。根据国际照明委员会（CIE）的定义，照明灯具是透光、分配和改变光源光分布的器具，包括除光源外所有用于固定和保护光源所需的全部零部件以及与电源连接所必需的线路附件。照明器具有如下作用：

1. 具有控光的作用

对光源产生的光通量进行再分配、定向控制以及防止光源产生眩光。

2. 具有保护光源的作用

保护光源免受机械损伤，或与外界隔开免受污染，或避免光源在照明器内产生大量的热，导致温度过高，使光源和导线过早老化和损坏。

3. 具有安全的作用

照明器本身是一个电气设备，需要有相应的电气安全措施。同时，要求在结构上，具有足够的机械强度，有抗风、雨等的性能。

4. 具有美化环境的作用

照明器具有美化和装饰室内外景观环境的作用。如在民用住宅中，它以装饰为主，是室内环境的一件非常重要的装饰品。

第一节 照明器的特性

照明器的光学特性主要体现在光强分布（配光曲线）、遮光角（保护角）与亮度分布和照明器效率等指标上。

一、照明器的配光曲线

当同样的电光源配以不同的照明器时，光源在空间各个方向产生的发光强度是不同的。描述照明器在空间各个方向光强的分布曲线称为配光曲线，配光曲线是衡量照明器光学特性的重要指标，是进行照度计算和决定照明器布置方案的重要依据。配光曲线可用极坐标法、直角坐标法、等光强曲线法来表示。

（一）极坐标配光曲线

在通过光源中心的测光平面上，测出灯具在不同角度的光强值。从某一给定的方向起，以角度为函数，将各个角度的光强用矢量标注出来，连接矢量顶端的连线就是灯具配光的极坐标曲线。

1. 对称配光曲线

就一般照明器而言，照明器的形状基本上都是轴对称的旋转体，其光强在空间的分布也是关于轴对称的（如白炽灯及其照明器）。通过照明器的轴线，任取一测光平面，则该平面内的配光曲线就可以表明照明器的光强在空间的对称分布状况。对称配光曲线如图4-1所示。

2. 非对称配光曲线

对于某些照明器,光源和照明器的形状是非对称的(如普通的长管荧光灯及其照明器)。对于此类照明器需要采用通过照明器或光源轴线的几个不同角度测光平面上的配光曲线,来表示该照明器在空间的光强分布状况,如图4-2所示。

在图4-2a、b中,对于非对称配光的照明器,通常确定与照明器长轴相垂直的 C_0 平面为参考平面,与 C_0 平面成45°、90°、270°、…平面角C的面相应的称为 C_{45}、C_{90}、C_{270}、…平面。δ 角是照明器的安装倾斜角,水平安装时 $\delta=0°$。在C系列平面内,以C平面交线作为参考轴,其角度为 $\gamma=0°$,称夹角 γ 为投光角。

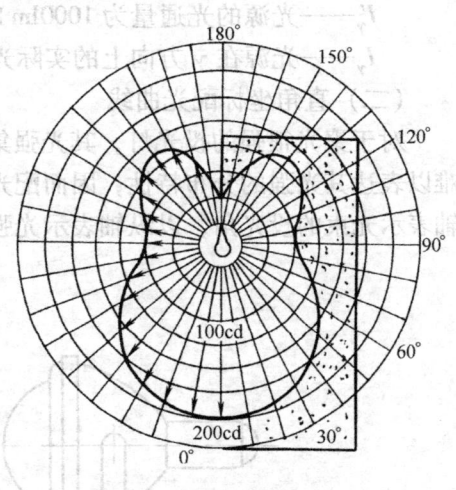

图4-1 对称配光曲线

可以设想,C角相当于地球的经度("经线"——通过南北极与赤道成直角的线。以东称"东经";以西称"西经");γ 角相当于地球的纬度("纬线"——与赤道平行的线。向北称"北纬";向南称"南纬")。

为了表明非对称配光照明器的光强在空间分布特性,一般选用 C_0、C_{45}、C_{90} 三个测光平面,至少用 C_0、C_{90} 两个平面的光强说明非对称照明器的空间配光情况,其对应 C_0、C_{90} 平面的配光曲线,如图4-2c所示。

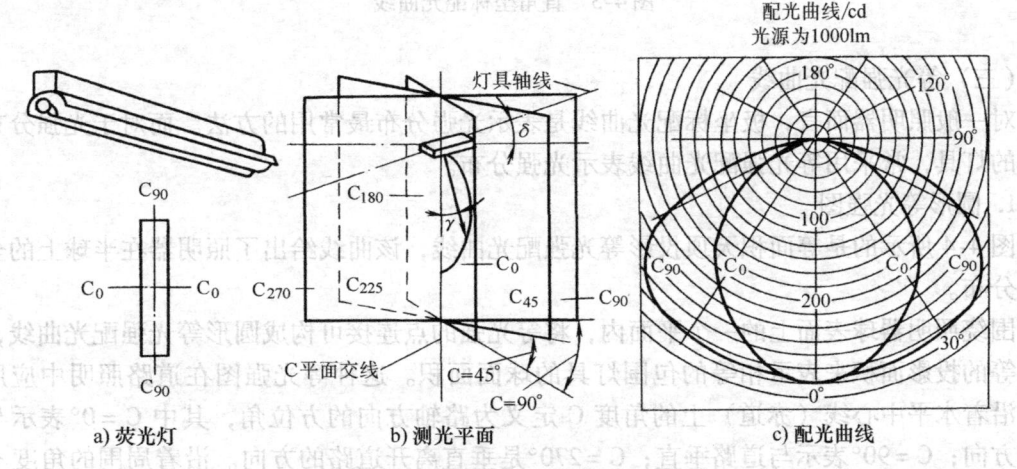

图4-2 非对称灯具的配光曲线

配光曲线上的每一点表示照明器在该方向上的光强。

一般在设计手册和产品样本中给出照明器的配光曲线,统一规定以光通量为1000lm的假想光源来提供光强的分布特性。如果已知照明器计算点的投光角 γ,便可在配光曲线上查到照明器在该点上对应的光强 I_γ。若实际光源的光通量不是1000lm,可根据下面公式换算:

$$I_\gamma = \frac{\Phi I'_\gamma}{1000} \tag{4-1}$$

式中 Φ——光源的实际光通量,单位为lm;

I'_γ——光源的光通量为1000lm时,在γ方向上的光强,单位为cd;

I_γ——光源在γ方向上的实际光强,单位为cd。

(二)直角坐标配光曲线

对于聚光很强的投光灯,其光强集中分布在一个很小的立体空间角内,极坐标配光曲线难以表达其光强的分布特性,因而配光曲线一般绘制在直角坐标系上,如图4-3所示。以横轴表示光束的投光角,以纵轴表示光强。

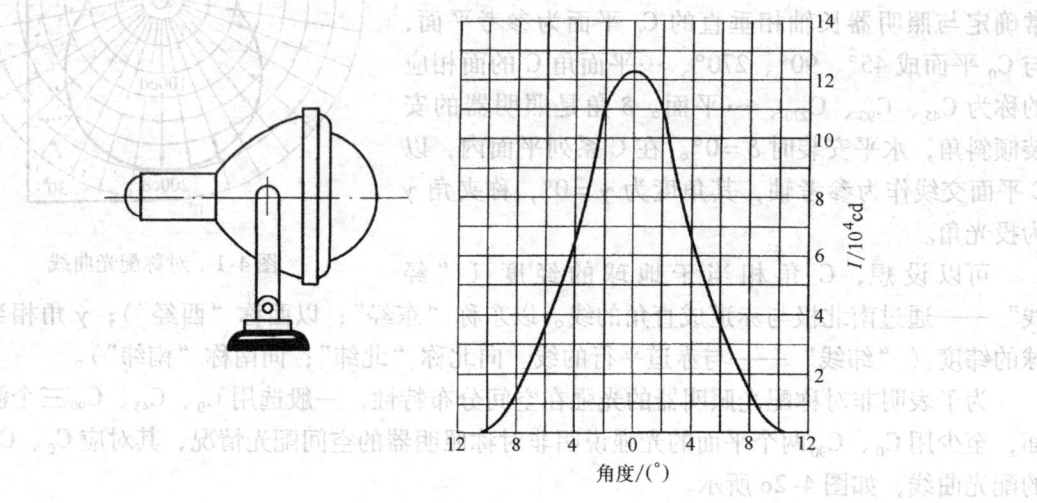

图4-3 直角坐标配光曲线

(三)等光强配光曲线

对一般照明器而言,极坐标配光曲线是表示光强分布最常用的方法。而对于光强分布不对称的灯具,常采用等光强配光曲线表示光强分布。

1. 圆形等光强图

图4-4所示的是等面积天顶投影等光强配光曲线,该曲线给出了照明器在半球上的全部光强分布。

围绕照明器球表面上的一个平面内,将等光强的点连接可构成圆形等光强配光曲线,并以相等的投影面积来表示相等的包围灯具的球面面积。这种等光强图在道路照明中应用较多,沿着水平中心线(赤道)上的角度C定义为路轴方向的方位角,其中C=0°表示与道路同方向;C=90°表示与道路垂直;C=270°是垂直离开道路的方向。沿着周围的角度γ表示偏离下垂线的角度,其中γ=0°表示灯具垂直向下。

等面积天顶投影等光强配光曲线,可用于求解道路照明灯具投射到道路表面的光通量。

2. 矩形等光强图

泛光灯的光分布通常是窄光束,常用矩形等光强图表示泛光灯的光强分布特性,如图4-5左半部所示。图中角度的选择范围应与光分布的范围相符,纵坐标和横坐标上的角度分别表示垂直和水平。在等光强图中,可以计算出垂直和水平网格线所包围的每一个矩形内的光通量。

图的右边是功率为400W管形高压钠灯作泛光灯时球带光通量曲线的一半;小方格由水平角、垂直角构成,在由小方格所确定的球带里,可以计算出每千流明的光通量。

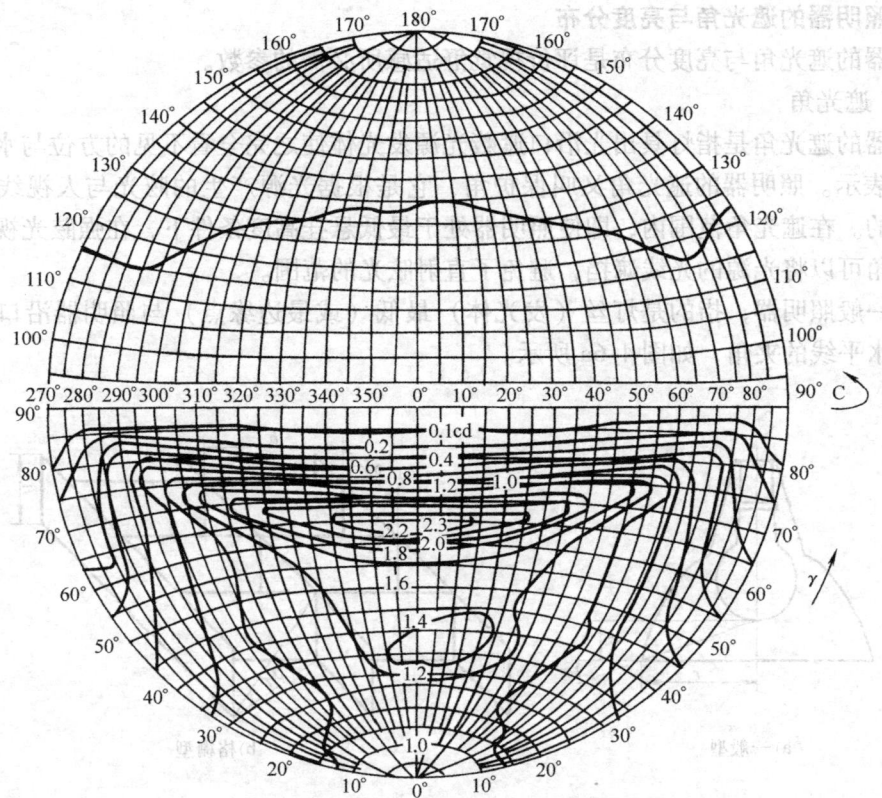

图 4-4 等面积天顶投影等光强配光曲线

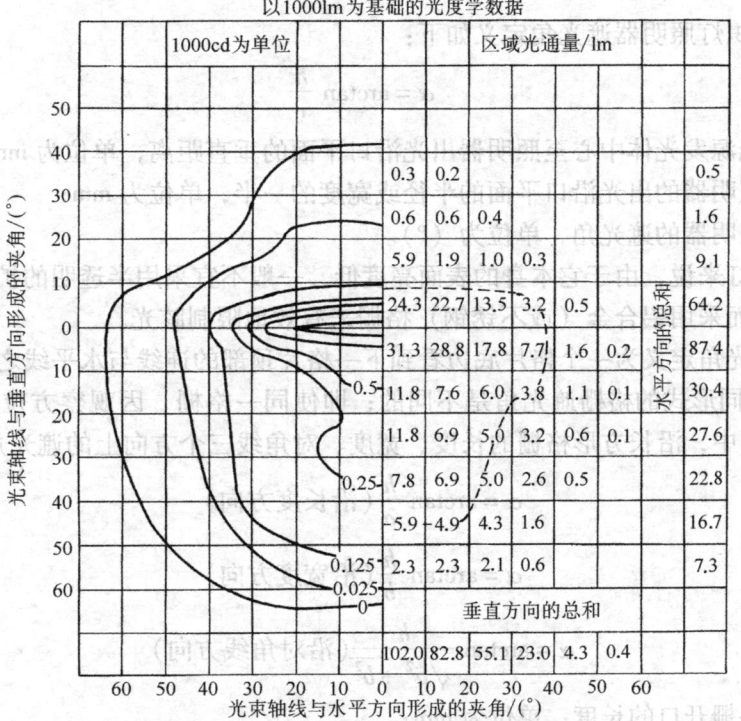

图 4-5 泛光照明等光强与区域光通量

二、照明器的遮光角与亮度分布

照明器的遮光角与亮度分布是评价视觉舒适感所必需的参数。

（一）遮光角

照明器的遮光角是指灯具出光沿口遮蔽光源发光体使之完全看不见的方位与水平线的夹角，以 α 表示。照明器的遮光角又叫保护角，它是根据光源产生的眩光与人视线角度的关系而设计的。在遮光角范围内，即使照明器处于最低悬挂高度条件下，在强眩光视线角度区域内遮光角可以将光源的光线遮挡，避免了直射眩光的范围。

对于一般照明器，指的是灯丝（发光体）最低（或最边缘点）与照明器沿口连线，与出光沿口水平线的夹角，如图4-6a所示。

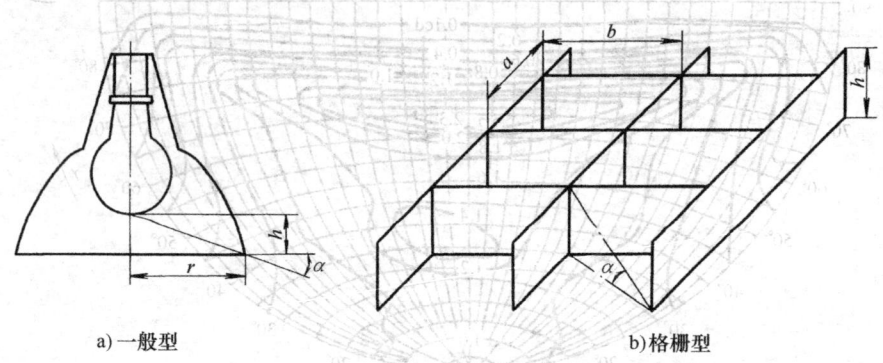

a) 一般型　　　　　　　　　　b) 格栅型

图 4-6　照明器的遮光角

直接型白炽灯照明器遮光角定义如下：

$$\alpha = \arctan \frac{h}{r} \tag{4-2}$$

式中　h——光源发光体中心至照明器出光沿口平面的垂直距离，单位为 mm；

　　　r——照明器的出光沿口平面的半径或宽度的一半，单位为 mm；

　　　α——照明器的遮光角，单位为（°）。

对于荧光灯来说，由于它本身的表面亮度低，一般不宜采用半透明的扩散材料做成灯罩来限制眩光，而采用铝合金（或不锈钢）格栅来有效地限制眩光。

格栅的遮光角定义为一个格片底边看到下一格片顶部的连线与水平线之间的夹角，如图4-6b所示。不同形式的格栅遮光角是不同的；即使同一格栅，因观察方位不同，其值也会不同。图4-6b中，沿长方形格栅的长度、宽度、对角线三个方向上的遮光角分别为

$$\alpha = \arctan \frac{h}{a} \text{（沿长度方向）} \tag{4-3}$$

$$\alpha = \arctan \frac{h}{b} \text{（沿宽度方向）} \tag{4-4}$$

$$\alpha = \arctan \frac{h}{\sqrt{a^2 + b^2}} \text{（沿对角线方向）} \tag{4-5}$$

式中　a——格栅开口的长度，单位为 mm；

　　　b——格栅开口的宽度，单位为 mm；

h——格栅的高度,单位为 mm。

格栅的遮光角越大,光强分布就越窄,效率也越低;反之,遮光角越小,光强分布就越宽,效率也越高,但防止眩光的作用也随之变弱。一般的办公室照明,格栅遮光角的横轴方向(垂直灯管)为 45°,纵轴方向(沿灯管长方向)为 30°;而商店照明的格栅遮光角横轴方向成 25°,纵轴方向成 15°。

(二)亮度分布

照明器的遮光角与亮度分布是不可分的,在视觉评价中应重点考虑。

照明器的平均亮度可由式(4-6)计算:

$$L_\theta = \frac{I_\theta}{A_p} \tag{4-6}$$

式中 I_θ——照明器在 θ 方向的发光强度,单位为 cd;

A_p——照明器发光面在 θ 方向的投影面积,单位为 m^2。

例如,对于图 4-7 所示的有发光侧面的荧光灯灯具,其发光部分在 θ 方向投影面积 A_p 计算如下:

$$A_p = A_h \cos\theta + A_v \sin\theta \tag{4-7}$$

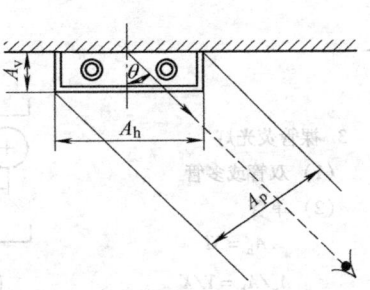

图 4-7 照明器发光部分投影面积计算图

式中 A_h——照明器发光面在水平方向上的投影面积,单位为 m^2;

A_v——照明器发光面在垂直方向上的投影面积,单位为 m^2。

表 4-1 是几种典型照明器发光面投影面积计算方法。

表 4-1 照明器发光面投影面积计算方法

水平投影面积 A_h 和垂直投影面积 A_v	在 θ 方向的投影面积 A_p
(一)暗侧面暗端面(包括各类灯具)	
$A_h = Xl$ $A_v/A_h = 0$	$A_p = A_h \cos\theta$
(二)壳侧面、暗端面	
1. 侧面和底面可以区别 ($\overline{PQ}$ 长度不变)	$A_p = \overline{PQ} l \cos\varphi$ 用 A_h 和 A_v/A_h 计算,θ 在 40°~85°之间,结果是准确的
2. 侧面和底面连为一体 ($\overline{PQ}$ 长度是变化的) (1)半柱面 $A_h = 0.67Wl$ $A_v/A_h = 0.75$	$A_p = Wl\cos^2\frac{\theta}{2}$ 用 A_h 和 A_v/A_h 计算,θ 在 40°~85°之间,误差在 ±5%以内

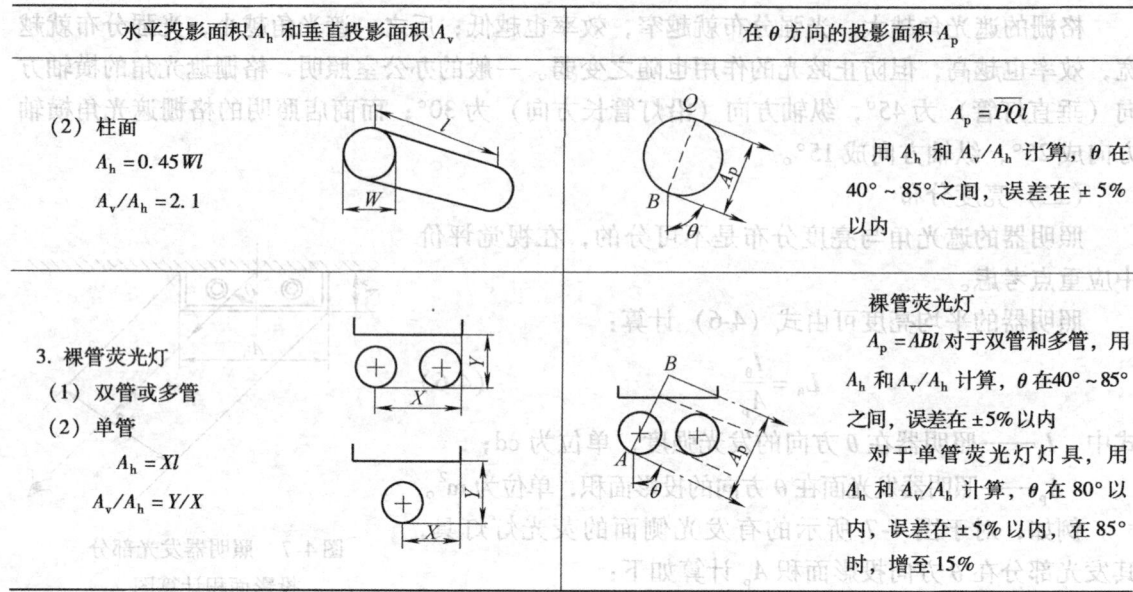

水平投影面积 A_h 和垂直投影面积 A_v	在 θ 方向的投影面积 A_p
(2) 柱面 $A_h = 0.45Wl$ $A_v/A_h = 2.1$	$A_p = \overline{PQ}l$ 用 A_h 和 A_v/A_h 计算, θ 在 40°~85° 之间, 误差在 ±5% 以内
3. 裸管荧光灯 (1) 双管或多管 (2) 单管 $A_h = Xl$ $A_v/A_h = Y/X$	裸管荧光灯 $A_p = ABl$ 对于双管和多管, 用 A_h 和 A_v/A_h 计算, θ 在 40°~85° 之间, 误差在 ±5% 以内 对于单管荧光灯灯具, 用 A_h 和 A_v/A_h 计算, θ 在 80° 以内, 误差在 ±5% 以内, 在 85° 时, 增至 15%

三、照明器的效率

照明器的效率是反映照明器技术经济效果的重要指标。经过照明器的反射和透射后, 光源的光通量必然会有所损失, 因此, 照明器的发光效率小于 1。

照明器所辐射出的光通量 Φ' 与光源发出的总光通量 Φ_S 之比, 称为照明器效率, 用 η 表示。

$$\eta = \frac{\Phi'}{\Phi_S} \tag{4-8}$$

如图 4-8 所示, 照明器中光源 S 发出的光线可分成 3 个区域。区域 1 是光线能从光源经玻璃板 B 直接射出灯具的部分, 这些光线称为直接出射光; 区域 2 是光线射向灯亮内部壳体产生的杂散光, 无法起到有效照明作用; 区域 3 是光源光线射向反射器 R, 经反射器反射后, 通过前面玻璃板 B 再射出。

要提高照明器的效率, 需要注意以下几个方面:

1) 尽量减少区域 2, 不使光线白白浪费在壳体上。
2) 处理好玻璃板 B 与光线的相互位置, 一般使光线对玻璃的入射角小于 45°, 以增加光线的透过率。
3) 增加区域 1 减少区域 3, 即增加直接出射光部分。
4) 减小区域 2 至零时, 区域 3 内的光线全部反射向区域 1 中, 当反射出来光线的角度与区域 1 的直接出射光线角度完全吻合时, 即可获得高的效率。

图 4-8 照明器各部分对效率的影响
S—光源 B—保护玻璃
R—反射器 C—壳体

为了既满足功能要求, 又尽可能节约能源。根据《建筑照明设计标准》(GB 50034—2013) 的规定, 以直管形荧光灯具和高强气体放电灯具为例, 照明器效率要满足表 4-2 的规定。

表 4-2 照明器效率

灯具 出光口形式	直管形荧光灯灯具				高强气体放电灯灯具	
	开敞式	保护罩（玻璃或塑料）		格栅	开敞式	格栅或透光罩
		透明	磨砂、棱镜			
照明器效率（%）	75	70	55	65	75	60

第二节 照明器的设计

一、照明器设计的目的

1) 为了不同的使用目的，对光源进行配光的光学设计。
2) 为了能够给光源提供电气保障，对线路进行电气或配线设计。
3) 为了保持或保护光源，以及维持照明器的安装结构、强度、耐热、耐候（阳光）性等功能，对照明器进行的机械设计及热工设计。
4) 为了具有装饰性，对照明器进行美观的设计。

二、照明器设计的基本流程

照明器是把光源发出的光通按照一定的需求重新进行分配，以发挥光的功能而存在的。因此，光学设计是照明器设计的重要环节。光源发出的光经过反射板反射、棱镜折射等方式传播，光学设计基本上是通过画图或计算，求出光源发出的光在什么方向上能够发射出多少，其数量的多少由反射板和棱镜的形状决定。

因此，照明器设计的基本流程如下：

1. 确定概念设计

决定所希望的照明状态下对照明器的要求。

2. 设置配光目标

根据照明器的安装位置、照射范围决定一盏灯所应分担的目标配置。

3. 照明器的光学设计

确定控光部件的光学分布，即决定反射板、棱镜的形状、表面处理等。

4. 照明器的总体设计

照明器其他部分的设计，包括电气部分、机械结构和造型样式等设计。

5. 通过计算机进行分析、校验，并进行相关试验和测试。

照明器设计基本流程如图 4-9 所示。

可见，在照明器的设计中，最重要的是光学设计环节，也就是控光部件的设计。因此，要在充分熟悉各部件光学性能的基础上，才能完成好照明器的设计。

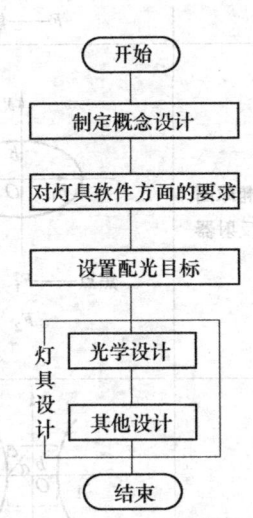

图 4-9 照明器设计基本流程

三、照明器的主要控光部件

照明器的主要控光部件有反射器、折射器、漫射器、遮光器等，这些控光部件的科学合理的设计对于光源的充分利用和能源的节约以及照明效果的提高有着重要的作用。

（一）反射器

反射器是利用反射原理来改变光源光通量空间分布的装置，它的作用是将光源发射的光通过反射器进行再分配，这种反射可能是漫反射，也可能是空间反射。一般反射器的基本形式及光学特性如表4-3所示。

表4-3 反射器的基本形式及光学特性

名称	曲线与方程	光线作用	应用灯种类
抛物面反射器	$y^2 = 4fx$ F——焦点$(f、0)$ f——焦距	点光源置于F点时，则反射光线平行于光轴Ox 光源从焦点向外移动，反射光线会聚在Ox轴上 光源从焦点向内移动，反射光线远离Ox轴扩散 实际光源置于F点时，则反射光线有一定扩散 光源越大，发射角越大，反之越小（同一面内）	探照灯 投光灯 信号灯
球面反射器	$x^2 + y^2 = R^2$ R——半径 F——焦点	光源置于球心，搜集不能利用的光线，提高光的利用率 光源在球面圆心，起辅助反射器作用，还可以防止眩光 光源置于1/2曲率半径附近，$OF = R/2$时，则近轴的光线几乎平行于光轴	矿用头灯 投光灯幻灯
椭球面反射器	焦点——$F_1(-c、0)$ $F_2(c、0)$	点光源放在焦点F_1处，反射光线会聚在焦点F_2处，F_2是F_1位置上的成像位置，不能使点光源光线反射后形成平行光束	投光灯
双曲面反射器	$\dfrac{x^2}{a^2} - \dfrac{y^2}{b^2} = 1$ 焦点——$F_1(-c、0)$ $F_2(c、0)$	不能使点光源光束反射后形成平行光束 光源置于F_2处，光线经反射后扩散，反射光线延长线都通过F_1，如从F_1发出的光线。点光源从焦点F_2向镜面移动，反射光扩散程度增加，远离镜面扩散程度减小	新闻摄影灯

(续)

名称	曲线与方程	光线作用	应用灯种类
平面镜反射器	(入射角 = 反射角) $\alpha_1 = \alpha_2$ $\angle AOP = \angle A'OP$ $\angle AON = \angle A'ON'$	$AP = A'P$，物点 A 与像点 A' 对平面镜来说是对称的 当入射光线方向不变，平面镜转动 α 角，则反射光线转动 2α 角	平面反射的筒式灯具
组合型反射器	用若干支线段或曲面组合而成	按照被照面要求的光通量分布，组合典型曲面，合理分配光源的光通量，使配光达到预定的要求	大面积照明灯和特殊要求的照明灯

（二）折射器

折射器是利用光的折射原理来改变光发出的光通量的空间分布的装置，它可使光射向所需要的方向，使灯具有合理的光分布。一般灯具中采用的折射部件伴有透镜和棱镜两种类型。单个透镜使用的少，多为多个棱镜并列组成，如机场信号灯、跑道灯等。应用透镜进行折射的较多，如信号灯、路灯、舞台聚光灯等。透镜的种类如图 4-10 所示。

图 4-10a 是会聚透镜，又称平凸透镜，如将点光源放在透镜焦点上，会产生平行光，图 4-10b 是发散透镜，又称双凹透镜，它可使光线发散。通常平透镜的尺寸，取决于灯具的口径。灯具较大时，其透镜尺寸也较大。因此透镜重量大，而且透光效果不好。为了克服此缺点，采用将透镜视为由很多小透镜排列而成。如果透镜曲面不变，而光的方向也不变，结果重量轻，提高光效率，这种透镜称为螺纹透镜（又称为菲涅尔透镜），其示意图如下图 4-11 所示。

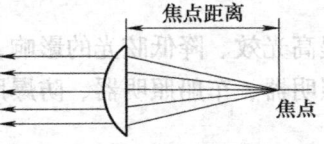
a) 会聚透镜（平凸透镜）

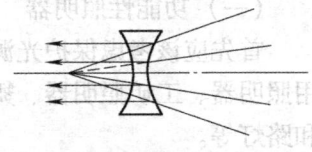
b) 发散透镜（双凹透镜）

图 4-10 透镜

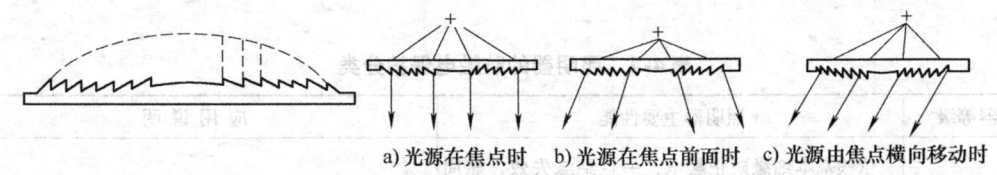

a) 光源在焦点时　b) 光源在焦点前面时　c) 光源由焦点横向移动时

图 4-11 螺纹透镜（菲涅尔透镜）示意图

（三）漫射器

光源发出的光通过光学漫射部件，如乳白玻璃、磨砂玻璃、有机玻璃等做成各种形状的外罩，从而形成漫射型灯具。漫射器可以使光线柔和，模糊甚至看不见灯具的亮光源，从而减少眩光作用。但是其光效低，不利于节约电能。

（四）遮光器

遮光器的作用就是起加大保护角，以达到限制眩光作用，常用的有遮光格栅。由半透明或不透明组件构成的遮光体，组件的几何位置在给定的角度内看不见灯光，格栅遮光器示意图如图4-12所示。带遮光器的灯具效率比敞开式灯具效率低。

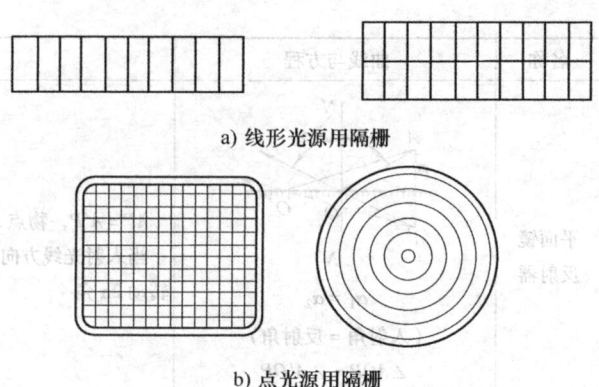

a) 线形光源用隔栅

b) 点光源用隔栅

图4-12 隔栅遮光器示意图

第三节 照明器的分类

一、按照明器的用途分类

照明器根据用途可分为功能性照明器与装饰性照明器两种。

（一）功能性照明器

首先应该考虑保护光源、提高光效、降低眩光的影响，其次再考虑装饰效果。例如，民用照明器、工矿照明器、舞台照明器、车船照明器、防爆照明器、标志照明器、水下照明器和路灯等。

（二）装饰性照明器

一般由装饰部件围绕光源组合而成，其作用主要是美化环境、烘托气氛。因此，首先应该考虑照明器的造型和光线的色泽，其次再考虑照明器的效率和限制眩光。例如：花式吊灯、壁灯、景观灯光小品、节庆灯光等。

二、按照明器防触电保护方式分类

为了电气安全，照明器的所有带电部分必须采用绝缘材料等加以隔离。照明器的这种保护人身安全的措施称为防触电保护。

根据防触电保护方式，照明器可分为0、Ⅰ、Ⅱ和Ⅲ共4类，每一类照明器的主要性能及其应用情况，如表4-4所示。

表4-4 照明器的防触电保护分类

照明器等级	照明器主要性能	应用说明
0类	依赖基本绝缘防止触电，一旦绝缘失效，靠周围环境提供保护，否则，易触及部分和外壳会带电	安全程度不高，适用于安全程度好的场合，如空气干燥、尘埃少、木地板等条件下的吊灯、吸顶灯
Ⅰ类	除基本绝缘外，易触及的部分及外壳有接地装置。一旦基本绝缘失效时，不致有危险	用于金属外壳的照明器，如投光灯、路灯、庭院灯等

(续)

照明器等级	照明器主要性能	应用说明
Ⅱ类	采用双重绝缘或加强绝缘作为安全防护,无保护导线(地线)	绝缘性好,安全程度高,适用于环境差、人经常触摸的照明器,如台灯、手提灯等
Ⅲ类	采用特低安全电压(交流有效值不超过50V),灯内不会产生高于此值的电压	安全程度最高,可用于恶劣环境,如机床工作灯、儿童用灯等

从电气安全角度看,0类照明器的安全程度最低,Ⅰ、Ⅱ类较高,Ⅲ类最高。我国已不允许采用0类照明灯具。在照明设计时,应综合考虑使用场所的环境、操作对象、安装和使用位置等因素,选用合适类别的照明器。在使用条件或使用方法恶劣的场所应使用Ⅲ类照明器,一般情况下可采用Ⅰ类或Ⅱ类照明器。

三、按照明器的防尘、防水等分类

为了防止人、工具或尘埃等固体异物触及或沉积在照明器带电部件上引起触电、短路等危险,也为了防止雨水等进入照明器内造成危险,有多种外壳防护方式起到保护电气绝缘和光源的作用。相应于不同的防尘、防水等级,目前采用特征字母"IP"后面跟两个数字来表示照明器的防尘、防水等级。第一个数字表示对人、固体异物或尘埃的防护能力,第二个数字表示对水的防护能力。详细说明如表4-5、表4-6所示。

表4-5 防护等级特征字母IP后面第一位数字的意义

第一位特征数字	说明	含义
0	无防护	没有特别的防护
1	防护大于50mm的固体异物	人体某一大面积部分,如手(但不防护有意识的接近)直径大于50mm的固体异物
2	防护大于12mm的固体异物	手指或类似物,长度不超过80mm、直径大于12mm的固体异物
3	防护大于2.5mm的固体异物	直径或厚度大于2.5mm的工具、电线等,直径大于2.5mm的固体异物
4	防护大于1.0mm的固体异物	厚度大于1.0mm的线材或条片,直径大于1.0mm的固体异物
5	防尘	不能完全防止灰尘进入,但进入量不能达到妨碍设备正常工作的程度
6	尘密	无尘埃进入

表4-6 防护等级特征字母IP后面第二位数字的意义

第二位特征数字	说明	含义
0	无防护	没有特殊的防护
1	防滴水	滴水(垂直滴水)无有害影响
2	防倾斜15°滴水	当外壳从正常位置倾斜不大于15°以内时,垂直滴水无有害影响

第二位特征数字	说 明	含 义
3	防淋水	与垂直线成60°范围内的淋水无有害影响
4	防溅水	任何方向上的溅水无有害影响
5	防喷水	任何方向上的喷水无有害影响
6	防猛烈海浪	猛烈海浪或猛烈喷水后进入外壳的水量不致达到有害程度
7	防浸水	浸入规定水压的水中，经过规定时间后，进入外壳的水量不会达到有害程度
8	防潜水	能按制造厂规定的要求长期潜水

显然，在防尘能力和防水能力之间存在一定的依赖关系，也就是说第一个数字和第二个数字间有一定的依存关系，其可能的配合如表4-7所示。

表4-7 "IP"后两数字可能的配合

可能配合的组合		第二位特征数字								
		0	1	2	3	4	5	6	7	8
第一位特征数字	0	IP00	IP01	IP02						
	1	IP10	IP11	IP12						
	2	IP20	IP21	IP22	IP23					
	3	IP30	IP31	IP32	IP33	IP34				
	4	IP40	IP41	IP42	IP43	IP44				
	5	IP50			IP54	IP55				
	6	IP60					IP65	IP66	IP67	IP68

四、按照明器光通量在空间的分布分类

当采用不同的照明器，其光通量在空间的分布状况是不同的。CIE将一般室内照明器的光通量在上、下半球空间分配比例来分有直接型、半直接型、漫射型、半间接型和间接型。其不同类型照明器光通量的分布，如表4-8所示。

表4-8 按照明器光通量分类

类 别	光通量分布特性（%）		特 点
	上半球	下半球	
直接型	0~10	100~90	光线集中，工作面上可获得充分照度
半直接型	10~40	90~60	光线集中在工作面上，空间环境有适当照度比直接型眩光小
漫射型	40~60	60~40	空间各方向光通量基本一致，无眩光
半间接型	60~90	40~10	增加反射光的作用，使光线比较均匀柔和
间接型	90~100	10~0	扩散性好，光线柔和均匀，避免眩光，但光的利用率低

五、按照明器配光曲线分类

按照明器的配光曲线分类，实际上是按照明器光强分布特性进行分类，其各自的特点如表 4-9 所示。

表 4-9 按照明器配光曲线分类

类 别	特 点
正弦分布型	光强是角度的函数，在 $\theta=90°$ 时，光强最大
广照型	最大的光强分布在较大的角度处，可在较为广阔的面积上形成均匀的照度
均匀配照型	各个角度的光强基本一致
配照型	光强是角度的余弦函数，在 $\theta=0°$ 时，光强最大
深照型	光通量和最大光强值集中在 $\theta=0°\sim30°$ 所对应的立体角内
特深照型	光通量和最大光强值集中在 $\theta=0°\sim15°$ 所对应的立体角内

六、按照明器结构特点分类

按照明器结构特点分类，如表 4-10 所示。

表 4-10 按照明器结构特点分类

结 构	特 点
开启型	光源与外界空间直接接触（无罩）
闭合型	透明罩将光源包合起来，但内外空气仍能自由流通
密闭型	透明罩固定处加严密封闭，与外界隔绝相当可靠，内外空气不能流通
防爆型	符合《防爆电气设备制造检验规程》的要求，能安全地在有爆炸危险性介质的场所使用。有安全型和隔爆型
	安全型在正常运行时不产生火花电弧；或把正常运行时产生的火花电弧的部件放在独立的隔爆室内
	隔爆型在照明器的内部产生爆炸时，火焰通过一定间隙的防爆面后，不会引起照明器外部的爆炸
防振型	照明器采取防振措施，安装在有振动的设施上

七、按照明器安装方式分类

按照明器的安装方式分类，如表 4-11 所示。

表 4-11 按照明器安装方式分类

安装方式	特 点
壁灯	安装在墙壁上、庭柱上，用于局部照明、装饰照明或没有顶棚的场所
吸顶灯	将照明器吸附在顶棚面上，主要用于没有吊顶的房间。吸顶式的光带适用于计算机房、变电站等
嵌入式	适用于有吊顶的房间，照明器是嵌入在吊顶内安装的，可以有效消除眩光。与吊顶结合能形成美观的装饰艺术效果

(续)

安装方式	特 点
半嵌入式	将照明器的一半或一部分嵌入顶棚,其余部分露在顶棚外,介于吸顶式和嵌入式之间。适用于顶棚吊顶深度不够的场所,在走廊处应用较多
吊灯	最普通的一种照明器的安装型式,主要利用吊杆、吊链、吊管、吊灯线来吊装照明器
地脚灯	主要作用是照明走廊,便于人员行走。装在医院病房、公共走廊、宾馆客房、卧室等
台灯	主要放在写字台上、工作台上、阅览桌上,作为书写阅读使用
落地灯	主要用于高级客房、宾馆、带茶几沙发的房间以及家庭的床头或书架旁
地埋灯	埋在地面下的灯,也可作近距离小面积的投射灯
草坪灯	一般高度在1m以下,用于草坪绿地,花园小道等处
庭院灯	灯头或灯罩多数向上安装,灯管和灯架多数安装在庭、院地坪上,特别适用于公园、街心花园、宾馆以及机关学校的庭院内
道路广场灯（高杆灯）	主要用于夜间的通行照明。广场灯用于车站前广场、机场前广场、港口、码头、公共汽车站广场、立交桥、停车场、集合广场、室外体育场等
移动式灯	用于室内、外移动性的工作场所以及室外电视、电影的摄影等场所
应急照明灯与疏散标志和指示牌	适用于宾馆、饭店、医院、影剧院、商场、银行、邮电、地下室、会议室、动力站房、人防工程、隧道灯公共场所。可以作应急备用照明、应急疏散照明和应急安全照明等。有带电池和不带电池两种

第四节 照明器的选用

一、按配光曲线选择照明器

在选择照明器时,应根据环境条件和使用特点,合理地选定照明器的光强分布、效率、遮光角、类型、造型尺寸等,同时还应考虑照明器的装饰效果和经济性。

1) 在各种办公室和公共建筑物中,房间的顶棚和墙壁均要求有一定的亮度,要求房间各面有较高的反射比,并需有一部分光直接射到顶棚和墙上,此时可采用半直接型、漫射型照明器,从而获得舒适的视觉条件与良好的艺术效果。为了节能,在有空调的房间内还可选用空调灯具。

2) 在高大的建筑物内,照明器安装高度在0~6m以下时,宜采用深照型或配照型照明器;安装高度在6~15m时,宜采用特深照型照明器;安装高度在15~30m时,宜采用高纯铝深照型或其他高光强照明器。

3) 教室照明一般采用蝙蝠翼配光照明器,在要求垂直照度（教室黑板）时,可采用倾斜安装的照明器,或选用不对称配光的照明器。

4) 大面积的室外场所,宜采用高杆灯或其他高光强照明器。近距离的投光灯宜采用较宽配光灯具,远距离投光灯宜采用窄配光灯具。

二、按使用环境条件选择照明器

1) 在正常环境中,宜选用开起型照明器。

2) 在潮湿或特别潮湿的场所,宜选用密闭型防水防尘灯或带防水灯头的开起型照明器。

3）在有腐蚀性气体和蒸气的场所，应当选用耐腐蚀性材料制成的密闭型照明器。

4）在有爆炸和火灾危险的场所，应按危险的等级选择相应的照明器；含有大量粉尘但非爆炸和火灾危险的场所，应采用防尘照明器。

5）有较大振动的场所，宜选用有防振措施的照明器。

6）安装易受机械损伤位置的照明器时，应加装保护网或采取其他的保护措施。

7）对有装饰要求（大厅、门厅处）的照明，除满足照度要求外，还应选择有艺术装饰效果的照明器。

8）特殊场所（舞厅、手术室、水下）的照明，可选用专用照明器。

三、按照明器的使用空间选择照明器

将空间按照居住空间、办公空间、商店空间、室外空间以及其他特殊空间，分别使用的灯具，如表 4-12 所示。

表 4-12 按照明器的使用空间分类

使用空间	特 点
住宅空间	吸顶灯、吊灯、台灯、落地灯
办公空间	荧光灯、应急灯、诱导灯
商店空间	荧光灯、聚光灯
室外空间	投光灯、路灯、庭院灯、地埋灯
其他特殊空间	耐压防爆灯、紫外线灯

四、按经济效果选择照明器

与其他装置一样，照明器的经济性由初期投资和年运行费用（包括电费、更换光源费、维护管理费和折旧费等）两个因素决定。一般情况下，以选用光效高、寿命长、光通衰减小、安装维护方便的照明器为宜。在保证满足使用功能的前提下，应对可选择的灯具和照明方案进行比较。常用计算十年费用的典型方法如下：

（一）投资费（C）

投资费（C）包括以下 3 项费用之和：

1）灯具费及镇流器等附件费 C_1。

2）光源的初始费 C_2。

3）安装费 C_3。

（二）运行费（R）

运行费（R）包括以下两者之和：

1）年电能费（包括镇流器及控制装置等的耗费）R_1。

2）更换光源的年平均费用 R_2。

（三）维护费（M）

维护费（M）包括以下 3 项之和：

1）换灯（每年的人力费）M_1。

2）清扫（每年的人力费）M_2。

3）在一次清扫和换灯时可能会有少量其他费用 M_3。

$$10 \text{ 年总费用} = 2C + 10(R+M)$$

上式中，投资费乘以 2，是考虑支出资金的 10 年利息，这是一个粗略的修正。这个公式是对各种方案进行一般比较而言，还是足够精确的。

综上所述，由于现代建筑的多样性、功能的复杂性和环境的差异性，很难确定出选择照明器的统一标准。选择恰当的照明器，首先要掌握各类照明器的各项光学特性和电气性能；熟悉各类建筑物的使用功能及其对照明的要求；密切与建筑专业设计人员配合。以此为基础，再综合考虑，才能获得良好的效果。

思 考 题

1. 照明器的光学特性包括哪些内容？
2. 照明器配光曲线的用途是什么？不对称的室内灯具其光强在空间的分布如何表示？
3. 什么是等光强曲线？投光灯的等光强曲线是如何表示的？
4. 路灯的等光强曲线与投光灯的等光强曲线有什么不同？
5. 什么是照明器的遮光角？带格栅的荧光灯其遮光角如何确定？
6. 什么是照明器的效率？如何提高其效率？
7. 照明器按防触电保护分哪几类？如何选用？
8. 照明器按防尘、防水性能如何分类？
9. 如何选择照明器？

第五章 照明计算

照明计算是照明设计的主要内容之一，它包括照度计算、亮度计算、眩光计算等。照明计算是正确进行照明设计的重要环节，是对照明质量作定量评价的技术指标。亮度计算和眩光计算比较复杂，在实际照明工程设计中，照明计算常常只进行照度计算，当对照明质量要求较高时，应该都进行计算。

照明计算的目的是根据照明需要及其他已知条件（照明器类别及布置、房间各个面的反射条件及污染情况等），来决定照明器的数量以及其中电光源的容量，并据此确定照明器的布置方案；或者在照明器类别、布置及光源的容量都已确定的情况下，通过进行照明计算来定量评价实际使用场合的照明质量。

随着现代技术的发展，照明计算可借助计算机进行，以简化工作量并保证计算结果的准确性。目前，国内外许多公司推出了通用软件，供设计师使用。

本章主要介绍照度计算，而对亮度计算和眩光计算则作一般性描述。在计算水平照度时，如无特殊要求，通常采用 0.75m 的工作面或地平面作为计算面。

第一节 平均照度计算

利用系数法是按照光通量进行照度计算的，故又称流明计算法（或流明法）。流明法既要考虑直射光通量，也要考虑反射光通量。

一、基本计算公式

落到工作面上的光通量可分为两个部分：一部分是从灯具发出的光通量中直接落到工作面上的部分（称为直接部分）；另一部分是从灯具发出的光通量经室内表面反射后最后落到工作面上的部分（称为间接部分）。两者之和为灯具发出的光通量中最后落到工作面上的部分，该值与工作面的面积之比，则称为工作面上的平均照度。若每次都要计算落到工作面上的直接光通量与间接光通量，则计算变得相当复杂。为此，人们引入了利用系数的概念，即事先计算出各种条件下的利用系数，供设计人员使用。

（一）利用系数

对于每个灯具来说，由光源发出的额定光通量与最后落到工作面上的光通量之比值称为光源光通量利用系数（简称利用系数），即

$$U = \frac{\Phi_\mathrm{f}}{\Phi_\mathrm{S}} \tag{5-1}$$

式中　U——利用系数；

　　　Φ_f——由灯具发出的最后落到工作面上的光通量，单位为 lm；

　　　Φ_S——每个灯具中光源额定总光通量，单位为 lm。

为了求利用系数，许多国家都形成了一套自己的计算方法，譬如英国的球带法、美国的带域—空间法、法国的实用照明计算法、国际照明委员会的 CIE 法等。我国照明界的许多学

者对利用系数的计算有过不同程度的探讨,目前采用的方法基本上是按美国的带域—空间法求得。

(二)室内平均照度

有了利用系数的概念,室内平均照度可根据以下公式进行计算:

$$E_{av} = \frac{\Phi_S NUK}{A} \tag{5-2}$$

式中 E_{av}——工作面平均照度,单位为 lx;
N——灯具数;
A——工作面面积,单位为 m^2;
K——维护系数,查表5-1。

(三)维护系数

根据《建筑照明设计标准》(GB 50034—2013)的规定,维护系数 K 如表5-1所示。

表5-1 维护系数 K

环境污染特征		工作房间或场所	灯具最少擦洗次数/(次/年)	K	
				荧光灯、金属卤化物灯、LED 灯	卤钨灯
室内	清洁	住宅卧室、办公室、餐厅、阅览室、绘图室	2	0.80	0.80
	一般	商店营业厅、候车室、影剧院观众厅	2	0.70	0.75
	污染严重	厨房	3	0.60	0.65
开敞空间		雨篷、站台	2	0.65	—

二、利用系数法

室形指数、室空间比是计算利用系数的主要参数。

(一)室形指数

室形指数(Room Index)用来表示照明房间的几何特征,是计算利用系数时的重要参数。室形指数可通过下列方式求取。

1. 矩形房间

$$RI = \frac{lw}{h(l+w)} \tag{5-3}$$

2. 正方形房间

$$RI = \frac{a}{2h} \tag{5-4}$$

3. 圆形房间

$$RI = \frac{r}{h} \tag{5-5}$$

式中 l——房间的长度,单位为 m;
w——房间的宽度,单位为 m;

a——房间的宽度（正方形），单位为 m；
r——圆形房间的半径，单位为 m；
h——灯具开口平面距工作面的高度，单位为 m；
RI——室形指数。

为便于计算，一般将室形指数划分为 0.6、0.8、1.0、1.25、1.5、2.0、2.5、3.0、4.0、5.0 等 10 个级数。采用室形指数进行平均照度计算是国际上较为通用的方法。

（二）室空间比

如图 5-1 所示，为了表示房间的空间特征，可以将房间分成 3 个部分，即

顶棚空间——灯具开口平面到顶棚之间的空间；
地板空间——工作面到地面之间的空间；
室空间——灯具开口平面到工作面之间的空间。

1. 室空间比的计算

室空间比用来表示室内空间的比例关系。同样适用于利用系数的计算。其计算方法如下：

室空间比（Room Coefficient Ratio）

$$\text{RCR} = 5h_{rc}\frac{l+w}{lw} \tag{5-6}$$

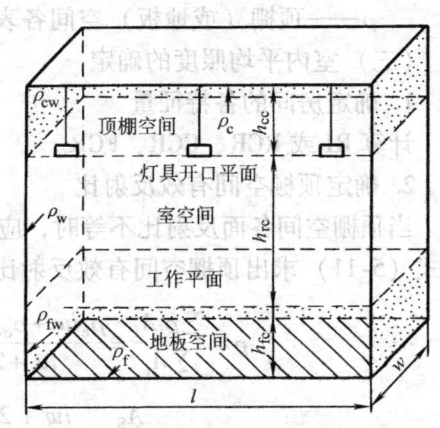

图 5-1 房间的空间特征

顶棚空间比（Ceiling Coefficient Ratio）

$$\text{CCR} = 5h_{cc}\frac{l+w}{lw} = \frac{h_{cc}}{h_{rc}}\text{RCR} \tag{5-7}$$

地板空间比（Floor Coefficient Ratio）

$$\text{FCR} = 5h_{fc}\frac{l+w}{lw} = \frac{h_{fc}}{h_{rc}}\text{RCR} \tag{5-8}$$

式中 h_{rc}——室空间的高度，单位为 m；
h_{cc}——顶棚空间的高度，单位为 m；
h_{fc}——地板空间的高度，单位为 m。

从式（5-4）和式（5-5）可知

$$\text{RI} \times \text{RCR} = 5 \tag{5-9}$$

室空间比 RCR 也分为 1、2、3、4、5、6、7、8、9、10 共 10 个级数。

2. 有效空间反射比

灯具开口平面上方空间中，一部分光被吸收，还有一部分光线经多次反射从灯具开口平面射出。

为了简化计算，把灯具开口平面看成一个具有有效反射比为 ρ_{cc} 的假想平面，光在这个假想平面上的反射效果同在实际顶棚空间的效果等价。同理，地板空间的有效反射比可定义为 ρ_{fc}。

1）假如空间由若干表面组成，以 A_i、ρ_i 分别表示为第 i 表面的面积及其反射比，则平均反射比 ρ 可由下式求出：

$$\rho = \frac{\sum \rho_i A_i}{\sum A_i} = \frac{\sum \rho_i A_i}{A_S} \tag{5-10}$$

式中 A_S——顶棚（或地板）空间内所有表面的总面积，单位为 m^2。

2）有效（Equivalence）空间反射比 ρ_e 可由下式求得：

$$\rho_e = \frac{\rho A_0}{(1-\rho)A_S + \rho A_0} = \frac{\rho}{\rho + (1-\rho)\dfrac{A_S}{A_0}} \tag{5-11}$$

式中 A_0——顶棚（或地板）平面面积，单位为 m^2；
　　ρ——顶棚（或地板）空间各表面的平均反射比。

（三）室内平均照度的确定

1. 确定房间的各特征量

计算 RI 或 RCR、CCR、FCR。

2. 确定顶棚空间有效反射比

当顶棚空间各面反射比不等时，应该利用式（5-10）求出各面的平均反射比 ρ；然后代入式（5-11）求出顶棚空间有效反射比 ρ_{cc}。

$$\rho = \frac{\sum \rho_i A_i}{\sum A_i} = \frac{\rho_c lw + \rho_{cw}[2(lh_{cc} + wh_{cc})]}{lw + 2(lh_{cc} + wh_{cc})} = \frac{\rho_c + 0.4\rho_{cw} CCR}{1 + 0.4 CCR} \tag{5-12}$$

$$\frac{A_S}{A_0} = \frac{lw + 2h_{cc}(l+w)}{lw} = 1 + 0.4 CCR \tag{5-13}$$

$$\rho_{cc} = \frac{\rho}{\rho + (1-\rho)\dfrac{A_S}{A_0}} = \frac{\rho}{\rho + (1-\rho)(1 + 0.4 CCR)} \tag{5-14}$$

3. 确定墙面平均反射比

由于房间开窗或装饰物遮挡等所引起的墙面反射比的变化，在求利用系数时，墙面反射比 ρ_w 应该采用其加权平均值，即利用式（5-10）求得 ρ。

4. 确定利用系数

在求出 RCR、ρ_{cc}、ρ_w 以后，按所选用的灯具从计算图表中，即可查得其利用系数 U。当 RCR、ρ_{cc}、ρ_w 不是图表中分级的整数时，可从利用系数（U）表（见表 5-2）中，查接近 ρ_{cc}（70%、50%、30%、10%）列表中接近 RCR 的两个数组（RCR_1, U_1）、（RCR_2, U_2）；然后采用内插法求出对应 RCR 的 U。

$$U = U_1 + \frac{U_2 - U_1}{RCR_2 - RCR_1}(RCR - RCR_1) \tag{5-15}$$

5. 确定地板空间有效反射比

地板空间与顶棚空间一样，可利用同样的方法求出有效反射比 ρ_{fc}。

$$\rho = \frac{\sum \rho_i A_i}{\sum A_i} = \frac{\rho_f lw + \rho_{fw}[2(lh_{fc} + wh_{fc})]}{lw + 2(lh_{fc} + wh_{fc})} = \frac{\rho_f + 0.4\rho_{fw} FCR}{1 + 0.4 FCR} \tag{5-16}$$

$$\frac{A_S}{A_0} = \frac{lw + 2h_{fc}(l+w)}{lw} = 1 + 0.4 FCR \tag{5-17}$$

$$\rho_{fc} = \frac{\rho A_0}{(1-\rho)A_S + \rho A_0} = \frac{\rho}{\rho + (1-\rho)(1 + 0.4 FCR)} \tag{5-18}$$

6. 确定利用系数的修正值

利用系数表(见表 5-3)中的数值是按 $\rho_{fc}=20\%$ 的情况计算的。当 ρ_{fc} 不是该值时,若要获得较为精确的结果,利用系数需加以修正。当 RCR、ρ_{fc}、ρ_w 不是图表中分级的整数时,可从其修正系数表中,查接近 ρ_{fc} (30%、10%、0%)列表中接近 RCR 的两个数组(RCR_1,γ_1)、(RCR_2,γ_2);然后采用内插法,求出对应 RCR 的利用系数的修正值 γ。

$$\gamma = \gamma_1 + \frac{\gamma_2 - \gamma_1}{RCR_2 - RCR_1}(RCR - RCR_1) \quad (5-19)$$

7. 确定室内平均照度 E_{av}

$$E_{av} = \frac{\Phi_S NK\gamma U}{lw} \quad (5-20)$$

(四)举例

有一教室长 6.6m、宽 6.6m、高 3.6m,在离顶棚 0.5m 的高度内安装 8 只 YG1-1 型 40W 荧光灯,课桌高度为 0.75m。教室内各表面的反射比如图 5-2 所示,试计算课桌面上的平均照度。(荧光灯光通量取 2400lm,维护系数 $K=0.8$)。YG1-1 型荧光灯利用系数(U)表、利用系数的修正表依次参见表 5-2、表 5-3。

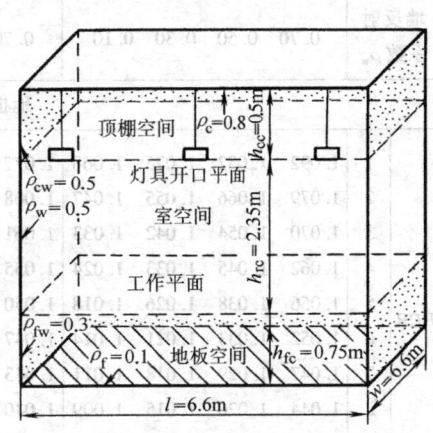

图 5-2 房间的空间特征示例

【解】 已知:$l=6.6m$、$w=6.6m$、$\Phi_S=2400lm$,$K=0.8$,$N=8$、$h_{cc}=0.5m$、$\rho_c=0.8$,$\rho_{cw}=0.5$;$h_{rc}=2.35m$,$\rho_w=0.5$;$h_{fc}=0.75m$,$\rho_f=0.1$,$\rho_{fw}=0.3$。

(1) 确定 RCR、CCR、FCR

$$RCR = 5h_{rc}\frac{l+w}{lw} = 5 \times 2.35 \times \frac{6.6+6.6}{6.6 \times 6.6} = 3.561$$

$$CCR = \frac{h_{cc}}{h_{rc}}RCR = \frac{0.5}{2.35} \times 3.561 = 0.758$$

$$FCR = \frac{h_{fc}}{h_{rc}}RCR = \frac{0.75}{2.35} \times 3.561 = 1.136$$

表 5-2 利用系数(U)表(YG1-1 型 40W 荧光灯,$s/h=1.0$)

有效顶棚反射系数 ρ_{cc}		0.70				0.50				0.30				0.10			
墙反射系数 ρ_w		0.70	0.50	0.30	0.10	0.70	0.50	0.30	0.10	0.70	0.50	0.30	0.10	0.70	0.50	0.30	0.10
RCR	1	0.75	0.71	0.67	0.63	0.67	0.63	0.60	0.57	0.59	0.56	0.54	0.52	0.52	0.50	0.48	0.46
	2	0.68	0.61	0.55	0.50	0.60	0.54	0.50	0.46	0.53	0.48	0.45	0.41	0.46	0.43	0.40	0.37
	3	0.61	0.53	0.46	0.41	0.54	0.47	0.42	0.38	0.47	0.42	0.37	0.34	0.41	0.37	0.34	0.31
	4	0.56	0.46	0.39	0.34	0.49	0.41	0.36	0.31	0.43	0.37	0.32	0.28	0.37	0.33	0.29	0.26
	5	0.51	0.41	0.34	0.29	0.45	0.37	0.31	0.26	0.39	0.33	0.28	0.24	0.34	0.29	0.25	0.22
	6	0.47	0.37	0.30	0.25	0.41	0.33	0.27	0.23	0.36	0.29	0.25	0.21	0.32	0.26	0.22	0.19
	7	0.43	0.33	0.26	0.21	0.38	0.30	0.24	0.20	0.33	0.26	0.22	0.18	0.29	0.24	0.20	0.16
	8	0.40	0.29	0.23	0.18	0.35	0.27	0.21	0.17	0.31	0.24	0.19	0.16	0.27	0.21	0.17	0.14
	9	0.37	0.27	0.20	0.16	0.33	0.24	0.19	0.15	0.29	0.22	0.17	0.14	0.25	0.19	0.15	0.12
	10	0.34	0.24	0.17	0.13	0.30	0.21	0.16	0.12	0.26	0.19	0.15	0.11	0.23	0.17	0.13	0.10

表 5-3 地板空间有效反射系数 $\rho_{fc} \neq 20\%$ 时对利用系数的修正表

有效顶棚反射系数 ρ_{cc}		0.80				0.70				0.50			0.30		
墙反射系数 ρ_w		0.70	0.50	0.30	0.10	0.70	0.50	0.30	0.10	0.50	0.30	0.10	0.50	0.30	0.10
地板空间有效反射系数 $\rho_{fc} = 30\%$															
RCR	1	1.092	1.082	1.075	1.068	1.077	1.070	1.054	1.059	1.049	1.044	1.040	1.028	1.026	1.023
	2	1.079	1.066	1.055	1.047	1.068	1.057	1.048	1.029	1.041	1.033	1.027	1.026	1.021	1.017
	3	1.070	1.054	1.042	1.033	1.061	1.048	1.037	1.028	1.034	1.027	1.020	1.024	1.017	1.012
	4	1.062	1.045	1.033	1.024	1.055	1.040	1.029	1.021	1.030	1.022	1.015	1.022	1.015	1.010
	5	1.056	1.038	1.026	1.018	1.050	1.034	1.024	1.015	1.027	1.018	1.012	1.020	1.013	1.008
	6	1.052	1.033	1.021	1.014	1.047	1.030	1.020	1.012	1.024	1.015	1.009	1.019	1.012	1.006
	7	1.047	1.029	1.018	1.011	1.043	1.026	1.017	1.009	1.022	1.013	1.007	1.018	1.019	1.005
	8	1.044	1.026	1.015	1.009	1.040	1.024	1.015	1.007	1.020	1.012	1.006	1.017	1.009	1.004
	9	1.040	1.024	1.014	1.007	1.037	1.022	1.014	1.006	1.019	1.011	1.005	1.016	1.009	1.004
	10	1.037	1.022	1.012	1.006	1.034	1.020	1.012	1.005	1.017	1.010	1.004	1.015	1.009	1.003
地板空间有效反射系数 $\rho_{fc} = 10\%$															
RCR	1	0.923	0.929	0.935	0.940	0.933	0.939	0.943	0.948	0.956	0.960	0.963	0.973	0.976	0.979
	2	0.931	0.942	0.950	0.958	0.940	0.949	0.957	0.963	0.962	0.968	0.974	0.976	0.980	0.985
	3	0.939	0.951	0.961	0.969	0.945	0.957	0.966	0.973	0.967	0.975	0.981	0.978	0.983	0.988
	4	0.944	0.958	0.969	0.978	0.950	0.963	0.973	0.980	0.972	0.980	0.986	0.980	0.986	0.991
	5	0.949	0.954	0.976	0.983	0.954	0.968	0.978	0.985	0.975	0.983	0.989	0.981	0.988	0.993
	6	0.953	0.969	0.980	0.986	0.958	0.972	0.982	0.989	0.979	0.985	0.992	0.982	0.989	0.995
	7	0.957	0.973	0.983	0.991	0.961	0.975	0.985	0.991	0.979	0.987	0.994	0.983	0.990	0.996
	8	0.960	0.976	0.986	0.993	0.963	0.977	0.987	0.993	0.981	0.989	0.995	0.984	0.991	0.997
	9	0.963	0.978	0.987	0.994	0.965	0.979	0.989	0.994	0.983	0.990	0.996	0.985	0.992	0.998
	10	0.965	0.980	0.989	0.995	0.967	0.981	0.990	0.995	0.984	0.991	0.997	0.986	0.993	0.998
地板空间有效反射系数 $\rho_{fc} = 0\%$															
RCR	1	0.859	0.870	0.879	0.886	0.873	0.884	0.893	0.901	0.916	0.923	0.929	0.948	0.954	0.960
	2	0.871	0.887	0.903	0.919	0.886	0.902	0.916	0.928	0.926	0.938	0.949	0.954	0.963	0.971
	3	0.882	0.904	0.915	0.942	0.898	0.918	0.934	0.947	0.945	0.961	0.964	0.958	0.969	0.979
	4	0.893	0.919	0.941	0.958	0.908	0.930	0.948	0.961	0.945	0.961	0.974	0.961	0.974	0.984
	5	0.903	0.931	0.953	0.969	0.914	0.939	0.958	0.970	0.951	0.967	0.980	0.964	0.977	0.988
	6	0.911	0.940	0.961	0.976	0.920	0.945	0.965	0.977	0.955	0.972	0.985	0.966	0.979	0.991
	7	0.917	0.947	0.967	0.981	0.924	0.950	0.970	0.982	0.959	0.975	0.988	0.968	0.981	0.993
	8	0.922	0.953	0.971	0.985	0.929	0.955	0.975	0.986	0.963	0.978	0.991	0.970	0.983	0.995
	9	0.928	0.958	0.975	0.998	0.933	0.959	0.980	0.989	0.966	0.980	0.993	0.971	0.985	0.996
	10	0.933	0.962	0.979	0.991	0.937	0.963	0.983	0.992	0.969	0.982	0.995	0.973	0.987	0.997

(2) 确定 ρ_{cc}、利用系数 U，以及 ρ_{fc}、U 的修正值 γ

1) 求 ρ_{cc}、U：

$$\rho = \frac{\rho_c + 0.4\rho_{cw}\text{CCR}}{1 + 0.4\text{CCR}} = \frac{0.8 + 0.4 \times 0.5 \times 0.758}{1 + 0.4 \times 0.758} = 0.73$$

$$\rho_{cc} = \frac{\rho}{\rho + (1-\rho)(1 + 0.4\text{CCR})} = \frac{0.73}{0.73 + (1-0.73)(1 + 0.4 \times 0.758)} = 67.5\%$$

取 $\rho_{cc} = 70\%$，$\rho_w = 50\%$，RCR = 3.561

查表 5-2，得 $(\text{RCR}_1, U_1) = (3, 0.53)$、$(\text{RCR}_2, U_2) = (4, 0.46)$

利用系数 $U = U_1 + \dfrac{U_2 - U_1}{\text{RCR}_2 - \text{RCR}_1}(\text{RCR} - \text{RCR}_1) = 0.491$

2) 求 ρ_{fc}、γ：

$$\rho = \frac{\rho_f + 0.4\rho_{fw}\text{FCR}}{1 + 0.4\text{FCR}} = \frac{0.1 + 0.4 \times 0.3 \times 1.212}{1 + 0.4 \times 1.212} = 0.1653$$

$$\rho_{fc} = \frac{\rho}{\rho + (1-\rho)(1 + 0.4\text{FCR})}$$

$$= \frac{0.1653}{0.1653 + (1-0.1653)(1 + 0.4 \times 1.212)} = 11.8\%$$

因为 $\rho_{fc} \neq 20\%$，则取 $\rho_{fc} = 10\%$、$\rho_{cc} = 70\%$、$\rho_w = 50\%$，RCR = 3.561。

查表 5-3，得 $(\text{RCR}_1, \gamma_1) = (3, 0.957)$、$(\text{RCR}_2, \gamma_2) = (4, 0.963)$。

利用系数的修正值 $\gamma = \gamma_1 + \dfrac{\gamma_2 - \gamma_1}{\text{RCR}_2 - \text{RCR}_1}(\text{RCR} - \text{RCR}_1) = 0.96$。

(3) 确定 E_{av}

$$E_{av} = \frac{\Phi_S N K \gamma U}{lw} = \frac{2400 \times 8 \times 0.8 \times 0.96 \times 0.491}{6.6 \times 6.6}\text{lx} = 166.2\text{lx}$$

三、概率曲线与单位容量法

(一) 概算曲线

为了简化计算，把利用系数法计算的结果绘制成曲线，并假设受照面上的平均照度为 100lx，求出房间面积与所用灯具数量的关系曲线。该曲线称为概算曲线。它适用于一般均匀照明的照度计算。

应用概算曲线进行平均照度计算时，应已知以下条件：

1) 灯具类型及光源的种类和容量（不同的灯具有不同的概算曲线）。
2) 计算高度（即灯具开口平面离工作面的高度）。
3) 房间的面积。
4) 房间的顶棚、墙壁、地面的反射比。

1. 换算公式

根据以上条件（墙壁反射比应取墙和窗户的加权平均反射比），就可从概算曲线上查得所需灯具的数量 N。

概算曲线是在假设受照面上的平均照度为 100lx、维护系数为 K' 的条件下绘制的。因此，如果实际需要的平均照度为 E、实际采用的维护系数为 K，那么实际采用的灯具数量 n 可按下列公式进行换算：

$$n = \frac{EK'N}{100K} \tag{5-21}$$

或

$$E = \frac{100Kn}{K'N} \tag{5-22}$$

式中　n——实际采用的灯具数量；
　　　N——根据概算曲线查得的灯具数量；
　　　K——实际采用的维护系数；
　　　K'——概算曲线上假设的维护系数（常取 0.7）；
　　　E——设计所要求的平均照度，单位为 lx。

2. 确定平均照度的步骤

各种灯具的概算曲线是由灯具生产厂商提供的。图 5-3 所示的是 YG1-1 型 1×40W 荧光灯具的概算曲线。根据概算曲线，对室内灯具数量的计算，就显得十分简便。其计算步骤如下：

1）确定灯具的计算高度 h。
2）室内的面积 A。
3）根据室内面积 A、灯具计算高度 h，在灯具概算曲线上查出灯具的数量。如果计算高度 h 处于图中 h_1 与 h_2 之间，则采用内插法进行计算。
4）通过式（5-22），即可计算出所需灯具的数量 n（或所要求的平均照度 E）。

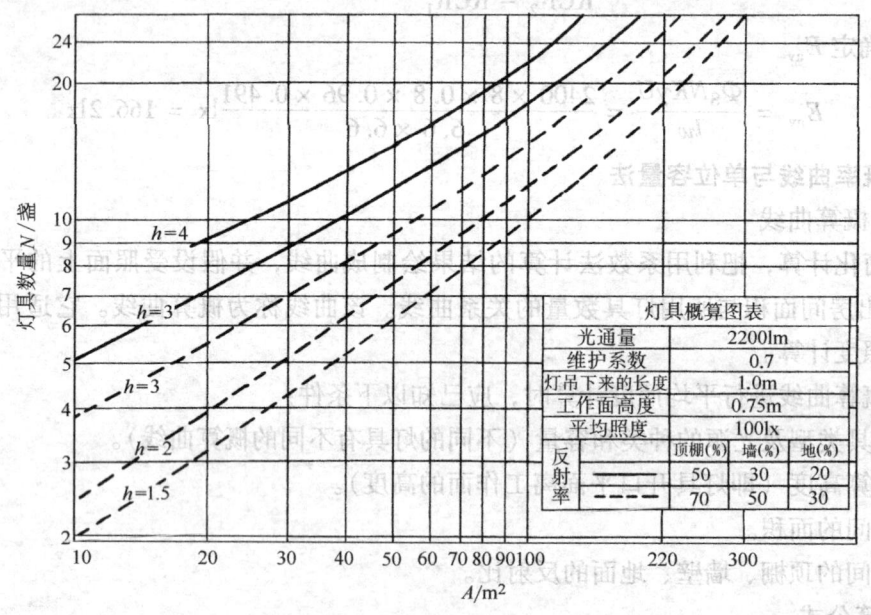

图 5-3　YG1-1 型 1×40W 荧光灯具的概算曲线

（二）单位容量法

实际照明设计中，常采用"单位容量法"对照明用电量进行估算，即根据不同的灯具类别和不同的室空间条件，列出"单位面积光通量/lm·m^{-2}"或"单位面积安装电功率/W·m^{-2}"的表格，以便查用。单位容量法是一种简单的计算方法，只适用于方案设计时的近似估算。

1. 光源比功率法

以 W·m^{-2} 表示的方法就是通常所说的"光源比功率法"，它是指单位面积上照明光源的安装电功率，即

$$w = \frac{nP}{A} \tag{5-23}$$

式中 w——光源的比功率，单位为 W·m^{-2}；

n——灯具数量；

P——每个灯具的额定功率，单位为 W；

A——房间面积，单位为 m^2。

2. 估算光源的安装功率

表 5-4 给出了 YG1-1 型荧光灯的比功率，其他光源的比功率可参阅有关照明设计手册。由已知条件（计算高度、房间面积、所需平均照度、光源类型）可从表 5-4 中，查出相应光源的比功率 w。因此，受照房间的光源总功率为 $\sum P = nP = wA$。

其中，每盏灯的功率为 $P = \frac{\sum P}{n} = \frac{wA}{n}$，或者灯具数量为 $n = \frac{wA}{P}$。

照度计算是电气照明设计的重要环节，正确进行照度计算，对于光源和灯具的选择、功率确定以及灯具的布置都十分重要。

表 5-4　YG1-1 型荧光灯的比功率

计算高度/m	房间面积/m^2	平均照度/lx					
		30	50	75	100	150	200
2~3	10~15	3.2	5.2	7.8	10.4	15.6	21
	15~25	2.7	4.5	6.7	8.9	13.4	18
	25~50	2.4	3.9	5.8	7.7	11.6	15.4
	50~150	2.1	3.4	5.1	6.8	10.2	13.6
	150~300	1.9	3.2	4.7	6.3	9.4	12.5
	300 以上	1.8	3.0	4.5	5.9	8.9	11.8
3~4	10~15	4.5	7.5	11.3	15	23	30
	15~20	3.8	6.2	9.3	12.4	19	25
	20~30	3.2	5.3	8.0	10.8	15.9	21.2
	30~50	2.7	4.5	6.8	9.0	13.6	18.1
	50~120	2.4	3.9	5.8	7.7	11.6	15.4
	120~300	2.1	3.4	5.1	6.8	10.2	13.5
	300 以上	1.9	3.2	4.9	6.3	9.5	12.6

第二节 点光源直射照度计算

点光源是指圆形发光体的直径小于其至受照面垂直距离的 1/5，或线形发光体的长度小于照射距离（斜距）的 1/4 时，可视为点光源。由于光源的尺寸与它至受照面的距离相比非常小，在计算和测量时，其大小可以忽略不计。

点光源直射照度计算的是受照面上任一点的照度值。计算点的照度应为照明场所内各灯对该点所产生的照度之和。点光源直射照度的计算方法有逐点计算法、等照度曲线计算法等。

一、逐点计算法（平方反比法）

点光源逐点计算法又称平方反比法，可用于水平面、垂直面和倾斜面上的照明计算。这种方法适用于一些重要场所的一般照明、局部照明和外部照明的照度计算，但不适用于周围反射性很高的场所照度计算。

（一）水平面照度计算

点光源在水平面上产生的照度符合平方反比定律。如图 5-4 所示，光源 S 垂直投射到包括 P 点的指向平面 N（与入射光方向垂直的平面）上，则该面面积元 dA_n 上的光通量为

$$d\Phi = I_\theta d\omega \quad (5-24)$$

式中 $d\omega$ ——光源 S 投向面积元 dA_n 的立体角。

按立体角的定义

$$d\omega = \frac{dA_n}{l^2} \quad (5-25)$$

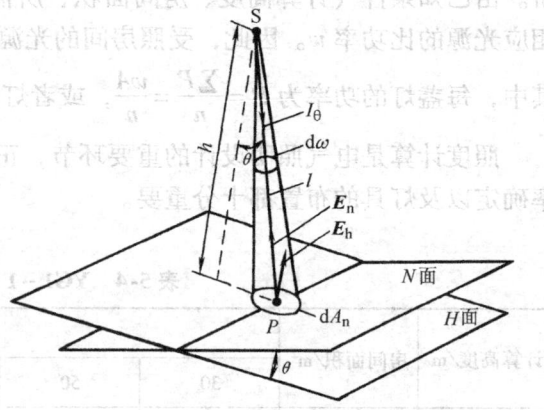

图 5-4 点光源在水平面上的照度

1) 光源在指向平面 N 上 P 点所产生的法线方向照度（简称法线照度）为

$$E_n = \frac{d\Phi}{dA_n} = \frac{I_\theta}{l^2} \quad (5-26)$$

2) 光源在水平面 H 上 P 点所产生的照度为

$$E_h = E_n \cos\theta = \frac{I_\theta}{l^2} \cos\theta \quad (5-27)$$

或

$$E_h = \frac{I_\theta}{h^2} \cos^3\theta \quad (5-28)$$

式中 E_h ——水平面照度，单位为 lx；
I_θ ——光源（灯具）照射方向的光强，单位为 cd；
l ——光源（灯具）与计算点之间的距离，单位为 m；
h ——光源（灯具）离工作面的高度，单位为 m；
$\cos\theta$ ——光线入射角 θ 的余弦，$\cos\theta = h/l$。

由于灯具的配光曲线是按光源光通量为1000lm给出的，同时考虑维护系数K，水平面照度通常可按下式计算：

$$E_h = \frac{\Phi I_\theta K}{1000h^2}\cos^3\theta \tag{5-29}$$

式中 Φ——实际所采用灯具的光源光通量，单位为lm。

（二）垂直面照度计算

如图5-5所示，光源在垂直面V上P点所产生垂直面照度E_v的计算，与水平面照度的计算方法相类似。结合式（5-15）与式（5-18），可得

$$E_v = E_n\sin\theta = \frac{\Phi I_\theta K}{1000l^2}\sin\theta = \frac{\Phi I_\theta K}{1000h^2}\cos^2\theta\sin\theta \tag{5-30}$$

式中 E_v——垂直面照度，单位为lx。

或者，在求出水平面照度后，再乘以系数d/h，即

$$E_v = E_h\tan\theta = \frac{d}{h}E_h \tag{5-31}$$

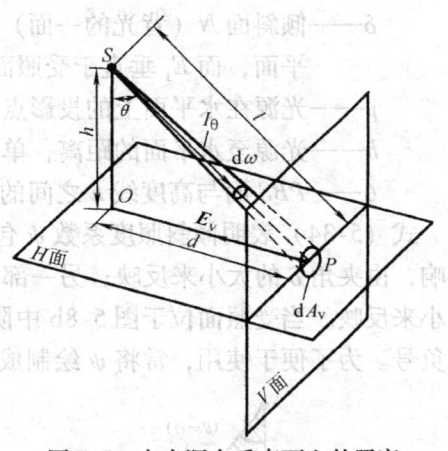

图5-5 点光源在垂直面上的照度

式中 d——计算点至光源之间的水平距离，单位为m。

（三）倾斜面照度计算

在实际工程中，有时还需要计算倾斜面上的照度。对于任意点P的照度值，随P点所在平面的位置不同而具有不同的数值，它不仅与灯具的安装方式有直接关系，还与光源投向倾斜面上任意点P的方向有关。由式（5-20）可知，任意两个平面上同一点的照度之比为光源至该平面的垂线长度之比。

如图5-6所示，若E_n为P点的法线照度，根据矢量运算法则，E_n在x、y、z三维空间坐标轴上的分量分别为

$$\left.\begin{array}{l}E_x = E_n\cos\alpha \\ E_y = E_n\cos\beta \\ E_z = E_n\cos\theta\end{array}\right\} \tag{5-32}$$

式中 α、β、θ——分别为E_n矢量与x、y、z轴之间的夹角，单位均为（°）。

图5-6 照度的矢量运算

反之，若已知照度矢量的分量（E_x、E_y、E_z），根据矢量运算法则，其合成矢量E_n等于各照度矢量在这个方向上投影的代数和，即

$$E_n = E_x\cos\alpha + E_y\cos\beta + E_z\cos\theta$$

如图5-7所示，任意倾斜面N上的计算点P的照度E_i，可根据点光源在该点已知的水平面H照度E_h，乘以倾斜照度系数ψ而求得，即

$$E_i = E_h\psi \tag{5-33}$$

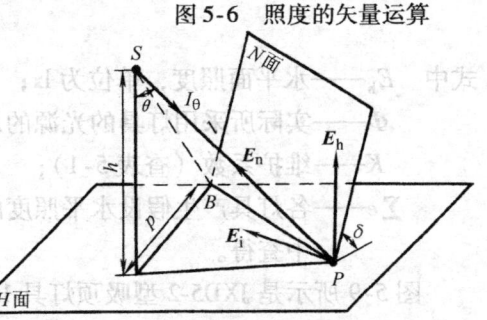

图5-7 倾斜面上的照度

式（5-33）指出，倾斜照度系数 ψ 是 E_i 与 E_h 的比值。如图 5-8a、b 所示，可求得 ψ 的计算式：

$$\psi = \frac{E_i}{E_h} = \frac{I_\theta \cos(\theta \mp \delta)/l^2}{I_\theta \cos\theta/l^2} = \frac{\cos(\theta \mp \delta)}{\cos\theta} = \frac{\cos\theta\cos\delta \pm \sin\theta\sin\delta}{\cos\theta} = \cos\delta \pm \frac{p}{h}\sin\delta \quad (5-34)$$

式中　E_h——P 点处的水平照度，单位为 lx；
　　　δ——倾斜面 N（背光的一面）与水平面 H 的夹角，单位为（°）。因为 E_h 垂直于水平面，而 E_i 垂直于受照面，故 δ 亦是 E_i 与 E_h 之间的夹角；
　　　p——光源在水平面上的投影点至倾斜面与水平面的交线的垂直距离，单位为 m；
　　　h——光源至水平面的距离，单位为 m；
　　　θ——PBS 面与高度线 h 之间的空间夹角，单位为（°），$\theta = \arctan(p/h)$。

式（5-34）表明倾斜照度系数 ψ 包括两个部分：一部分是因受照面倾斜对照度造成的影响，由夹角 δ 的大小来反映；另一部分是因受照面旋转对照度造成的影响，用 p/h 比值的大小来反映。当受照面位于图 5-8b 中阴影部分范围之内时，式（5-34）第二项前的 ± 号应取负号。为了便于使用，常将 ψ 绘制成曲线，并在有关设计手册上给出。

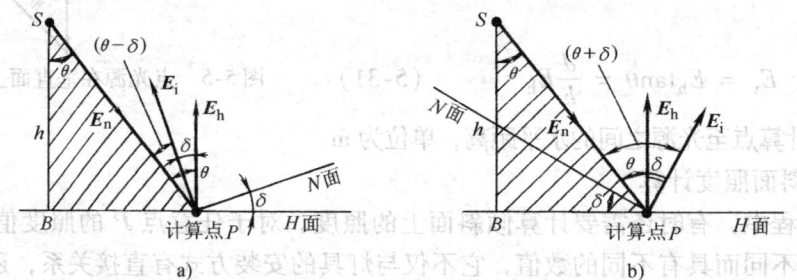

图 5-8　倾斜面的各种位置

二、等照度曲线计算法

（一）空间等照度曲线

在采用旋转对称配光的灯具的场所，若已知计算高度 h 和计算点到灯具间的水平距离 d，就可直接从"空间等照度曲线"图上查得该点的水平面照度值。但由于曲线是按光源光通量为 1000lm 绘制的，因此所查得的照度值是"假设水平照度 e"，还必须按实际光通量进行换算。当灯具中光源总光通量为 Φ 且计算点是由多个灯具共同照射时，则计算点处的水平照度为

$$E_h = \frac{\Phi \sum eK}{1000} \quad (5-35)$$

式中　E_h——水平面照度，单位为 lx；
　　　Φ——实际所采用灯具的光源的总光通量，单位为 lm；
　　　K——维护系数（查表 5-1）；
　　　$\sum e$——各灯具产生假设水平照度的总和，单位为 lx，可从对应灯具的空间等照度曲线中查得。

图 5-9 所示是 JXD5-2 型吸顶灯具 1×100W 的空间等照度曲线。

一般灯具的空间等照度曲线可查阅有关手册，再经过换算，即可求得所需工作面上的照度。其计算公式如下：

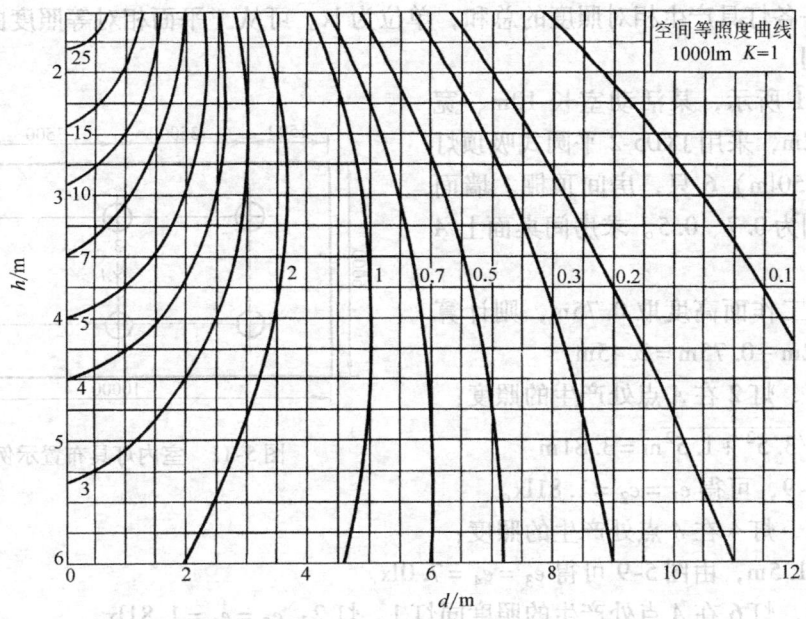

图 5-9　JXD5-2 型平圆吸顶灯具 1×100W 的空间等照度曲线

水平面照度为

$$E_h = \frac{\Phi \sum e K}{1000} \tag{5-36}$$

垂直面照度为

$$E_v = \frac{d}{h} E_h \tag{5-37}$$

倾斜面照度为

$$E_i = \psi E_h \tag{5-38}$$

（二）平面相对等照度曲线

对于非对称配光的灯具可利用"平面相对等照度曲线"进行计算。

如图 5-10 所示，根据计算点的 d/h 值及各灯具对计算点的平面位置角 β（作一个灯具的对称平面，或作任意一个平面，将它定为起始平面，该平面与受照面的交线与光线投影线 d 之间的夹角即为 β），就可从"平面相对等照度曲线"上查得"相对照度 ε"。由于"平面相对等照度曲线"是按假设计算高度 1m 而绘制的，因此求计算面上的实际照度时，应按下式计算：

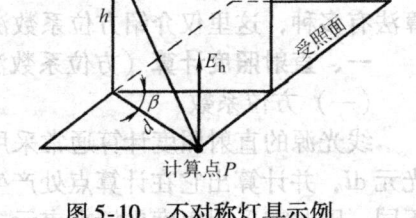

图 5-10　不对称灯具示例

$$E_h = \frac{\Phi \sum \varepsilon K}{1000 h^2} \tag{5-39}$$

式中　E_h——水平面照度，单位为 lx；

　　　Φ——每个灯具内光源的光通量，单位为 lm；

　　　h——计算高度，单位为 m；

$\sum\varepsilon$——各灯具产生相对照度的总和，单位为 lx。可从"平面相对等照度曲线"查得。

三、举例

如图 5-11 所示，某活动室长 10m、宽 6m、净高 3.2m，采用 JXD5-2 平圆式吸顶灯（光通量为 1250lm）6 只，房间顶棚、墙面的反射比分别为 0.7、0.5。求房间桌面上 A 点处的照度。

【解】 工作面高度取 0.75m，则计算高度：$h = 3.2\text{m} - 0.75\text{m} = 2.45\text{m}$

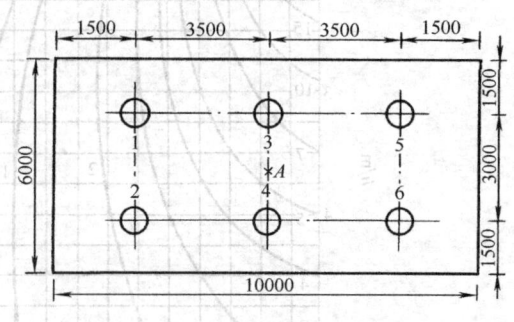

图 5-11 室内灯具布置示例

(1) 灯 1、灯 2 在 A 点处产生的照度：

$$d = \sqrt{3.5^2 + 1.5^2}\text{m} = 3.81\text{m}$$

根据图 5-9，可得 $e_1 = e_2 = 1.81\text{lx}$。

(2) 灯 3、灯 4 在 A 点处产生的照度：

因为 $d = 1.5\text{m}$，由图 5-9 可得 $e_3 = e_4 = 7.0\text{lx}$。

(3) 灯 5、灯 6 在 A 点处产生的照度同灯 1、灯 2：$e_5 = e_6 = 1.81\text{lx}$。

(4) A 点处的实际照度：

$$E_A = \frac{\Phi \sum eK}{1000} = 1250 \times 2 \times 0.8 \times \frac{1.81 + 7.0 + 1.8}{1000}\text{lx} = 21.2\text{lx}$$

对于具有对称配光特性的照明器，也可以采用平面等照度曲线法进行直射照度的计算。由于对称配光特性照明器的直射照度计算规律性较强，若借助计算机进行辅助计算，则可准确、快速地计算出所需的照度，因此对于简单计算意义不大。但对于非对称配光特性的照明器，采用上述方法进行点照度的计算，是一种行之有效的方法。

第三节 线光源直射照度计算

线光源是指发光体的宽度小于计算高度的 1/4、长度大于计算高度的 1/2，发光体间隔较小（发光体间隔小于 $h/(4\cos\theta)$，h 为灯具在计算面上的垂直高度，θ 为受照面法线与入射光线的夹角并称之为入射角）且等距地成行排列时，可视为线光源。线光源直射照度计算法有多种，这里仅介绍方位系数法。

一、直射照度计算（方位系数法）

（一）方位系数

线光源的直射照度计算通常采用方位系数法。所谓方位系数法是将线光源分作无数段发光元 dl，并计算出它在计算点处产生的照度。由于 dl 在计算点处产生的照度是随其位置而不同，因此需采用角度坐标来表示 dl 的位置，然后积分求出整条线光源在计算点处产生的总照度。

方位系数就是以角坐标为基础编制的。应用这种方法，能够简单、迅速地计算出各种线状光源在水平、垂直、倾斜面上的照度。

（二）线光源的光强分布

线光源的光强分布常用两个平面上的光强分布曲线表示。一个平面通过线光源的纵轴（长轴），此平面上的光强分布曲线称为纵向（平行面或 C_{90} 面）光强分布曲线；另一个平面与线光源纵轴垂直，这个平面上的光强分布曲线称为横向（垂直面或 C_0 面）光强分布曲线，如图5-12所示。

1）各种线光源的横向光强分布曲线可用下式表示：

$$I_\theta = I_0 f(\theta) \qquad (5\text{-}40)$$

式中 I_θ——θ 方向上的光强，单位为 cd；

I_0——在线光源发光面法线方向上的光强，单位为 cd。

2）各种线光源的纵向光强分布曲线可能是不同的，但任何一种线状灯具在通过灯纵轴的各个平面上的光强分布曲线具有相似的形状，可用下面的一般形式表示：

$$I_{\theta\alpha} = I_{\theta 0} f(\alpha)$$

式中 $I_{\theta\alpha}$——与通过纵轴的对称平面成 θ 角，与垂直于纵轴的对称平面成 α 夹角方向上的光强，单位为 cd；

$I_{\theta 0}$——在 θ 平面（θ 平面是通过灯的纵轴且与通过纵轴的垂直面成 θ 夹角的平面）上垂直于灯轴线且 $\alpha = 0°$ 方向的光强，单位为 cd。

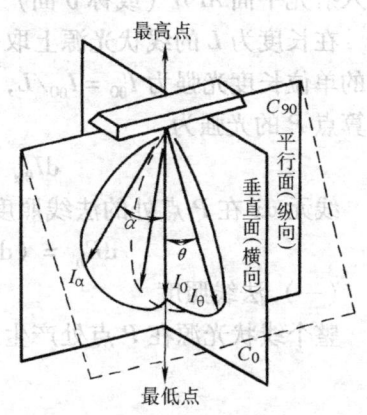

图 5-12 计算采用的光强分布

实际应用的各种线光源的纵向（平行面）光强分布曲线，可利用下列 5 类理论光强分布曲线来表示。

A 类：$I_{\theta\alpha} = I_{\theta 0} \cos\alpha$

B 类：$I_{\theta\alpha} = I_{\theta 0}(\cos\alpha + \cos^2\alpha)/2$

C 类：$I_{\theta\alpha} = I_{\theta 0} \cos^2\alpha$

D 类：$I_{\theta\alpha} = I_{\theta 0} \cos^3\alpha$

E 类：$I_{\theta\alpha} = I_{\theta 0} \cos^4\alpha$

上述 5 类纵向光强分布的 $I_{\theta\alpha}/I_{\theta 0} = f(\alpha)$ 曲线如图 5-13 所示。它已大体包括线状光源在平行面上光强分布的特点：A——筒式或加磨砂玻璃的荧光灯；B、C——浅格栅类型的荧光灯；D、E——深格栅类型荧光灯。

理论光强分布实质上是使得线光源的照度计算标准化。一种实际的线状光源应用时，首先应确定其光强分布属于哪一类，然后再利用标准化的计算资料可使计算大为简

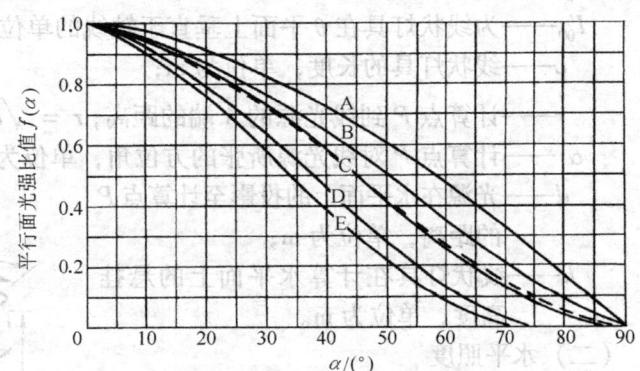

图 5-13 纵向平面 5 类线光源的光强分布曲线

化。图 5-13 中的虚线表示的是一个实际线光源光强分布曲线，可认为它属于 C 类。

二、连续线光源的照度计算

如图 5-14 所示，计算点 P 为水平面上的一点，且与线光源的一端对齐。水平面的法线

与入射光平面 APB（或称 θ 面）成 β 角。

在长度为 L 的线状光源上取一个发光线元 dx，线状光源在 θ 平面上垂直于灯轴线 AB 方向的单位长度光强为 $I'_{\theta 0}=I_{\theta 0}/L$，线光源的纵向光强分布为 $I_{\theta \alpha}=I_{\theta 0}\cos^n\alpha$，则自线元 dx 指向计算点 P 的光强为

$$dI_{\theta\alpha} = (I_{\theta 0}/L)dx\cos^n\alpha = I'_{\theta 0}dx\cos^n\alpha \tag{5-41}$$

线元 dx 在 P 点处的法线照度为

$$dE_n = (dI_{\theta\alpha}/l^2)\cos\alpha = I_{\theta 0}dx\cos^n\alpha\cos\alpha/(Ll^2) \tag{5-42}$$

（一）法线照度

整个线状光源在 P 点处产生的法线照度为

$$E_n = \int_0^{\alpha_1} \frac{I_{\theta 0}\cos^n\alpha\cos\alpha}{Ll^2}dx \tag{5-43}$$

从图 5-14 可知

$$x = r\tan\alpha$$
$$l = r\sec\alpha \tag{5-44}$$

将式（5-43）代入式（5-44），可得

$$E_n = \int_0^{\alpha_1} \frac{I_{\theta 0}\cos^2\alpha}{Lr^2}r\sec^2\alpha\cos^n\alpha\cos\alpha d\alpha = \frac{I_{\theta 0}}{Lr}\int_0^{\alpha_1}\cos^n\alpha\cos\alpha d\alpha \tag{5-45}$$

令

$$AF = \int_0^{\alpha_1}\cos^n\alpha\cos\alpha d\alpha \tag{5-46}$$

称 AF 为线光源的平行面方位系数。

因此，式（5-31）可简化为

$$E_n = \frac{I_{\theta 0}}{Lr}AF = \frac{I'_{\theta 0}}{r}AF \tag{5-47}$$

式中 $I_{\theta 0}$——长度为 L 的线状灯具在 θ 平面上垂直于轴线 AB 的光强，单位为 cd；

$I'_{\theta 0}$——为线状灯具在 θ 平面上垂直于轴线的单位长度光强（即 $I_{\theta 0}/L$），单位为 cd；

L——线状灯具的长度，单位为 m；

r——计算点 P 到线光源的 A 端的距离，$r = \sqrt{h^2 + d^2}$，单位为 m；

α_1——计算点 P 对线光源所张的方位角，单位为（°）；

d——光源在水平面上的投影至计算点 P 的距离，单位为 m；

h——线状灯具在计算水平面上的悬挂高度，单位为 m。

（二）水平照度

如图 5-14 所示，由于 $\cos\beta = \cos\theta = h/r$，因此 P 点处的水平照度为

$$E_h = E_n\cos\beta = \frac{I_{\theta 0}}{Lr}AF\cos\theta = \frac{I_{\theta 0}}{Lh}\cos\theta AF$$

或

$$E_h = \frac{I'_{\theta 0}}{h}\cos^2\theta AF \tag{5-48}$$

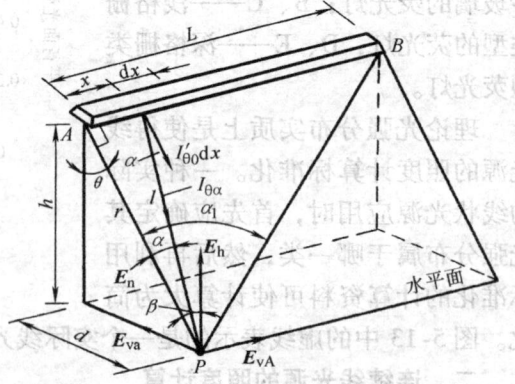

图 5-14 线光源计算点产生的照度

将 $n=1, 2, 3, 4, 5$ 分别代入式 (5-32)，可求出 A、B、C、D、E 这 5 类纵向理论配光特性线光源的方位系数 AF 的计算公式，见表 5-5。

表 5-5　线光源平行平面方位系数 AF 计算公式

类别	纵向配光特性	方位系数 AF
A	$I_{\theta 0}\cos\alpha$	$\dfrac{1}{2}(\alpha_1 + \cos\alpha_1\sin\alpha_1)$
B	$\dfrac{1}{2}I_{\theta 0}(\cos\alpha + \cos^2\alpha)$	$\dfrac{1}{4}(\alpha_1 + \cos\alpha_1\sin\alpha_1) + \dfrac{1}{6}(2\sin\alpha_1 + \cos^2\alpha_1\sin\alpha_1)$
C	$I_{\theta 0}\cos^2\alpha$	$\dfrac{1}{3}(2\sin\alpha_1 + \cos^2\alpha_1\sin\alpha_1)$
D	$I_{\theta 0}\cos^3\alpha$	$\dfrac{\cos^3\alpha_1\sin\alpha_1}{4} + \dfrac{3}{8}(\alpha_1 + \cos\alpha_1\sin\alpha_1)$
E	$I_{\theta 0}\cos^4\alpha$	$\dfrac{\cos^4\alpha_1\sin\alpha_1}{5} + \dfrac{4}{15}(2\sin\alpha_1 + \cos^2\alpha_1\sin\alpha_1)$

(三) 垂直照度

1. 受照面与线光源垂直

如图 5-15b 所示，如果受照面 A 与线状光源垂直时，从图 5-14 可知，P 点在 A 面上的垂直照度为

$$E_{vA} = \int_0^{\alpha_1} \frac{dI_{\theta\alpha}}{l^2}\sin\alpha = \int_0^{\alpha_1} \frac{I_{\theta 0}\cos^n\alpha\sin\alpha}{Ll^2}dx$$

整理得 $E_{vA} = \int_0^{\alpha_1} \dfrac{I_{\theta 0}d\alpha\cos^n\alpha}{Lr}\sin\alpha = \dfrac{I_{\theta 0}}{Lr}\int_0^{\alpha_1}\cos^n\alpha\sin\alpha d\alpha = \dfrac{I_{\theta 0}}{Lr}\left(\dfrac{1-\cos^{n+1}\alpha_1}{n+1}\right) = \dfrac{I_{\theta 0}}{Lr}af$ 　(5-49)

式中　af——线光源的垂直面方位系数，$af = \int_0^{\alpha_1}\cos^n\alpha\sin\alpha d\alpha = \dfrac{1-\cos^{n+1}\alpha_1}{n+1}$。

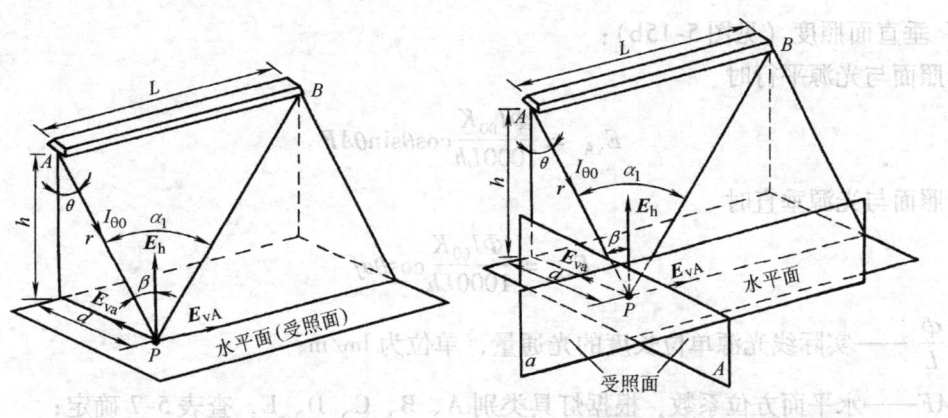

a) 水平面　　　　　　　　　b) 受照面与线光源平行（或垂直）

图 5-15　连续线光源的直射照度计算

将 $n=1, 2, 3, 4, 5$ 分别代入式 (5-36)，可求出 A、B、C、D、E 这 5 类纵向理论配光特性线光源的平面方位系数 af 的计算公式，见表 5-6。

表 5-6　线光源垂直平面方位系数 af 计算公式

类别	纵向配光特性	方位系数 af
A	$I_{\theta 0}\cos\alpha$	$\dfrac{1}{2}\sin^2\alpha_1$
B	$\dfrac{1}{2}I_{\theta 0}(\cos\alpha+\cos^2\alpha)$	$\dfrac{1}{4}\sin^2\alpha_1+\dfrac{1}{6}(1-\cos^3\alpha_1)$
C	$I_{\theta 0}\cos^2\alpha$	$\dfrac{1}{3}(1-\cos^3\alpha_1)$
D	$I_{\theta 0}\cos^3\alpha$	$\dfrac{1}{4}(1-\cos^4\alpha_1)$
E	$I_{\theta 0}\cos^4\alpha$	$\dfrac{1}{5}(1-\cos^5\alpha_1)$

2. 受照面与线光源平行

如图 5-15b 所示，如果受照面 A 与线状光源平行时，由图 5-14 可知，P 点在 A 面上的垂直照度为

$$E_{va}=E_n\sin\theta=\frac{I_{\theta 0}}{Lh}\sin\theta AF \tag{5-50}$$

（四）实际计算公式

在实际计算中，考虑到光通量衰减、灯具污染等因素，以及灯具的配光曲线是按光源光通量为 1000lm 给出的。因此，实际照度可按下列公式计算：

1) 水平面照度（见图 5-15a）：

$$E_h=\frac{\Phi I_{\theta 0}K}{1000Lh}\cos^2\theta AF \tag{5-51}$$

2) 垂直面照度（见图 5-15b）：

受照面与光源平行时

$$E_{vA}=\frac{\Phi I_{\theta 0}K}{1000Lh}\cos\theta\sin\theta AF \tag{5-52}$$

受照面与光源垂直时

$$E_{va}=\frac{\Phi I_{\theta 0}K}{1000Lh}\cos\theta af \tag{5-53}$$

式中　$\dfrac{\Phi}{L}$——实际线光源单位长度的光通量，单位为 lm/m；

　　　AF——水平面方位系数，根据灯具类别 A、B、C、D、E，查表 5-7 确定；

　　　af——垂直面方位系数，根据灯具类别 A、B、C、D、E，查表 5-8 确定。

在照明计算中，方位系数的确定，需要判断实际灯具属于哪种配光类型。首先画出灯具

纵向光强分布曲线，并计算出相对的光强值 I_α/I_0；再与理论灯具配光类型的典型曲线（见图 5-13）相比较，找出最接近的一种，即可得出类属 A、B、C、D、E 曲线中某种类型的理论配光。

（五）计算点位于线光源端部之外

式（5-51）~式（5-53）是按计算点 P 位于线光源一端的垂直平面内推导而得，但实际计算中 P 点位置应是任意的，不一定符合图 5-15 的条件，此时可采用将线光源分段或延长的方法，分别计算各段在该点处产生的照度，然后求其代数和。如图 5-16 所示，若以 E_A、E_B、E_C 分别表示线光源在 A、B、C 这 3 点所产生的水平照度，则

$$\left.\begin{array}{l} E_A = E_1 \\ E_B = E_2 + E_3 \\ E_C = E_4 - E_5 \end{array}\right\} \quad (5\text{-}54)$$

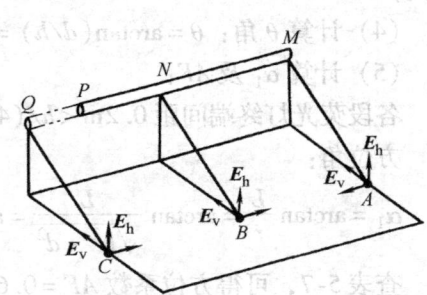

式中 E_1——线光源 PM 在 A 点处产生的照度；
E_2——线光源 PN 在 B 点处产生的照度；
E_3——线光源 MN 在 B 点处产生的照度；
E_4——线光源 QM 在 C 点处产生的照度；
E_5——线光源 QP 在 C 点处产生的照度。

图 5-16 线光源的组合计算

必须注意，在求解受照面与光源垂直布置时的垂直照度，只有一段线光源（PN 或 MN）在计算点处产生照度，而另一段线光源（MN 或 PN）的光被挡住了，在该点处将不产生照度。

三、断续线光源的照度计算

实际的线光源可能由间断的各段构成，此时若各段放光体的特性相同，并按照共同的轴线布置，各段终端间的距离又不超过 $h/(4\cos\theta)$，则仍可将其看作连续线光源。在计算时，只需将连续线光源中相应的计算公式 [式（5-37）~式（5-39）] 乘以一个折算系数 Z 即可，其中

$$Z = \frac{\text{照明器长度} \times \text{照明器个数}}{\text{一行照明器的总长}} \quad (5\text{-}55)$$

四、举例

如图 5-17 所示，某办公室长 10.0m，宽 6.0m，顶棚高度 3.6m，采用 YG15-2（2×36W）双管嵌入式塑料格栅的荧光灯组成两条光带，求桌面上 A 点的水平照度。

【解】 由产品资料查得 YG15-2 型荧光灯的宽度为 $b = 0.3$m。

（1）计算高度 $h = 3.6\text{m} - 0.75\text{m} = 2.85\text{m}$
（2）光带的总长度为 $L = 8.8$m。

因为 $8.8 > 2.85/2$，$0.3 < 2.85/4$，故线状光源的定义（$L \geq h/2$ 及 $b \leq h/4$）成立。因此，可按线光源的方位系数法来计算 A 点的水平照度。

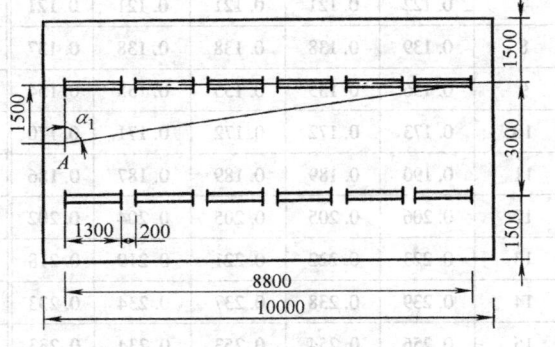

图 5-17 线光源平面布置示例

(3) YG15-2 型荧光灯的纵向（$B-B$）光强分布，根据资料查得如下：

$\alpha/(°)$	0	10	20	30	40	50	60	70	80	90
I_α/cd	228	218	192	159	127	88	51	28	12	0.4
I_α/I_0	1	0.951	0.842	0.697	0.567	0.386	0.224	0.127	0.053	0.002

绘出 YG15-2 型荧光灯的光强分布曲线（见图 5-13 中的虚线），可近似认为该灯具属 C 类；

(4) 计算 θ 角：$\theta = \arctan(d/h) = \arctan(1.5/2.85) = 27.76°$

(5) 计算 α_1 及 AF：

各段荧光灯终端间距 $0.2\text{m} < h/(4\cos\theta) = 0.8\text{m}$，故可将光带视为连续线光源。

方位角：

$$\alpha_1 = \arctan\frac{L}{r} = \arctan\frac{L}{\sqrt{h^2+d^2}} = \arctan\frac{8.8}{\sqrt{2.85^2+1.5^2}} \approx 70°$$

查表 5-7，可得方位系数 $AF = 0.663$。

表 5-7 水平方位系数 AF

$\alpha/(°)$	A	B	C	D	E	$\alpha/(°)$	A	B	C	D	E
0	0.000	0.000	0.000	0.000	0.000	19	0.320	0.316	0.314	0.309	0.303
1	0.017	0.017	0.017	0.018	0.018	20	0.335	0.332	0.329	0.322	0.316
2	0.035	0.035	0.035	0.035	0.035	21	0.351	0.347	0.343	0.336	0.329
3	0.052	0.052	0.052	0.052	0.052	22	0.366	0.361	0.357	0.349	0.341
4	0.070	0.070	0.070	0.070	0.070	23	0.380	0.375	0.371	0.362	0.353
5	0.087	0.087	0.087	0.087	0.087	24	0.396	0.390	0.385	0.374	0.364
6	0.105	0.104	0.104	0.104	0.104	25	0.410	0.404	0.398	0.386	0.375
7	0.122	0.121	0.121	0.121	0.121	26	0.424	0.417	0.410	0.398	0.386
8	0.139	0.138	0.138	0.138	0.137	27	0.438	0.430	0.423	0.409	0.396
9	0.156	0.155	0.155	0.155	0.154	28	0.452	0.443	0.435	0.420	0.405
10	0.173	0.172	0.172	0.171	0.170	29	0.465	0.456	0.447	0.430	0.414
11	0.190	0.189	0.189	0.187	0.186	30	0.478	0.473	0.458	0.440	0.423
12	0.206	0.205	0.205	0.204	0.202	31	0.491	0.480	0.649	0.450	0.431
13	0.223	0.222	0.221	0.219	0.218	32	0.504	0.492	0.480	0.459	0.439
14	0.239	0.238	0.237	0.234	0.233	33	0.519	0.504	0.491	0.468	0.447
15	0.256	0.254	0.253	0.234	0.233	34	0.529	0.515	0.501	0.476	0.454
16	0.272	0.270	0.269	0.265	0.262	35	0.541	0.526	0.511	0.484	0.460
17	0.288	0.286	0.284	0.280	0.276	36	0.552	0.537	0.520	0.492	0.466
18	0.304	0.301	0.299	0.295	0.290	37	0.574	0.546	0.528	0.499	0.472

(续)

α/(°)	灯具（照明器）类别					α/(°)	灯具（照明器）类别				
	A	B	C	D	E		A	B	C	D	E
38	0.574	0.556	0.538	0.506	0.478	65	0.759	0.708	0.658	0.586	0.532
39	0.585	0.565	0.546	0.513	0.483	66	0.762	0.710	0.659	0.587	0.533
40	0.596	0.575	0.554	0.519	0.488	67	0.764	0.712	0.660	0.587	0.533
41	0.606	0.584	0.562	0.525	0.492	68	0.767	0.714	0.661	0.588	0.533
42	0.615	0.591	0.569	0.530	0.496	69	0.769	0.716	0.662	0.588	0.533
43	0.625	0.598	0.576	0.535	0.500	70	0.772	0.718	0.663	0.588	0.533
44	0.634	0.608	0.583	0.540	0.504	71	0.774	0.719	0.664	0.588	0.533
45	0.643	0.616	0.589	0.545	0.507	72	0.776	0.720	0.664	0.589	0.533
46	0.652	0.623	0.595	0.549	0.510	73	0.778	0.721	0.665	0.589	0.533
47	0.660	0.630	0.601	0.553	0.512	74	0.779	0.722	0.665	0.589	0.533
48	0.668	0.637	0.606	0.556	0.515	75	0.780	0.723	0.666	0.589	0.533
49	0.675	0.643	0.612	0.560	0.517	76	0.781	0.723	0.666	0.589	0.533
50	0.683	0.649	0.616	0.563	0.519	77	0.782	0.724	0.666	0.589	0.533
51	0.690	0.655	0.621	0.566	0.521	78	0.782	0.724	0.666	0.589	0.533
52	0.697	0.661	0.625	0.568	0.523	79	0.783	0.724	0.666	0.589	0.533
53	0.703	0.671	0.633	0.573	0.525	80	0.784	0.725	0.666	0.589	0.533
54	0.709	0.671	0.633	0.573	0.525	81	0.784	0.725	0.667	0.589	0.533
55	0.715	0.675	0.636	0.575	0.527	82	0.785	0.725	0.667	0.589	0.533
56	0.720	0.679	0.639	0.577	0.528	83	0.785	0.725	0.667	0.589	0.533
57	0.726	0.684	0.642	0.578	0.528	84	0.785	0.725	0.667	0.589	0.533
58	0.731	0.688	0.645	0.580	0.529	85					
59	0.736	0.691	0.647	0.581	0.530	86					
60	0.740	0.695	0.650	0.582	0.530	87	0.786	0.725	0.667	0.589	0.533
61	0.744	0.698	0.652	0.583	0.531	88					
62	0.748	0.701	0.654	0.584	0.531	89					
63	0.752	0.703	0.655	0.585	0.532	90					
64	0.756	0.706	0.657	0.586	0.532						

(6) 计算 I_θ：

YG15-2 型荧光灯的横向（$A-A$）光强分布，根据资料查得如下：

$f(\theta)_{A-A}$	$\theta/(°)$	0	10	20	30	40	50	60	70	80	90
	I_θ/cd	238	230	209	176	130	85	48	28	11	0.6

因为入射角 $\theta = 27.76°$，根据横向光强分布，由插值法可求得 $I_{\theta 0} = 183.4\text{cd}$。

(7) 设 36W 荧光灯的光通量 $\Phi = 2200\text{lm}$，灯具长 $l = 1.3\text{m}$，因此线光源单位长度光通

量 $\Phi/l = 1692.3\text{lm/m}$。

1) 计算折算系数 Z：

$$Z = 1.3 \times 6/8.8 = 0.886$$

2) 计算一条光带在 A 点处的照度 E_h：

$$E_{hA} = Z\frac{\Phi I_{\theta0}\cos^2\theta K}{1000lh}AF = \frac{0.886 \times 2 \times 1692.3 \times 183.4 \times 0.885^2 \times 0.8}{1000 \times 2.85} \times 0.663\text{lx} = 80.2\text{lx}$$

(8) A 点处照度 E_A：

A 点处照度由两条光带共同产生，因此 $E_A = 2 \times 80.2\text{lx} = 160.4\text{lx}$。

垂直方位系数 af 如表5-8表示。

表5-8 垂直方位系数 af

$\alpha/(°)$	灯具（照明器）类别					$\alpha/(°)$	灯具（照明器）类别				
	A	B	C	D	E		A	B	C	D	E
0	0.000	0.000	0.000	0.000	0.000	26	0.096	0.093	0.091	0.087	0.088
1	0.000	0.000	0.000	0.000	0.000	27	0.103	0.100	0.097	0.092	0.088
2	0.001	0.001	0.001	0.001	0.001	28	0.110	0.107	0.104	0.098	0.093
3	0.001	0.001	0.001	0.001	0.001	29	0.118	0.113	0.110	0.104	0.098
4	0.002	0.002	0.002	0.002	0.002	30	0.125	0.120	0.116	0.109	0.103
5	0.004	0.003	0.003	0.004	0.004	31	0.132	0.127	0.123	0.115	0.108
6	0.005	0.005	0.005	0.005	0.005	32	0.140	0.135	0.130	0.121	0.112
7	0.007	0.007	0.007	0.007	0.007	33	0.148	0.149	0.136	0.126	0.117
8	0.010	0.009	0.009	0.010	0.010	34	0.156	0.149	0.143	0.132	0.122
9	0.012	0.012	0.012	0.012	0.012	35	0.165	0.157	0.150	0.137	0.126
10	0.015	0.015	0.015	0.015	0.015	36	0.173	0.164	0.156	0.143	0.131
11	0.018	0.018	0.018	0.018	0.018	37	0.181	0.172	0.163	0.148	0.135
12	0.022	0.021	0.021	0.021	0.021	38	0.190	0.180	0.170	0.154	0.139
13	0.025	0.025	0.025	0.025	0.024	39	0.198	0.187	0.177	0.159	0.143
14	0.029	0.029	0.029	0.028	0.028	40	0.207	0.195	0.183	0.164	0.147
15	0.033	0.033	0.033	0.032	0.032	41	0.216	0.203	0.190	0.169	0.151
16	0.038	0.037	0.037	0.037	0.036	42	0.224	0.210	0.196	0.174	0.155
17	0.043	0.042	0.041	0.041	0.040	43	0.233	0.218	0.203	0.179	0.158
18	0.048	0.047	0.046	0.046	0.044	44	0.242	0.224	0.209	0.183	0.162
19	0.053	0.052	0.051	0.049	0.049	45	0.250	0.232	0.215	0.188	0.165
20	0.059	0.057	0.056	0.055	0.054	46	0.259	0.240	0.221	0.192	0.168
21	0.064	0.063	0.062	0.060	0.058	47	0.267	0.247	0.227	0.196	0.171
22	0.070	0.068	0.067	0.065	0.063	48	0.276	0.254	0.233	0.200	0.173
23	0.076	0.074	0.073	0.071	0.068	49	0.285	0.262	0.239	0.204	0.176
24	0.083	0.081	0.079	0.076	0.073	50	0.293	0.268	0.244	0.207	0.178
25	0.089	0.087	0.085	0.081	0.078	51	0.302	0.276	0.250	0.211	0.180

(续)

$\alpha/(°)$	灯具（照明器）类别					$\alpha/(°)$	灯具（照明器）类别				
	A	B	C	D	E		A	B	C	D	E
52	0.310	0.282	0.255	0.214	0.182	72	0.452	0.387	0.323	0.248	0.199
53	0.319	0.296	0.265	0.220	0.186	73	0.457	0.391	0.323	0.248	0.200
54	0.327	0.296	0.265	0.220	0.186	74	0.462	0.394	0.326	0.249	0.200
55	0.335	0.302	0.270	0.223	0.188	75	0.466	0.396	0.327	0.249	0.200
56	0.344	0.309	0.275	0.266	0.189	76	0.470	0.399	0.328	0.249	0.200
57	0.352	0.315	0.279	0.228	0.190	77	0.474	0.401	0.329	0.249	0.200
58	0.360	0.321	0.283	0.230	0.192	78	0.478	0.404	0.330	0.250	0.200
59	0.367	0.327	0.287	0.232	0.193	79	0.482	0.406	0.331	0.250	0.200
60	0.375	0.333	0.291	0.234	0.194	80	0.485	0.408	0.331	0.250	0.200
61	0.383	0.339	0.295	0.236	0.195	81	0.488	0.410	0.332	0.250	0.200
62	0.390	0.344	0.299	0.238	0.195	82	0.490	0.411	0.332	0.250	0.200
63	0.397	0.349	0.302	0.239	0.196	83	0.492	0.412	0.332	0.250	0.200
64	0.404	0.354	0.305	0.241	0.197	84	0.494	0.413	0.333	0.250	0.200
65	0.410	0.359	0.308	0.242	0.197	85	0.496	0.414	0.333	0.250	0.200
66	0.417	0.364	0.311	0.243	0.198	86	0.498	0.415	0.333	0.250	0.200
67	0.424	0.368	0.313	0.244	0.198	87	0.499	0.416	0.333	0.250	0.200
68	0.430	0.372	0.315	0.245	0.199	88	0.499	0.416	0.333	0.250	0.200
69	0.436	0.377	0.318	0.246	0.199	89	0.500	0.416	0.333	0.250	0.200
70	0.442	0.381	0.320	0.247	0.199	90	0.500	0.416	0.333	0.250	0.200
71	0.447	0.384	0.322	0.247	0.199						

第四节 面光源直射照度计算

面光源是指发光体的形状和尺寸在照明房间的顶棚上占有很大比例，并且已超出点光源、线光源所具有的形状概念。由灯具组成的整片发光面或发光顶棚等都可视为面光源。面光源直射照度计算可采用形状因数法。当面光源使用不同配光特性的材料时，可分为等亮度和非等亮度两种。面光源直射照度可根据不同的情况，分别进行计算。

一、形状因数法

形状因数法，又称立体角投影率法，它是根据面光源的配光类型、计算点以及面光源的相对位置 a/h、b/h 来确定的，如图 5-18 所示。

面光源的配光曲线可分为下列两类：

1) $I_\theta = I_0 \cos\theta$。譬如，具有乳白玻璃等漫射罩的扩散型配光较宽的发光顶棚。

2) $I_\theta = I_0 \cos^4\theta$。譬如，由格栅组成的扩散型配光较窄的发光顶棚。

采用形状因数法，面光源直射照度的计算公式为

$$E_h = L_0 f_h(a/h, b/h) \tag{5-56}$$

式中 E_h——与面光源平行且距离为 h 的平面上 M 点的水平照度，单位为 lx；

f_h——受照面与面光源平行时的形状因数；

L_0——面光源亮度值，单位为 cd/m^2；

a——面光源的宽度，单位为 m；

b——面光源的长度，单位为 m。

通常为了简化计算，一般将形状因数制成图表，供计算时查用。

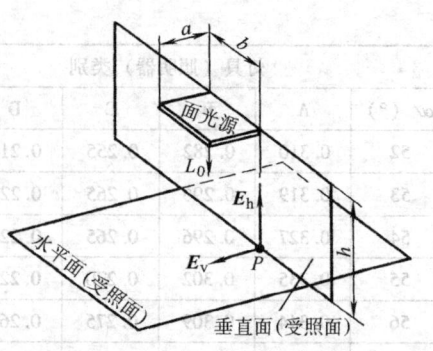

图 5-18 计算点与面光源的位置关系

二、等亮度面光源的照度计算

（一）多边形光源

如图 5-19 所示，对于具有均匀亮度 L 的多边形光源，计算点 P 处的照度可近似表达为

$$E = \frac{L}{2} \sum_{k=1}^{n} \beta_k \cos\delta_k \tag{5-57}$$

式中 n——多边形的边数；

β_k——第 k 条边对 P 点处所张的夹角，单位为 rad；

δ_k——第 k 条边和 P 点组成的三角形与受照面所形成的夹角，单位为 rad；

L——面光源亮度值，单位为 cd/m^2。

（二）矩形光源

在室内照明中，矩形面光源常被采用。

1. 受照点在光源顶点向下所作的垂线上

如图 5-20 所示，计算点 P 处的照度计算公式推导如下：

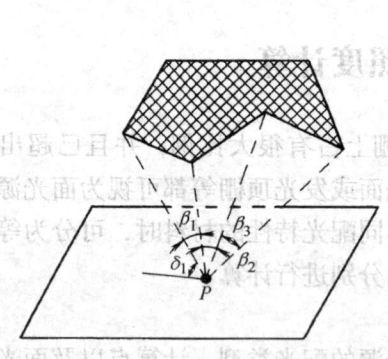

图 5-19 多边形光源

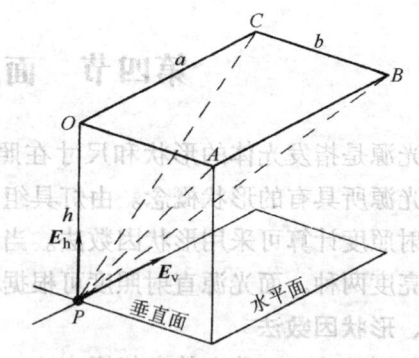

图 5-20 矩形等光亮面光源

（1）水平面照度 E_h 由式 (5-58) 可知，E_h 应为 OA、AB、BC、CO 这 4 条边相应的参数乘积叠加，即

OA 边：$\beta_1 = \arctan\dfrac{b}{h}$，$\delta_1 = \dfrac{\pi}{2}$ 或 $\cos\delta_1 = 0$

AB 边：$\beta_2 = \arctan\dfrac{a}{\sqrt{b^2+h^2}}$，$\delta_2 = \arctan\dfrac{h}{b}$ 或 $\cos\delta_2 = \dfrac{b}{\sqrt{b^2+h^2}}$

BC 边：$\beta_3 = \arctan\dfrac{b}{\sqrt{a^2+h^2}}$，$\delta_3 = \arctan\dfrac{h}{a}$ 或 $\cos\delta_3 = \dfrac{a}{\sqrt{a^2+h^2}}$

CO 边：$\beta_4 = \arctan\dfrac{a}{h}$，$\delta_4 = \dfrac{\pi}{2}$ 或 $\cos\delta_4 = 0$

因此

$$E_h = \frac{L}{2}\left(\frac{b}{\sqrt{b^2+h^2}}\arctan\frac{a}{\sqrt{b^2+h^2}} + \frac{a}{\sqrt{a^2+h^2}}\arctan\frac{b}{\sqrt{a^2+h^2}}\right) \quad (5\text{-}58)$$

令 $X = \dfrac{a}{h}$、$Y = \dfrac{b}{h}$，式（5-58）可简化为

$$E_h = \frac{L}{2}\left(\frac{X}{\sqrt{1+X^2}}\arctan\frac{Y}{\sqrt{1+X^2}} + \frac{Y}{\sqrt{1+Y^2}}\arctan\frac{X}{\sqrt{1+Y^2}}\right) = Lf_h \quad (5\text{-}59)$$

式中　L——面光源亮度，单位为 cd/m²；

　　　f_h——形状因数，从图 5-21 中查得。

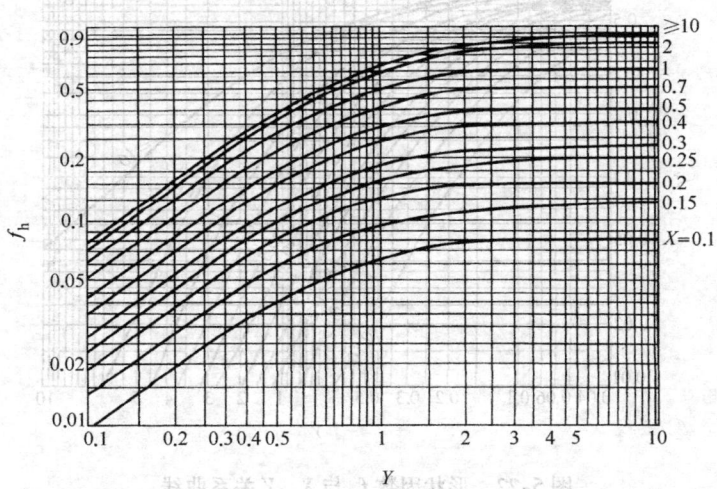

图 5-21　形状因数 f_h 与 X、Y 的关系曲线

（2）垂直面照度 E_v　同理，矩形面的 4 条边 OA、AB、BC、CO 对应 β_k 参数同上，而参数 δ_k（$k=1,\cdots,4$）为

OA 边：$\delta_1 = 0$ 或 $\cos\delta_1 = 1$

AB 边：$\delta_2 = \dfrac{\pi}{2}$ 或 $\cos\delta_2 = 0$

BC 边：$\delta_3 = \pi - \arctan\dfrac{h}{a}$ 或 $\cos\delta_3 = -\dfrac{a}{\sqrt{a^2+h^2}}$

CO 边：$\delta_4 = \dfrac{\pi}{2}$ 或 $\cos\delta_4 = 0$

则
$$E_v = \frac{L}{2}\left(\arctan\frac{b}{h} - \frac{h}{\sqrt{a^2+h^2}}\arctan\frac{b}{\sqrt{a^2+h^2}}\right) \quad (5\text{-}60)$$

令 $X = \dfrac{a}{b}$、$Y = \dfrac{h}{b}$，式 (5-46) 可简化为

$$E_v = \frac{L}{2}\left(\arctan\frac{1}{Y} - \frac{Y}{\sqrt{1+X^2}}\arctan\frac{Y}{\sqrt{1+X^2}}\right) = Lf_v \quad (5\text{-}61)$$

式中 f_v——形状因数，从图 5-22 中查得。

2. 受照点在光源顶点向下所做的垂线以外

根据叠加定理，求解以下几种情形中 P 点处的水平照度。

1) 如图 5-23a 所示，$E_h = E_h(OEBF) + E_h(OFCG) + E_h(OGDH) + E_h(OHAE)$
2) 如图 5-23b 所示，$E_h = E_h(EFBC) - E_h(EFAD)$
3) 如图 5-23c 所示，$E_h = E_h(GIBE) + E_h(GHDF) - E_h(GHCE) - E_h(GIAF)$

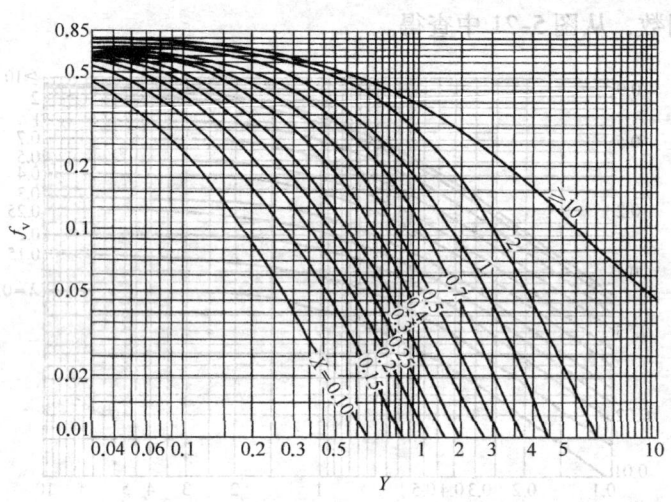

图 5-22 形状因数 f_v 与 X、Y 关系曲线

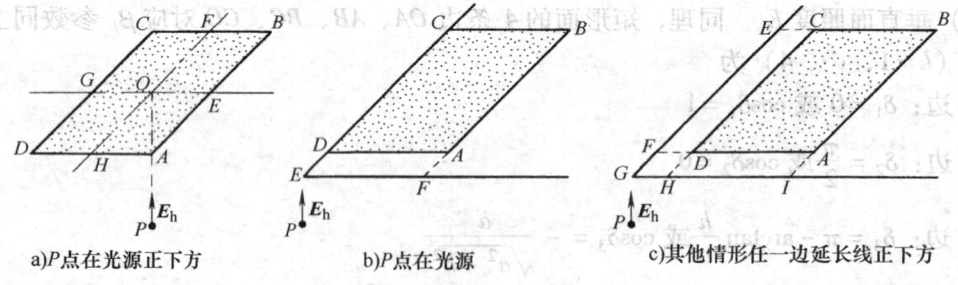

a) P 点在光源正下方　　b) P 点在光源　　c) 其他情形任一边延长线正下方

图 5-23 利用叠加定理求解示例

（三）圆形等亮度面光源的直射照度计算

圆形面光源也是室内照明中常用的照明方式，如图 5-24 所示。

1) 当计算点 P_1 在面光源投影范围之内时，其水平面照度的计算公式为

$$E_h = \pi L \left(\frac{r^2}{r^2 + h^2} \right) = \frac{\Phi}{\pi l^2} \tag{5-62}$$

式中　L——圆形面光源的亮度，单位为 cd/m^2；
　　　r——圆形面光源的半径，单位为 m；
　　　h——计算高度，单位为 m；
　　　l——计算点至圆形面光源边缘的距离，单位为 m；
　　　Φ——圆形面光源的光通量，单位为 lm。

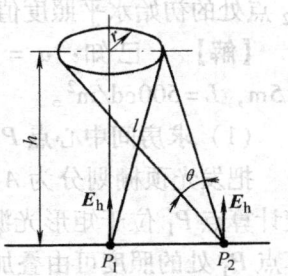

图 5-24　圆形等光亮面光源

2) 当计算点 P_2 在面光源投影范围以外时，其水平面照度的计算公式为

$$E_h = \frac{\pi L}{2}(1 - \cos\theta) \tag{5-63}$$

式中　θ——圆形面光源对计算点 P_2 所形成的夹角（见图 5-24），单位为（°）。

三、矩形非等亮度面光源的照度计算

当发光顶棚的各方向亮度不同时，可视为非等亮度面光源，其水平面照度的计算公式为

$$E_h = L_0 f \tag{5-64}$$

式中　L_0——面光源法线方向上的亮度，单位为 cd/m^2；
　　　f——形状因数，从图 5-25 中查得，其中 $X = a/h$，$Y = b/h$。

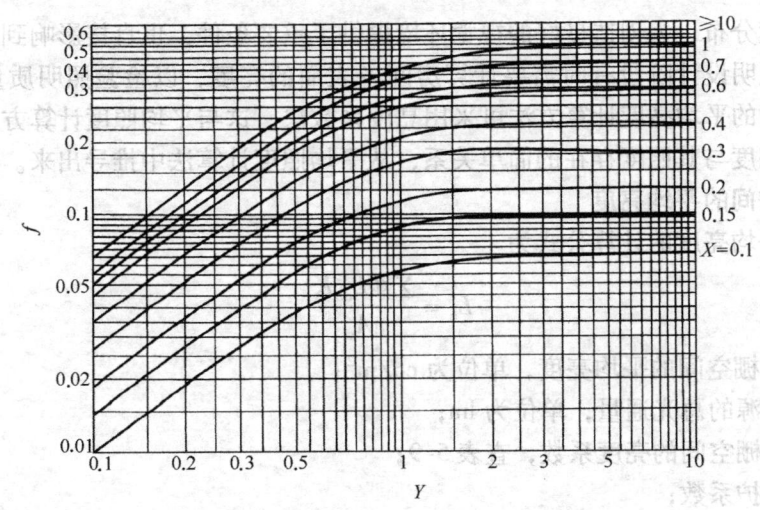

图 5-25　形状因数 f 与 X、Y 的关系曲线

四、举例

如图 5-26 所示，某办公室平面尺寸为 7m×15m，净高 4.5m，在顶棚正中布置一个发光顶棚，发光顶棚亮度均匀、亮度值为 $500cd/m^2$，尺寸为 5m×13m。求房间中心地面上 P_1、

P_2 点处的初始水平照度值（不考虑室内反射光）。

【解】 已知：$a = 5m$，$b = 13m$，$h = 4.5m$，$L = 500cd/m^2$。

(1) 求房间中心点 P_1 处的水平照度 E_1

把发光顶棚划分为 A、B、C、D 共 4 块，使计算点 P_1 位于矩形光源顶点的投影上，计算点 P_1 处的照度可由叠加法求得，即

$E_1 = E_A + E_B + E_C + E_D = 4E_A$

对于矩形 A，$b' = b/2 = 6.5m$，$a' = a/2 = 2.5m$。

因而，$X = b'/h = 1.444$，$Y = a'/h = 0.556$。

由式 (5-49) 可得，$f_h \approx 0.345$（或从图 5-21 可查出形状因数 f_h）。

则 $E_A = Lf_h = (500 \times 0.345)lx = 172.5lx$

故 $E_1 = 4E_A = 4 \times 172.5lx = 690lx$

(2) 求房间端部计算点 P_2 处的水平照度 E_2

因为 $X = b/h = 13/4.5 = 2.889$，$Y = a/h = 5/4.5 = 1.111$

同理可得 $f_h \approx 0.571$，则 $E_2 = Lf_h = 500 \times 0.571lx = 286lx$。

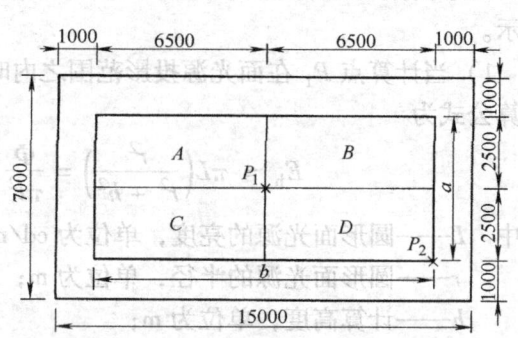

图 5-26 等亮度面光源的计算图例

第五节 平均亮度计算

合理的亮度分布，为创造良好的视觉环境提供了重要条件，也直接影响到室内的照明质量。因此，在照明设计阶段有时需要计算房间各表面的亮度，以检验照明质量能否符合要求。顶棚和墙面的平均亮度计算方法可采用亮度系数法，这与平均照度计算方法相似，可根据漫反射表面亮度与其照度存在的简单关系，从平均照度计算法中推导出来。

一、顶棚空间的平均亮度

顶棚空间平均亮度的计算公式为

$$L_c = \frac{\sum \Phi L_{oc} K}{\pi A_c} \tag{5-65}$$

式中 L_c——顶棚空间的平均亮度，单位为 cd/m^2；

$\sum \Phi$——光源的总光通量，单位为 lm；

L_{oc}——顶棚空间的亮度系数，查表 5-9；

K——维护系数；

A_c——顶棚空间面积，单位为 m^2。

在采用悬挂式灯具时，由式 (5-65) 所求得的顶棚空间平均亮度为灯具出光口平面（假想顶棚面）的平均亮度（不包含灯具本身亮度）；如果采用嵌入式或吸顶式灯具时，由式 (5-65) 所求得的顶棚空间平均亮度为灯具之间那部分顶棚的平均亮度。

二、墙面平均亮度

墙面平均亮度计算公式为

$$L_\mathrm{w} = \frac{\sum \Phi L_\mathrm{ow} K}{\pi A_\mathrm{w}} \tag{5-66}$$

式中 L_w——墙面平均亮度，单位为 cd/m^2；

L_ow——墙面亮度系数，查表5-9；

A_w——室空间面积，单位为 m^2。

在使用亮度系数表时，墙面的反射比是根据墙壁各个表面反射比的加权平均考虑的，即由式（5-9）所求得的墙面平均反射比 ρ_w，因而所得出的应该是整个墙表面的平均亮度。当墙壁各个表面的反射比不同时，如果需要计算墙面各部分的亮度值，应采用下式对相应的平均亮度作适当的修正，进而求得各表面的近似亮度。

$$L = L_\mathrm{w} \frac{\rho}{\rho_\mathrm{w}} \tag{5-67}$$

式中 L——墙的某表面亮度，单位为 cd/m^2；

L_w——墙的平均亮度，单位为 cd/m^2；

ρ——墙的某（所求亮度）表面的反射比；

ρ_w——墙的加权平均反射比。

如果需要求"维持平均亮度——运行一段时间后表面所具有的亮度"时，与所求平均照度一样，应该考虑"亮度维护系数"。墙面和顶棚亮度系数如表5-9所示。

表5-9 墙面和顶棚亮度系数

顶棚	地板空间有效反射比为20%时的亮度系数											
	反 射 比											
	80		50		10		80		50		10	
墙面	50	30	50	30	50	30	50	30	50	30	50	30
RCR	墙面亮度系数						顶棚亮度系数					
1	0.246	0.140	0.220	0.126	0.190	0.109	0.230	0.209	0.135	0.124	0.025	0.023
2	0.232	0.127	0.209	0.115	0.182	0.102	0.222	0.190	0.130	0.113	0.024	0.021
3	0.216	0.115	0.196	0.105	0.172	0.095	0.215	0.176	0.127	0.105	0.024	0.020
4	0.202	0.102	0.183	0.097	0.161	0.088	0.209	0.164	0.124	0.099	0.023	0.019
5	0.191	0.097	0.173	0.090	0.154	0.082	0.204	0.156	0.121	0.094	0.023	0.018
6	0.178	0.090	0.163	0.084	0.145	0.076	0.200	0.149	0.118	0.090	0.022	0.017
7	0.168	0.083	0.153	0.078	0.136	0.071	0.194	0.144	0.115	0.087	0.022	0.017
8	0.158	0.077	0.145	0.072	0.130	0.066	0.190	0.139	0.113	0.085	0.021	0.016
9	0.150	0.072	0.138	0.068	0.123	0.062	0.185	0.135	0.110	0.082	0.021	0.016
10	0.141	0.068	0.130	0.064	0.116	0.059	0.180	0.131	0.107	0.080	0.020	0.016

第六节 不舒适眩光计算

眩光是评价照明质量的重要指标，眩光可分为失能眩光和不舒适眩光两种。失能眩光是由于眼内光的散射，引起视网膜像的对比下降、边缘出现模糊，从而妨碍了对附近物体的观

表 5-10　位置指数表

T/R	H/R																			
	0.00	0.10	0.20	0.30	0.40	0.50	0.60	0.70	0.80	0.90	1.00	1.10	1.20	1.30	1.40	1.50	1.60	1.70	1.80	1.90
0.00	1.00	1.26	1.53	1.90	2.35	2.86	3.50	4.20	5.00	6.00	7.00	8.10	9.25	10.35	11.70	13.15	14.70	16.20	—	—
0.10	1.05	1.22	1.45	1.80	2.20	2.75	3.40	4.10	4.80	5.80	6.80	8.00	9.10	10.30	11.60	13.00	14.60	16.10	—	—
0.20	1.12	1.30	1.50	1.80	2.20	2.66	3.18	3.88	4.60	5.50	6.50	7.60	8.75	9.85	11.20	12.70	14.40	15.70	—	—
0.30	1.22	1.38	1.60	1.87	2.25	2.70	3.25	3.90	4.60	5.45	6.45	7.40	8.40	9.50	10.85	12.10	13.70	15.00	16.00	—
0.40	1.32	1.47	1.70	1.96	2.35	2.80	3.30	3.90	4.60	5.40	6.40	7.30	8.30	9.40	10.60	11.90	13.25	14.60	16.00	—
0.50	1.43	1.60	1.82	2.10	2.48	2.91	3.40	3.98	4.70	5.50	6.40	7.30	8.30	9.40	10.50	11.75	13.00	14.40	15.70	16.00
0.60	1.55	1.72	1.98	2.30	2.65	3.10	3.60	4.10	4.80	5.50	6.40	7.35	8.40	9.40	10.50	11.70	13.00	14.10	15.40	16.00
0.70	1.70	1.88	2.12	2.48	2.87	3.30	3.78	4.30	4.88	5.60	6.50	7.40	8.50	9.50	10.50	11.75	12.85	14.00	15.20	16.00
0.80	1.82	2.00	2.32	2.70	3.08	3.50	3.92	4.50	5.10	5.75	6.60	7.50	8.60	9.50	10.60	11.75	12.80	14.00	15.10	16.00
0.90	1.95	2.20	2.54	2.90	3.30	3.70	4.20	4.75	5.30	6.00	6.75	7.70	8.70	9.65	10.75	11.80	13.25	14.05	15.00	16.00
1.00	2.11	2.40	2.75	3.10	3.50	3.91	4.40	5.00	5.60	6.20	7.00	7.90	8.85	9.75	10.80	12.00	13.30	14.00	15.00	16.00
1.10	2.30	2.55	2.92	3.30	3.72	4.20	4.70	5.25	5.80	6.55	7.20	8.15	9.00	9.90	10.95	12.00	13.40	14.10	15.00	16.00
1.20	2.40	2.75	3.12	3.50	3.90	4.35	4.85	5.50	6.05	6.70	7.50	8.30	9.20	10.00	11.02	12.05	13.45	14.20	15.10	16.00
1.30	2.55	2.90	3.30	3.70	4.20	4.65	5.20	5.70	6.30	7.00	7.70	8.55	9.35	10.10	11.20	12.25	13.50	14.20	15.10	16.00
1.40	2.70	3.10	3.50	3.90	4.35	4.85	5.35	5.85	6.50	7.25	8.00	8.70	9.50	10.40	11.40	12.40	13.55	14.20	15.10	16.00
1.50	2.85	3.15	3.65	4.10	4.55	5.00	5.50	6.20	6.80	7.50	8.20	8.85	9.70	10.55	11.50	12.60	13.30	15.02	15.00	16.00
1.60	2.95	3.40	3.80	4.25	4.75	5.20	5.75	6.30	7.00	7.65	8.40	9.20	9.80	10.85	11.75	12.60	13.40	14.20	15.10	16.00
1.70	3.10	3.55	4.00	4.50	4.90	5.40	5.95	6.50	7.20	7.80	8.50	9.20	10.00	11.00	11.85	12.75	13.45	14.20	15.10	16.00
1.80	3.25	3.70	4.20	4.65	5.10	5.60	6.10	6.75	7.40	8.00	8.65	9.35	10.10	11.00	11.90	12.80	13.50	14.20	15.10	16.00
1.90	3.43	3.86	4.30	4.75	5.20	5.70	6.30	6.90	7.50	8.17	8.80	9.50	10.20	11.00	12.00	12.82	13.55	14.20	15.10	16.00

(续)

T/R	H/R																		
	0.00	0.10	0.20	0.30	0.40	0.50	0.60	0.70	0.80	0.90	1.00	1.10	1.20	1.30	1.40	1.50	1.60	1.70	1.80	1.90
2.00	3.50	4.00	4.50	4.90	5.35	5.80	6.40	7.10	7.70	8.30	8.90	9.60	10.40	11.10	12.00	12.85	13.60	14.30	15.10	16.00
2.10	3.60	4.17	4.65	5.05	5.50	6.00	6.60	7.20	7.82	8.45	9.00	9.75	10.50	11.20	12.10	12.90	13.65	14.35	15.10	16.00
2.20	3.75	4.25	4.72	5.20	5.60	6.10	6.70	7.35	8.00	8.55	9.15	9.85	10.60	11.30	12.10	12.90	13.70	14.40	15.15	16.00
2.30	3.85	4.35	4.80	5.25	5.70	6.22	6.80	7.40	8.10	8.65	9.30	9.90	10.70	11.40	12.20	12.95	13.70	14.40	15.20	16.00
2.40	3.95	4.40	4.90	5.35	5.80	6.30	6.90	7.50	8.20	8.80	9.40	10.00	10.80	11.50	12.25	13.00	13.75	14.45	15.20	16.00
2.50	4.00	4.50	4.95	5.40	5.85	6.40	6.95	7.55	8.25	8.85	9.50	10.05	10.85	11.55	12.30	13.00	13.80	14.50	15.25	16.00
2.60	4.07	4.55	5.05	5.47	5.95	6.45	7.00	7.65	8.35	8.95	9.55	10.10	10.90	11.60	12.32	13.00	13.80	14.50	15.25	16.00
2.70	4.10	4.60	5.10	5.53	6.00	6.50	7.05	7.70	8.40	9.00	9.60	10.16	10.92	11.63	12.35	13.00	13.80	14.50	15.25	16.00
2.80	4.15	4.62	5.15	5.56	6.05	6.55	7.08	7.73	8.45	9.05	9.65	10.20	10.95	11.65	12.35	13.00	13.80	14.50	15.25	16.00
2.90	4.20	4.65	5.17	5.60	6.07	6.57	7.12	7.75	8.50	9.10	9.70	10.23	10.95	11.65	12.35	13.00	13.80	14.50	15.25	16.00
3.00	4.22	4.67	5.20	5.65	6.12	6.60	7.15	7.80	8.55	9.12	9.70	10.23	10.95	11.65	12.35	13.00	13.80	14.50	15.25	16.00

察；不舒适眩光则会产生不舒适感觉，短时间内对可见度并不影响，会造成分散注意力的效果。不舒适眩光是评价照明质量的主要指标，但是不舒适眩光不能直接测量。目前，根据《建筑照明设计标准》（GB 50034—2013）规定，我国对不舒适眩光的评价采用统一眩光评价值（UGR）和眩光值（GR）。

一、统一眩光值（UGR）

UGR 评价于 1987 年最先由英国学者提出，它是对室内照明质量进行综合评价的指标。通过计算 UGR 并与室内照明场所的 UGR 标准（见第六章第四节表 6-4 ~ 表 6-23，表 6-20、表 6-21 除外）相比较，从而可对不舒适眩光进行定量评价。

1. 室内照明场所的 UGR 计算

1) 当灯具发光部分的面积为 $0.005\mathrm{m}^2 < S < 1.5\mathrm{m}^2$ 时，UGR 应按下式进行计算：

$$UGR = 8\lg\left(\frac{0.25}{L_b}\sum\frac{L_\alpha^2\omega}{P^2}\right) \tag{5-68}$$

式中　L_b——背景亮度，单位为 $\mathrm{cd/m^2}$；
　　　ω——每个灯具发光部分对观察者的眼睛所形成的立体角，单位为 sr，见图 5-27a；
　　　L_α——灯具在观察者眼睛方向的亮度，单位为 $\mathrm{cd/m^2}$，见图 5-27b；
　　　P——每个单独灯具的位置指数。

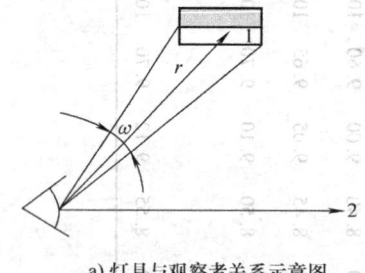
a) 灯具与观察者关系示意图

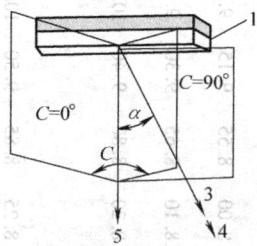
b) 灯具发光中心与观察者眼睛连线方向示意图

图 5-27　UGR 计算参数示意图
1—灯具发光部分　2—观察者眼睛方向　3—灯具发光中心与观察者眼睛的连线
4—观察者　5—灯具发光表面的法线

2) 对发光部分面积小于 $0.005\mathrm{m}^2$ 的筒灯等光源，UGR 应按下列公式进行计算：

$$UGR = 8\lg\left(\frac{0.25}{L_b}\sum\frac{200I_\alpha^2}{r^2P^2}\right) \tag{5-69}$$

$$L_b = \frac{E_i}{\pi} \tag{5-70}$$

$$L_\alpha = \frac{I_\alpha}{A\cos\alpha} \tag{5-71}$$

$$\omega = \frac{A_p}{r^2} \tag{5-72}$$

式中　L_b——背景亮度，单位为 $\mathrm{cd/m^2}$；
　　　I_α——灯具发光中心与观察者眼睛连线方向的灯具发光强度，单位为 cd；
　　　P——每个单独灯具的位置指数，位置指数应按 H/R 和 T/R 坐标系（见图 5-28）及表 5-10 确定；

E_i——观察者眼睛方向的间接照度,单位为 lx;

$A\cos\alpha$——灯具在观察者眼睛方向的投影面积,单位为 m^2;

α——灯具表面法线与其中心和观察者眼睛连线的夹角,单位为(°);

A_p——灯具发光部分在观察者眼睛方向的表观面积,单位为 m^2;

r——灯具发光部分中心到观察者眼睛之间的距离,单位为 m。

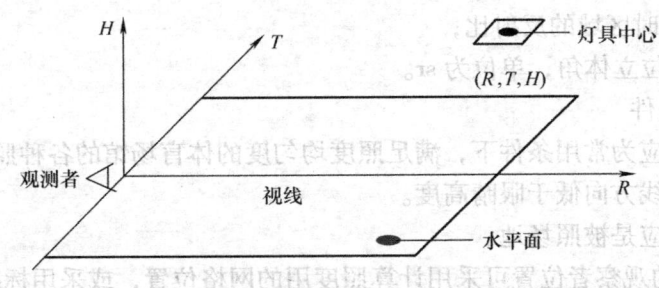

图 5-28 以观察者位置为原点的位置指数坐标系统

2. UGR 的应用条件

UGR 的应用条件应符合下列规定:

1) UGR 适用于简单的立方体形房间的一般照明装置设计,不应用于采用间接照明和发光天棚的房间。

2) 灯具应为双对称配光。

3) 坐姿观察者眼睛的高度应取 1.2m,站姿观察者眼睛的高度应取 1.5m。

4) 观测位置应在纵向和横向两面墙的中点,视线应水平超前观测。

5) 房间表面应为大约高出地面 0.75m 的工作面、灯具安装表面以及此两个表面之间的墙面。

二、眩光值(GR)

根据《建筑照明设计标准》(GB 50034—2013)的规定,体育场馆和室外场所的不舒适眩光采用 GR 进行评价。通过计算 GR 与体育场馆的 GR 标准(见第六章第四节表 6-20 和表 6-21)相比较,从而进行定量评价。

1. GR 按下列公式进行计算

$$\text{GR} = 27 + 24\lg\left(\frac{L_{v1}}{L_{ve}^{0.9}}\right) \tag{5-73}$$

$$L_{v1} = 10\sum_{i=1}^{n}\frac{E_{evei}}{\theta_i^2} \tag{5-74}$$

$$L_{ve} = 0.035 L_{av} \tag{5-75}$$

$$L_{av} = E_{horav}\frac{\rho}{\pi\Omega_0}$$

式中 L_{v1}——由灯具发出的光直接射向眼睛所产生的光幕亮度,单位为 cd/m^2;

L_{ve}——由环境引起直接入射到眼睛的光所产生的光幕亮度,单位为 cd/m^2;

E_{evei}——观察者眼睛上的照度，该照度是在视线的垂直面上，由第 i 个光源所产生的照度，单位为 lx；

θ_i——观察者视线与第 i 个光源入射在眼上方所形成的角度，(°)；

n——光源总数；

L_{av}——可看到的水平照射场地的平均亮度，单位为 cd/m^2；

E_{horav}——照射场地的平均水平照度，单位为 lx；

ρ——漫反射时区域的反射比；

Ω_0——1 个单位立体角，单位为 sr。

2. GR 的应用条件

1）本计算方法应为常用条件下，满足照度均匀度的体育场馆的各种照明布灯方式。

2）应采用于视线方向低于眼睛高度。

3）看到的背景应是被照场地。

4）GR 计算用的观察者位置可采用计算照度用的网格位置，或采用标准的观察者位置。

5）可按一定数量的角度间隔（5°，…，45°）转动选取一定数量的观察方向。

思 考 题

1. 什么是室形指数、室空间比？
2. 什么是利用系数？如何采用利用系数法求平均照度？
3. 长 30m、宽 15m、高 5m 的车间，灯具安装高度为 4.2m，工作面高 0.75m，求其室形指数及各空间比。
4. 墙面平均反射比如何计算？
5. 为什么照度计算中要考虑维护系数？
6. 点光源直射照度计算法又称为什么？如何计算？
7. 线光源照明设计应掌握哪些要点？
8. 什么是眩光指数？它是如何来评价不舒适眩光的？

第六章 照明光照设计

照明设计包括照明光照设计、照明控制设计和照明电气设计 3 部分内容。本章主要介绍照明光照设计。

随着现代科技的发展，照明设计师们不仅可以利用计算机进行复杂的照明计算，得到逐点的照度值、等照度曲线、亮度分布及眩光评价等，也可以利用它建立建筑模型、渲染灯光，进行虚拟设计并仿真照明效果。目前，已出现了许多的通用照明设计软件，尤其是在光照设计阶段，对设计师们完成方案的设计有较大的帮助，可谓良师益友。本章在第五节以 DIALux 软件的使用为例，详细介绍照明设计软件的应用。

第一节 概 述

一、光照设计的内容

光照设计的内容主要包括照度的选择、光源的选用、灯具的选择和布置、照明计算、眩光评价、方案确定、照明控制策略和方式及其控制系统的组成，最终以文本、图样的形式将照明方案提供给甲方。

二、光照设计的目的

光照设计的目的在于正确地运用经济上的合理性、技术上的可行性，创造满意的视觉条件。在量的方面，要解决合适的照度（或亮度）；在质的方面，要解决眩光、光的颜色、阴影等问题。无论是室内还是室外的建筑空间，都需要营造各种不同的光环境，以满足不同使用功能的要求，具体表现为下面 4 个方面：

1. 便于进行视觉作业

正常的照明可保证生产和生活所需的能见度，适宜的照明效果能够提供人们舒适、高效的光环境，给人愉悦的心情，提高工作效率。

2. 促进安全和防护

人们的活动从白天延伸到夜晚，夜间照明使城市居民感到安全与温暖，从而降低了犯罪率。

3. 引人注目的展示环境

照明器是室内外空间和环境有机的组成部分，它具有装饰、美化环境的作用。

4. 富有文化的城市夜景照明

随着城市化进程的大力推进，城市建设迅猛发展，城市夜景照明方兴未艾，建成了许多以突出城市历史、景观和脉络，展示独特地域文化，具有艺术魅力的城市夜景效果，促进了城市旅游业、商业的发展，带来了丰厚的经济效益。不仅如此，2008 年 8 月北京奥运会开闭幕式灯光的成功应用，完美地演绎出灯光技术美和艺术美的结合，使夜景照明家喻户晓。同时，随着 2009 年 5 月 1 日《城市夜景照明设计规范》（JGJ/T 163—2008）的正式实施，标志着我国城市夜景照明进入到有序的建设和科学的管理阶段，使城市夜景照明建设更加完善。

三、光照设计的基本要求

光照设计需符合"安全、适用、经济、美观"等基本要求。

（1）安全　包括人身安全和设备的安全。

（2）经济　一方面尽量采用新颖、高效型灯具，另一方面在符合各项规程、标准的前提下节省投资。

（3）适用　在提供一定数量与质量的照明的同时，适当考虑维护工作的方便、安全以及运行可靠。

（4）美观　在满足安全、适用、经济的条件下，适当注意美观。

四、光照设计的步骤

照明光照设计一般按照下列步骤进行：

1）收集原始资料。工作场所的设备布置、工作流程、环境条件及对光环境的要求。另外，对于已设计完成的建筑平剖面图、土建结构图，已进行室内设计的工程，应提供室内设计图。

2）确定照明方式和种类，并选择合理的照度。

3）确定合适的光源。

4）选择灯具的形式，并确定型号。

5）合理布置灯具。

6）进行照度计算，并确定光源的安装功率。

7）根据需要，计算室内各面亮度与眩光评价。

8）确定照明设计方案。

9）根据照明设计方案，确定照明控制的策略、方式和系统，实现照明效果。

第二节　照 明 种 类

一、按照明的使用情况分类

根据照明的使用情况，大致可分为以下5类。

（一）正常照明

正常照明是指在正常情况下使用的室内、外照明。它一般可单独使用，也可与应急照明、值班照明同时使用，但控制线路必须分开。

（二）应急照明

因正常照明的电源失效而启用的照明。作为应急照明的一部分，用于确保正常活动继续进行的照明，称为备用照明；作为应急照明的一部分，用于确保处于潜在危险之中的人员安全的照明，称为安全照明；作为应急照明的一部分，用于确保疏散通道被有效地辨认和使用的照明称为疏散照明。在由于工作中断或误操作容易引起爆炸、火灾和人身事故或将造成严重政治后果和经济损失的场所，应设置应急照明。应急照明宜布置在可能引起事故的工作场所以及主要通道和出入口。应急照明必须采用能瞬时点燃的可靠光源，一般采用白炽灯或卤钨灯。当应急照明作为正常照明的一部分经常点燃，而且发生故障不需要切换电源时，也可用气体放电灯。

暂时继续工作用的备用照明，照度不低于一般照明的10%；安全照明的照度不低于一般照明的 5%；保证人员疏散用的照明，主要通道上的照度不应低于 0.5lx。应急照明设计可查阅《民用建筑电气设计规范》（JGJ 16—2008）。

（三）值班照明

值班照明是指在非工作时间内供值班人员用的照明。在非三班制生产的重要车间、仓库，或非营业时间的大型商店、银行等处，通常宜设置值班照明。值班照明可利用正常照明中能单独控制的一部分，或利用应急照明的一部分或全部。

（四）警卫照明

警卫照明是指在夜间为改善对人员、财产、建筑物、材料和设备的保卫，用于警戒而安装的照明。可根据警戒任务的需要，在厂区或仓库区等警卫范围内装设。

（五）障碍照明

为保障航空飞行安全，在高大建筑物和构筑物上安装的障碍标志灯。应按民航和交通部门的有关规定装设。

二、按照明的目的分类

按照明的目的与处理手法的不同，还可分为以下两类：

（一）明视照明

照明的目的主要是保证照明场所的视觉条件，这是绝大多数照明系统所追求的。其处理手法要求工作面上有充分的亮度，亮度应均匀，尽量减少眩光，阴影要适当，光源的光谱分布及显色性要好等等。如教室、实验室、工厂车间、办公室等场所一般都属于明视照明。

（二）气氛照明

气氛照明也称为环境照明。照明的目的是为了给照明场所造成一定的特殊气氛。它与明视照明不能截然分开，气氛照明场所的光源，同时也兼起明视照明的作用，但其侧重点和处理手法往往较为特殊。气氛照明场所的亮度按设计的需要，有时故意用暗光线造成气氛；亮度不一定要求均匀，甚至有意采用亮、暗的强烈对比与变化的照明以造成不同的感觉，或用金属、玻璃等光泽物体，以小面积眩光造成魅力感；有时故意将阴影夸大，起着强调、突出的作用；或采用特殊颜色做色彩照明等夸张的手法。目前最为典型的是，建筑物的泛光照明、城市夜景照明、灯光雕塑等，这些照明不仅满足了视觉功能的需要，更重要的是获得了很好的气氛效果。

三、按光线的投射方向分类

按照光线的投射方向，照明可分为两类：

1. 定向照明

定向照明是指光线要从某一特定方向投射到工作面和目标上的照明。

2. 漫射照明

漫射照明是指光线无显著特定方向投射到工作面和目标上的照明。

四、按灯具的光通量分布分类

按照灯具光通量分布，照明可分为以下 5 类：

1. 直接照明

直接照明是指由灯具发射的光通量的 90%～100% 部分，直接投射到假定工作面上的照明。

2. 半直接照明

半直接照明是指由灯具发射的光通量的 60%～90% 部分，直接投射到假定工作面上的

3. 一般漫射照明

一般漫射照明是指由灯具发射的光通量的40%~60%部分,直接投射到假定工作面上的照明。

4. 半间接照明

半间接照明是指由灯具发射的光通量的10%~40%部分,直接投射到假定工作面上的照明。

5. 间接照明

间接照明是指由灯具发射的光通量的10%以下部分,直接投射到假定工作面上的照明。

五、正常照明和应急照明的关系

在正常情况下采用的照明为正常照明。在非正常情况下暂时采用的照明为应急照明。当照明电源故障停电使正常照明无法工作或该环境中发生火灾时为非正常情况;当照明电源正常供电并且该环境无以上非正常情况发生时为正常情况。

(一)正常照明

在有人活动(如工作、学习、体育锻炼、娱乐等)的室内外场所均应设正常照明。如办公室、学校、商场、体育场馆、车站码头、道路桥梁等。在无人活动或很少有人活动的场所不需正常照明,如田野、山丘、湖泊等处。正常照明为我们的夜晚造就一个舒适的光环境。延长了人们的工作和活动时间。也为白天自然光的不足做补充和完善。

现代的正常照明设施不仅仅起照明作用,在很多场合里同时也作为装饰的一部分,起美化和装饰环境的作用。正常照明标准是一个卫生标准,关系到人们的健康和生活质量。

正常照明需要提供电源才能照明,失去电源就失去照明。正常照明由电光源、灯具、控制开关和供配电设备与线路组成,正常照明要可靠存在,如果正常电源因故障停电后,备用电源应自动(或手动)接入照明回路供电。

(二)应急照明

应急照明为非正常情况下暂时使用的照明。其非正常情况有两种:一是照明电源故障停电无法使照明继续工作;二是照明电源正常供电,正常照明在正常工作,该环境发生了火灾。第二种非正常情况使用的照明称消防应急照明。应急照明可分为应急备用照明、应急安全照明和应急疏散照明3种。消防应急照明分为消防应急备用照明和消防应急疏散照明两种。

所有应急照明都是重要照明,只是重要程度有区别,可分为特1级、1级和2级。应急照明的供电电源至少是两个,特1级应急照明应3个电源。

应急照明的正常电源在平时供给持续式应急照明工作,同时对备用电池充电和维持充电。因此该电源平时不可以人为切断。对应急照明中的备用电池和光源,应设置监视系统不断的自动监视电源的开路、短路和过载,监视光源的故障等异常情况,及时发现迅速处理。确保应急照明系统的可靠运行。

消防应急照明是安全照明,是建筑消防设施的一部分。完全是功能性照明。消防应急照明的设计和运用在各相关防火规范和建筑电气规范中均有严格规定。消防应急照明能满足火灾情况下的各种要求,一般也能满足故障停电情况下的各种要求。

(三) 正常照明和应急照明的区别

正常照明加应急照明包揽了所有照明。正常照明是大量的，长时间使用的，有质量标准，有节能和安全问题，有照明和装饰功能；应急照明是少量的，短时间使用的，但又是重要的，不可缺少的。正常情况下使用正常照明，不需要应急照明。在两种非正常情况下应急照明就会启动，第一种为故障等原因失去正常照明，第二种情况为人为切除正常照明。

重要的正常照明（指特1级、1级、2级照明）和应急照明是两个难以区分的照明。它们往往是同一套照明。如一栋高层办公楼内的变电所照明，它既是1级负荷的正常照明，又是应急备用照明。该照明一般为两路电源供电，一用一备，在配电箱处设置ATS自动切换装置，再加上有足够容量的电池电源作为第二备用电源（供给一部分照明，供电时间不小于2h），构成EPS电源。

可见，正常照明和应急照明是整个照明中互相依存的统一体和两个方面，要全面地认识才能做好照明设计。

第三节 照明方式和灯具布置

一、照明方式

照明方式是指照明设备按照其安装部位或使用功能而构成的基本制式。一般可分为以下4类：

(一) 一般照明

整个场所的照度基本上均匀的照明称为一般照明。对于工作位置密度很大而对光照方向无特殊要求的场所，或受生产技术条件限制不适合装设局部照明或采用混合照明不合理时，则可单独装设一般照明。优点是，在工作表面和整个视界范围中具有较佳的亮度对比。可采用较大功率的灯泡，因而功效较高，照明装置数量少，投资节省。

(二) 分区一般照明

对场所的某部分或某一特定区域，如进行工作的地点，设计成不同的照度来照亮该区域的一般照明称为分区一般照明，可有效地节约能源。仅为了提高房间内某些特定工作区的照度时，宜采用分区一般照明。

(三) 局部照明

特定视觉工作用的、为照亮某个局部而设置的照明称为局部照明。局部照明只能照射有限面积，对于局部地点需要高照度并对照射方向有要求时，可装设局部照明。对于因一般照明受到遮挡或需要克服工作区及其附近的光幕反射时，也宜采用局部照明。当有气体放电光源所产生的频闪效应的影响时，使用白炽灯光源的局部照明是有益的。但规定在一个工作场所内，不应只装设局部照明。下列情况，宜采用局部照明：

1) 局部需要有较高的照度。
2) 由于遮挡而使一般照明照射不到的某些范围。
3) 视觉功能降低的人需要有较高的照度。
4) 需要减少工作区的反射眩光。
5) 为加强某一方向的光照，以增强质感。

(四)混合照明

由一般照明、分区一般照明与局部照明共同组成的照明称为混合照明。对于工作位置视觉要求较高,同时对照射方向又有特殊要求的场所,而一般照明或分区一般照明却不能满足要求时,往往采用混合照明方式。此时,一般照明的照度宜按不低于混合照度总照度的5%~10%选取,且最低不低于20lx。其优点是,可获得高照度、易于改善光色、减少装置功率和节约运行费用。

不同的照明方式各有优劣,在照明设计中,不能将它们简单地分开,而应该视具体的设计场所和对象,选择一种或同时选择几种合适的照明方式。

根据《民用建筑电气设计规范》征求意见稿,与视觉工作对应的照明分级范围,如表6-1所示。

表 6-1 视觉工作对应的照度分级范围

视觉工作	照明分级范围/lx	区域或活动类型	适用场所示例	照明方式
简单视觉工作	≤20	室外交通区,判别方向和巡视	室外道路	一般照明
	30~75	室外工作区、室内交通区,简单识别物体表征	客房、卧室、走廊、库房	一般照明、分区一般照明、混合照明
一般视觉工作	100~200	非连续工作的场所(大对比大尺寸的视觉作业)	病房、起居室、候机厅	一般照明、分区一般照明、混合照明
	200~500	连续工作的场所(大对比小尺寸和小对比大尺寸的视觉作业)	办公室、教室、商场	一般照明、分区一般照明、混合照明
	300~750	需集中注意力的视觉作业(小对比小尺寸的视觉作业)	营业厅、阅览室、绘图室	一般照明、分区一般照明、混合照明
特殊视觉工作	750~1500	较困难的远距离视觉作业	一般体育场馆	一般照明、分区一般照明、混合照明
	1000~2000	精细的视觉工作、快速移动的视觉对象	乒乓球、羽毛球	一般照明、分区一般照明、混合照明
	>2000	精密的视觉工作、快速移动的小尺寸视觉对象	手术台、拳击台、赛道中点区	一般照明、分区一般照明、混合照明

二、灯具布置

(一)室内灯具布置原则

灯具的布置应配合建筑、结构形式、工艺设备、其他管道布置情况以及满足安全维修等要求。

室内灯具作一般照明用时,大部分采用均匀布置的方式,只在需要局部照明或定向照明时,才根据具体情况采用选择性布置。

一般均匀照明常采用同类型灯具按等分面积来配置,排列形式应以眼睛看到灯具时产生的刺激感最小为原则。线光源多为按房间长的方向成直线布置；对工业厂房，应按工作场所的工艺布置，排列灯具。

总之，室内灯具布置合理应遵循的原则是尽量满足以下 6 个方面：
1) 规定的照度。
2) 工作面上照度均匀。
3) 光线的射向适当，无眩光，无阴影。
4) 灯安装容易减至最小。
5) 维护方便。
6) 布置整齐美观，并与建筑空间相协调。

同时应注意灯具布置的方法不同，给人的心理效果也不同。

(二) 距高比 s/h 的确定

灯具布置是否合理，主要取决于灯具的间距 s 和计算高度 h（灯具至工作面的距离）的比值（称为距高比）。在 h 已定的情况下，s/h 值小，照度均匀性好，但经济性差，s/h 值大，则不能保证照度的均匀度。通常每个灯具都有一个"最大允许距高比"，请参阅表 6-2、表 6-3。其中表 6-2 为灯具间最有利的距高比 s/h，表 6-3 为荧光灯的最大允许距高比 s/h。只要实际采用的 s/h 值不大于允许值，都可认为照度均匀度是符合要求的。

表 6-2 灯具间最有利的距高比 s/h

灯具型式	距高比 L/h		宜采用单行布置的房间高度 /m
	多行布置	单行布置	
乳白玻璃圆球灯、散照型 防水防尘灯、天棚灯	2.3～3.2	1.9～2.5	1.3h
无漫射罩的配照型灯	1.8～2.5	1.8～2.0	1.2h
搪瓷深照型灯	1.6～1.8	1.5～1.8	1.0h
镜面深照型灯	1.2～1.4	1.2～1.4	0.75h
有反射罩的荧光灯	1.4～1.5	—	—
有反射罩的荧光灯，带隔栅	1.2～1.4	—	—

注：第一个数字是最有利值，第二个数字是允许值。

表 6-3 荧光灯的最大允许距高比 s/h

名称	型号	效率(%)	最大允许距高比		光通/lm
			A-A	B-B	
简式荧光灯	1×40W YG1-1	81	1.62	1.22	400
	1×40W YG2-1	88	1.46	1.28	2400
	2×40W YG2-2	97	1.33	1.28	2×2400
密闭型荧光灯 1×40W	YG4-1	84	1.52	1.27	2400
密闭型荧光灯 2×40W	YG4-2	80	1.41	1.26	2×2400
吸顶式荧光灯 2×40W	YG6-2	86	1.48	1.22	2×2400
吸顶式荧光灯 3×40W	YG6-3	86	1.50	1.26	3×2400
嵌入式格栅荧光灯（塑料格栅）3×40W	YG15-3	45	1.07	1.05	3×2400
嵌入式格栅荧光灯（铝格栅）2×40W	YG15-2	63	1.25	1.20	2×2400

灯具安装高度（悬挂高度）首先取决于房间的层高，因为灯具都安装在屋架下弦或顶棚下方（嵌入式灯具嵌入吊平顶内）。其次要避免对工作人员产生眩光，此外，还要保证生产活动所需要的空间、人员的安全（防止因接触灯具而触电）等。

为了使整个房间有较好的亮度分布，灯具的布置除选择合理的距高比外，还应注意灯具与天棚的距离（当采用上半球有光通分布的灯具时），当采用均匀漫射配光的灯具时，灯具与天棚的距离和工作面与天棚的距离之比宜在 0.2~0.5 范围内。

对于厂房内灯具一般应安装在屋架下弦。对于高大厂房，为了节能及提高照度，也可采用顶灯和壁灯相结合的形式，但不能只装壁灯而不装顶灯，造成空间亮度分布明暗悬殊，不利于视觉的适应。

对于民用公共建筑中，特别是大厅、商店等场所，不能要求照度均匀，而主要考虑装饰美观和体现环境特点，以多种形式的光源和灯具做不对称布置，造成琳琅满目的繁华活跃气氛。

第四节 照明质量评价

光照设计的优劣主要是用照明质量来衡量，在进行光照设计时，应该全面考虑和适当处理照度、亮度分布、照度的均匀度、照度的稳定性、眩光、光的颜色、阴影等主要的照明质量指标。下面逐项一一进行说明。

一、评价指标

（一）照度水平

照度是决定物体明亮程度的直接指标。在一定的范围内，照度增加可使视觉能力得以提高。合适的照度有利于保护人的视力，提高劳动生产率。

根据《建筑照明设计标准》（GB 50034—2013）的规定，各类建筑的部分场所照度标准如表 6-4~表 6-23 所示，它们是照明设计时的依据。

"照度标准"中给出的照度值是指各种工作场所参考平面的平均照度值（若未加说明，该参考平面指距离地面 0.75m 的水平面）。

1. 住宅建筑

表 6-4 住宅建筑照明标准值

房间或场所		参考平面及其高度	照度标准值/lx	R_a
起居室	一般活动	0.75m 水平面	100	80
	书写、阅读		300*	
卧室	一般活动	0.75m 水平面	75	80
	床头、阅读		150*	
餐厅		0.75m 餐桌面	150	80
厨房	一般活动	0.75m 水平面	100	80
	操作台	台面	150*	
卫生间		0.75m 水平面	100	80
电梯前厅		地面	75	60
走道、楼梯间		地面	50	60
车库		地面	30	60

注：*指混合照明照度。

表 6-5 其他居住建筑照明标准值

房间或场所		参考平面及其高度	照度标准值/lx	R_a
职工宿舍		地面	100	80
老年人卧室	一般活动	0.75m 水平面	150	80
	床头、阅读		300 *	80
老年人起居室	一般活动	0.75m 水平面	200	80
	书写、阅读		500 *	80
酒店式公寓		地面	150	80

注：* 指混合照明照度。

2. 公共建筑

表 6-6 图书馆建筑照明标准值

房间或场所	参考平面及其高度	照度标准值/lx	UGR	Uo	R_a
一般阅览室、开放阅览室	0.75m 水平面	300	19	0.60	
多媒体阅览室	0.75m 水平面	300	19	0.70	
老年阅览室	0.75m 水平面	500	19	0.60	
珍善本、舆图阅览室	0.75m 水平面	500	19	0.60	
陈列室、目录厅、出纳厅	0.75m 水平面	300	19	0.60	80
档案库	0.75m 水平面	200	19	0.60	
书库、书架	0.25m 水平面	50	—	0.40	
工作间	0.75m 水平面	300	19	0.60	
采编、修复工作间	0.75m 水平面	500	19	0.60	

表 6-7 办公建筑照明标准值

房间或场所	参考平面及其高度	照度标准值/lx	UGR	Uo	R_a
普通办公室	0.75m 水平面	300	19	0.60	
高档办公室	0.75m 水平面	500	19	0.60	
会议室	0.75m 水平面	300	19	0.60	
视频会议室	0.75m 水平面	750	19	0.60	
接待室、前台	0.75m 水平面	200	—	0.40	
服务大厅、营业厅	0.75m 水平面	300	22	0.40	80
设计室	实际工作面	500	19	0.60	
文件整理、复印、发行室	0.75m 水平面	300	—	0.40	
资料、档案存放室	0.75m 水平面	200	—	0.40	

注：此表适用于所有类型建筑的办公室和类似用途场所的照明。

表 6-8 商店建筑照明标准值

房间或场所	参考平面及其高度	照度标准值/lx	UGR	Uo	R_a
一般商店营业厅	0.75m 水平面	300	22	0.60	80
一般室内商业街	地面	200	22	0.60	
高档商店营业厅	0.75m 水平面	500	22	0.60	
高档室内商业街	地面	300	22	0.60	
一般超市营业厅	0.75m 水平面	300	22	0.60	
高档超市营业厅	0.75m 水平面	500	22	0.60	
仓储式超市	0.75m 水平面	300	22	0.60	
专卖店营业厅	0.75m 水平面	300	22	0.60	
农贸市场	0.75m 水平面	200	25	0.40	
收款台	台面	500*		0.60	

注：*指混合照明照度。

表 6-9 观演建筑照明标准值

房间或场所		参考平面及其高度	照度标准值/lx	UGR	Uo	R_a
门厅		地面	200	22	0.40	80
观众厅	影院	0.75m 水平面	100	22	0.40	80
	剧场、音乐厅	0.75m 水平面	150	22	0.40	80
观众休息厅	影院	地面	150	22	0.40	80
	剧场、音乐厅	地面	200	22	0.40	80
排演厅		地面	300	22	0.60	80
化妆室	一般活动区	0.75m 水平面	150	22	0.60	80
	化妆台	1.1m 高处垂直面	500*	—	—	90

注：*指混合照明照度。

表 6-10 旅馆建筑照明标准值

房间或场所		参考平面及其高度	照度标准值/lx	UGR	Uo	R_a
客房	一般活动区	0.75m 水平面	75	—		80
	床头	0.75m 水平面	150			
	写字台	台面	300*			
	卫生间	0.75m 水平面	150			
中餐厅		0.75m 水平面	200	22	0.60	80
西餐厅		0.75m 水平面	150		0.60	80
酒吧间、咖啡厅		0.75m 水平面	75		0.60	80
多功能厅、宴会厅		0.75m 水平面	300	22	0.60	80
会议室		0.75m 水平面	300	19	0.60	80

(续)

房间或场所	参考平面及其高度	照度标准值 lx	UGR	Uo	R_a
大堂	地面	200	—	0.40	80
总服务台	台面	300*	—	—	80
休息厅	地面	200	22	0.40	80
客房层走廊	地面	50	—	0.40	80
厨房	台面	500*	—	0.70	80
游泳池	水面	200	22	0.60	80
健身房	0.75m 水平面	200	22	0.60	80
洗衣房	0.75m 水平面	200	—	0.40	80

注：*指混合照明照度。

表 6-11 医疗建筑照明标准值

房间或场所	参考平面及其高度	照度标准值/lx	UGR	Uo	R_a
治疗室、检查室	0.75m 水平面	300	19	0.70	80
化验室	0.75m 水平面	500	19	0.70	80
手术室	0.75m 水平面	750	19	0.70	80
诊室	0.75m 水平面	300	19	0.60	80
候诊室、挂号室	0.75m 水平面	200	22	0.40	80
病房	地面	100	19	0.60	80
走道	地面	100	19	0.60	80
护士站	0.75m 水平面	300	—	0.60	80
药房	0.75m 水平面	500	19	0.60	80
重症监护室	0.75m 水平面	300	19	0.60	90

表 6-12 教育建筑照明标准值

房间或场所	参考平面及其高度	照度标准值/lx	UGR	Uo	R_a
教室、阅览室	课桌面	300	19	0.60	80
实验室	实验桌面	300	19	0.60	80
美术教室	桌面	500	19	0.60	90
多媒体教室	0.75m 水平面	300	19	0.60	80
电子信息机房	0.75m 水平面	500	19	0.60	80
计算机教室、电子阅览室	0.75m 水平面	500	19	0.60	80
楼梯间	地面	100	22	0.40	80
教室黑板	黑板面	500*	—	0.70	80
学生宿舍	地面	150	22	0.40	80

注：*指混合照明照度。

表 6-13　美术馆建筑照明标准值

房间或场所	参考平面及其高度	照度标准值/lx	UGR	Uo	R_a
会议报告厅	0.75m 水平面	300	22	0.60	80
休息厅	0.75m 水平面	150	22	0.40	80
美术品售卖	0.75m 水平面	300	19	0.60	80
公共大厅	地面	200	22	0.40	80
绘画展厅	地面	100	19	0.60	80
雕塑展厅	地面	150	19	0.60	80
藏画库	地面	150	22	0.60	80
藏画修理	0.75m 水平面	500	19	0.70	90

表 6-14　科技馆建筑照明标准值

房间或场所	参考平面及其高度	照度标准值/lx	UGR	Uo	R_a
科普教室、实验区	0.75m 水平面	300	19	0.60	80
会议报告厅	0.75m 水平面	300	22	0.60	80
纪念品售卖区	0.75m 水平面	300	22	0.60	80
儿童乐园	地面	300	22	0.60	80
公共大厅	地面	200	22	0.40	80
球幕、巨幕、3D、4D 影院	地面	100	19	0.40	80
常设展厅	地面	200	22	0.60	80
临时展厅	地面	200	22	0.60	80

表 6-15　博物馆建筑陈列室展品照度标准值及年曝光量限值

类别	参考平面及其高度	照度标准值/lx	年曝光量/(lx·h/a)
对光特别敏感的展品：纺织品、织绣品、绘画、纸质物品、彩绘、陶（石）器、染色皮革、动物标本等	展品面	≤50	≤50000
对光敏感的展品：油画、蛋清画、不染色皮革、角制品、骨制品、象牙制品、竹木制品和漆器等	展品面	≤150	≤360000
对光不明的展品：金属制品、石质器物、陶瓷器、宝玉石器、岩矿标本、玻璃制品、搪瓷制品、珐琅器等	展品面	≤300	不限制

注：1. 陈列室一般照明应按展品照度值得 20%~30% 选取。
　　2. 陈列室一般照明 UGR 不宜大于 19。
　　3. 一般场所 R_a 不应低于 80，辨色要求高的场所，R_a 不应低于 90。

表 6-16 博物馆建筑其他场所照明标准值

房间或场所	参考平面及其高度	照度标准值/lx	UGR	Uo	R_a
门厅	地面	200	22	0.40	80
序厅	地面	100	22	0.40	80
会议报告厅	0.75m 水平面	300	22	0.60	80
美术制作室	0.75m 水平面	500	22	0.60	90
编目室	0.75m 水平面	300	22	0.60	80
摄影室	0.75m 水平面	100	22	0.60	80
熏蒸室	实际工作面	150	22	0.60	80
实验室	实际工作面	300	22	0.60	80
保护修复室	实际工作面	750*	19	0.70	90
文物复制室	实际工作面	750*	19	0.70	90
标本制作室	实际工作面	750*	19	0.70	90
周转库房	地面	50	22	0.40	80
藏品库房	地面	75	22	0.40	80
藏品提看室	0.75m 水平面	150	22	0.60	80

注：*指混合照明的照度标准值。其一般照明的照度值应按混合照明照度的 20%～30% 选取。

表 6-17 会展建筑照明标准值

房间或场所	参考平面及其高度	照度标准值/lx	UGR	Uo	R_a
会议室、洽谈室	0.75m 水平面	300	19	0.60	80
宴会厅	0.75m 水平面	300	22	0.60	80
多功能厅	0.75m 水平面	300	22	0.60	80
公共大厅	地面	200	22	0.40	80
一般展厅	地面	200	22	0.60	80
高档展厅	地面	300	22	0.60	80

表 6-18 交通建筑照明标准值

房间或场所		参考平面及其高度	照度标准值/lx	UGR	Uo	R_a
售票处		台面	500*	—	—	80
问讯处		0.75m 水平面	200	—	0.60	80
候车（机、船）室	普通	地面	150	22	0.40	80
	高档	地面	200	22	0.60	80

(续)

房间或场所		参考平面及其高度	照度标准值/lx	UGR	U₀	R_a
贵宾休息室		0.75m 水平面	300	22	0.60	80
中央大厅、售票大厅		地面	200	22	0.40	80
海关、护照检查		工作面	500	—	0.70	80
安全检查		地面	300	22	0.60	80
换票、行李托运		0.75m 水平面	300	19	0.60	80
行李认领、到达大厅、出发大厅		地面	200	22	0.40	80
通道、连接区、扶梯、换乘厅		地面	150	—	0.40	80
有棚站台		地面	75	—	0.60	60
无棚站台		地面	50	—	0.40	20
走廊、楼梯、平台、流动区域	普通	地面	75	25	0.60	60
	高档	地面	100	25	0.60	60
地铁站厅	普通	地面	100	25	0.60	80
	高档	地面	200	22	0.60	80
地铁进出站门厅	普通	地面	150	25	0.60	80
	高档	地面	200	22	0.60	80

注：* 指混合照明。

表 6-19　金融建筑照明标准值

房间或场所		参考平面及其高度	照度标准值/lx	UGR	U₀	R_a
营业大厅		地面	200	22	0.60	80
营业柜台		台面	500	—	0.60	80
客户服务中心	普通	0.75m 水平面	200	22	0.60	60
	贵宾室	0.75m 水平面	300	22	0.60	80
交易大厅		0.75m 水平面	300	22	0.60	80
数据中心主机房		0.75m 水平面	500	19	0.60	80
保管库		地面	200	22	0.40	80
信用卡作业区		0.75m 水平面	300	19	0.60	80
自助银行		地面	200	19	0.60	80

注：本表适用于银行、证券、期货、保险、电信、邮政等行业，也适用于类似用途（如供电、供水、供气）的营业厅、柜台和客服中心。

表 6-20 无电视转播的体育建筑照明标准值

运动项目		参考平面及其高度	照度标准值/lx			R_a		眩光指数（GR）	
			训练和娱乐	业余比赛	专业比赛	训练	比赛	训练	比赛
篮球、排球、手球、室内足球		地面	300	500	750	65	65	35	30
体操、艺术体操、技巧、蹦床、举重		台面							
速度滑冰		冰面							
羽毛球		地面	300	750/500	1000/500	65	65	35	30
乒乓球、柔道、摔跤、跆拳道、武术		台面	300	500	1000	65	65	35	30
冰球、花样滑冰、冰上舞蹈、短道速滑		冰面							
拳击		台面	500	1000	2000	65	65	35	30
游泳、跳水、水球、花样游泳		水面	200	300	500	65	65	35	30
马术		地面							
射击、射箭	射击区、弹道区	地面	200	200	300	65	65	—	—
	靶心	靶心垂直面	1000	1000	1000				
击剑		地面	300	500	750	65	65	—	—
		垂直面	200	300	500				
网球	室外	地面	300	500/300	750/500	65	65	55	50
	室内							35	30
场地自行车	室外	地面	200	500	750	65	65	55	50
	室内							35	30
足球、田径		地面	200	300	500	20	65	55	50
曲棍球		地面	300	500	750	20	65	55	50
棒球、垒球		地面	300/200	500/300	750/500	20	65	55	50

注：1. 当表中同一格有两值时，"/"前为内场的值，后为外场的值。
2. 表中规定的照度应为比赛场地参考平面上的使用照度。

表 6-21 有电视转播的体育建筑照明标准值

运动项目		参考平面及其高度	照度标准值/lx			R_a		T_{cp}/K		眩光指数 (GR)
			国家、国际比赛	重大国际比赛	HDTV	国家、国际比赛、重大国际比赛	HDTV	国家、国际比赛、重大国际比赛	HDTV	
篮球、排球、手球、室内足球、乒乓球		地面 1.5m								
体操、艺术体操、技巧、蹦床、柔道、摔跤、跆拳道、武术、举重		台面 1.5m								30
击剑		台面 1.5m	1000	1400	2000					
游泳、跳水、水球、花样游泳		水面 1.5m								
冰球、花样滑冰、冰上舞蹈、短道速滑、速度滑冰		冰面 1.5m								30
羽毛球		地面 1.5m	1000/750	1400/1000	2000/1400					30
拳击		台面 1.5m								30
射箭	射击区、箭道区	地面 1.0m	500	500	500	≥80	>80	≥4000	≥5500	—
	靶心	靶心垂直面	1500	1500	2000					
场地自行车	室内	地面 1.5m								30
	室外									50
足球、田径、去曲棍球		地面 1.5m	1000	1400	2000					50
马术		地面 1.5m								
网球	室内	地面 1.5m								30
	室外									50
棒球、垒球		地面 1.5m	1000/750	1400/1000	2000/1400					50
射击	射击区、弹道区	地面 1.0m	500	500	500	≥80		≥3000	≥4000	—
	靶心	靶心垂直面	1500	1500	2000					

3. 工业建筑

表 6-22　工业建筑一般照明标准值

房间或场所		参考平面及其高度	照度标准值/lx	UGR	Uo	R_a	备注
1. 机电工业							
机械加工	粗加工	0.75m 水平面	200	22	0.40	60	可另加局部照明
	一般加工公差≥0.1mm	0.75m 水平面	300	22	0.60	60	应另加局部照明
	精密加工公差<0.1mm	0.75m 水平面	500	19	0.70	60	应另加局部照明
机电仪表装配	大件	0.75m 水平面	200	25	0.60	80	可另加局部照明
	一般件	0.75m 水平面	300	25	0.60	80	可另加局部照明
	精密	0.75m 水平面	500	22	0.70	80	应另加局部照明
	特精密	0.75m 水平面	750	19	0.70	80	应另加局部照明
电线、电缆制造		0.75m 水平面	300	25	0.60	60	—
线圈绕制	大线圈	0.75m 水平面	300	25	0.60	80	—
	中等线圈	0.75m 水平面	500	22	0.70	80	可另加局部照明
	精细线圈	0.75m 水平面	750	19	0.70	80	应另加局部照明
线圈浇注		0.75m 水平面	300	25	0.60	80	—
焊接	一般	0.75m 水平面	200	—	0.60	60	—
	精密	0.75m 水平面	300	—	0.70	60	—
钣金		0.75m 水平面	300	—	0.60	60	—
冲压、剪切		0.75m 水平面	300	—	0.60	60	—
热处理		地面至 0.5m 水平面	200	—	0.60	20	—
铸造	熔化、浇铸	地面至 0.5m 水平面	200	—	0.60	20	—
	造型	地面至 0.5m 水平面	300	25	0.60	60	—
精密铸造的制模、脱壳		地面至 0.5m 水平面	500	25	0.60	60	—
锻工		地面至 0.5m 水平面	200	—	0.60	20	—
电镀		0.75m 水平面	300	—	0.60	80	—
喷漆	一般	0.75m 水平面	300	—	0.60	80	—
	精细	0.75m 水平面	500	22	0.70	80	—
酸洗、腐蚀、清洗		0.75m 水平面	300	—	0.60	80	—
抛光	一般装饰	0.75m 水平面	300	22	0.60	80	应防频闪
	精细	0.75m 水平面	500	22	0.70	80	应防频闪

(续)

房间或场所		参考平面及其高度	照度标准值/lx	UGR	U_o	R_a	备注
\multicolumn{8}{c}{1. 机电工业}							
复合材料加工、铺叠、装饰		0.75m 水平面	500	22	0.60	80	—
机电修理	一般	0.75m 水平面	200	—	0.60	60	可另加局部照明
	精密	0.75m 水平面	300	22	0.70	60	可另加局部照明
\multicolumn{8}{c}{2. 电子工业}							
整机类	整机厂	0.75m 水平面	300	22	0.60	80	—
	装配厂房	0.75m 水平面	300	22	0.60	80	应另加局部照明
元器件类	微电子产品及集成电路	0.75m 水平面	500	19	0.70	80	
	显示器件	0.75m 水平面	500	19	0.70	80	可根据工艺要求降低照度值
	印制电路板	0.75m 水平面	500	19	0.70	80	—
	光伏组件	0.75m 水平面	300	19	0.60	80	—
	电真空器件、机电组件等	0.75m 水平面	500	19	0.60	80	—
电子材料类	半导体材料	0.75m 水平面	300	22	0.60	80	
	光纤、光缆	0.75m 水平面	300	22	0.60	80	
酸、碱、药液及粉配制		0.75m 水平面	300	—	0.60	80	
\multicolumn{8}{c}{3. 纺织、化纤工业}							
纺织	选毛	0.75m 水平面	300	22	0.70	80	—
	清棉、和毛、梳毛	0.75m 水平面	150	22	0.60	80	—
	前纺：梳棉、并条、粗纺	0.75m 水平面	200	22	0.60	80	—
	纺纱	0.75m 水平面	300	22	0.60	80	—
	织布	0.75m 水平面	300	22	0.60	80	—
织袜	穿综筘、缝纫、量呢、检验	0.75m 水平面	300	22	0.70	80	可另加局部照明
	修补、剪毛、染色、印花、裁剪、熨烫	0.75m 水平面	300	22	0.70	80	可另加局部照明
化纤	投料	0.75m 水平面	100	—	0.60	80	—
	纺丝	0.75m 水平面	150	22	0.60	80	—
	卷绕	0.75m 水平面	200	22	0.60	80	—
	平衡间、中间贮存、干燥间、废丝间、油剂高位槽间	0.75m 水平面	75	—	0.60	60	—

（续）

房间或场所		参考平面及其高度	照度标准值/lx	UGR	U_o	R_a	备注
\multicolumn{8}{c}{3. 纺织、化纤工业}
化纤	集束间、后加工间、打包间、油剂调配间	0.75m 水平面	100	25	0.60	60	—
	组件清洗间	0.75m 水平面	150	25	0.60	60	—
	拉伸、变形、分级包装	0.75m 水平面	150	25	0.70	80	操作面可另加局部照明
	化验、检验	0.75m 水平面	200	22	0.70	80	可另加局部照明
	聚合车间、原液车间	0.75m 水平面	100	22	0.60	60	—
\multicolumn{8}{c}{4. 制药工业}
\multicolumn{2}{l	}{制药生产：配制、清洗灭菌、超滤、制粒、压片、混匀、烘干、灌装、轧盖等}	0.75m 水平面	300	22	0.60	80	—
\multicolumn{2}{l	}{制药生产流转通道}	地面	200	—	0.40	80	—
\multicolumn{2}{l	}{更衣室}	地面	200	—	0.40	80	—
\multicolumn{2}{l	}{技术夹层}	地面	100	—	0.40	40	—
\multicolumn{8}{c}{5. 橡胶工业}
\multicolumn{2}{l	}{炼胶车间}	0.75m 水平面	300	—	0.60	80	—
\multicolumn{2}{l	}{压延压出工段}	0.75m 水平面	300	—	0.60	80	—
\multicolumn{2}{l	}{成型裁断工段}	0.75m 水平面	300	22	0.60	80	—
\multicolumn{2}{l	}{硫化工段}	0.75m 水平面	300	—	0.60	80	—
\multicolumn{8}{c}{6. 电力工业}
\multicolumn{2}{l	}{火电厂锅炉房}	地面	100	—	0.60	60	—
\multicolumn{2}{l	}{发电机房}	地面	200	—	0.60	60	—
\multicolumn{2}{l	}{主控室}	0.75m 水平面	500	19	0.60	60	—
\multicolumn{8}{c}{7. 钢铁工业}
炼铁	高炉炉顶平台、各层平台	平台面	30	—	0.60	60	—
	出铁场、出铁机室	地面	100	—	0.60	60	—
	卷扬机室、碾泥机室、煤气清洗配水室	地面	50	—	0.60	60	—
炼钢及连铸	炼钢主厂房和平台	地面、平台面	150	—	0.60	60	需另加局部照明
	连铸浇注平台、切割区、出坯区	地面	150	—	0.60	60	需另加局部照明
	精整清理线	地面	200	25	0.60	60	—

(续)

房间或场所		参考平面及其高度	照度标准值/lx	UGR	Uo	R_a	备注
\multicolumn{8}{c}{7. 钢铁工业}							
轧钢	棒线材主厂房	地面	150	—	0.60	60	—
	钢管主厂房	地面	150	—	0.60	60	—
	冷轧主厂房	地面	150	—	0.60	60	需另加局部照明
	热轧主厂房、钢坯台	地面	150	—	0.60	60	—
	加热炉周围	地面	50	—	0.60	20	—
	垂绕、横剪及纵剪机组	0.75m水平面	150	25	0.60	80	—
	打印、检查、精密分类、验收	0.75m水平面	200	22	0.70	80	—
\multicolumn{8}{c}{8. 制浆造纸工业}							
备料		0.75m水平面	150	—	0.60	60	—
蒸煮、选洗、漂白		0.75m水平面	200	—	0.60	60	—
打浆、纸机底部		0.75m水平面	200	—	0.60	60	—
纸机网部、压榨部、烘缸、压光、卷取、涂布		0.75m水平面	300	—	0.60	60	—
复卷、切纸		0.75m水平面	300	25	0.60	60	—
选纸		0.75m水平面	500	22	0.60	60	—
碱回收		0.75m水平面	200	—	0.60	60	—
\multicolumn{8}{c}{9. 食品及饮料工业}							
食品	糕点、糖果	0.75m水平面	200	22	0.60	80	—
	肉制品、乳制品	0.75m水平面	300	22	0.60	80	—
	饮料	0.75m水平面	300	22	0.60	80	—
啤酒	糖化	0.75m水平面	200	—	0.60	80	—
	发酵	0.75m水平面	150	—	0.60	80	—
	包装	0.75m水平面	150	25	0.60	80	—
\multicolumn{8}{c}{10. 玻璃工业}							
配料、退火、熔制		0.75m水平面	150	—	0.60	60	—
窑炉		地面	100	—	0.60	20	—
\multicolumn{8}{c}{11. 水泥工业}							
主要生产车间（破碎、原料粉磨、烧成、水泥粉磨、包装）		地面	100	—	0.60	20	—
储存		地面	75	—	0.60	60	—
输送走廊		地面	30	—	0.40	20	—

(续)

房间或场所		参考平面及其高度	照度标准值/lx	UGR	U_o	R_a	备注
11. 水泥工业							
粗坯成型		0.75m 水平面	300	—	0.60	60	—
12. 皮革工业							
原皮、水浴		0.75m 水平面	200	—	0.60	60	—
转鼓、整理、成品		0.75m 水平面	200	22	0.60	60	可另加局部照明
干燥		地面	100	—	0.60	20	—
13. 卷烟工业							
制丝车间	一般	0.75m 水平面	200	—	0.60	80	
	较高	0.75m 水平面	300	—	0.70	80	
卷烟、接过滤嘴、包装、滤棒成型车间	一般	0.75m 水平面	300	22	0.60	80	
	较高	0.75m 水平面	500	22	0.70	80	—
膨胀烟丝车间		0.75m 水平面	200	—	0.60	60	
贮叶间		1.0m 水平面	100	—	0.60	60	
贮丝间		1.0m 水平面	100	—	0.60	60	
14. 化学、石油工业							
厂区内经常操作的区域，如泵、压缩机、阀门、电操作柱等		操作位高度	100	—	0.60	20	
装置区现场控制盒检测点，如指示仪表、液位计等		操作位高度	75	—	0.70	60	
人行通道、平台、设备顶部		地面或台面	30	—	0.60	20	
装卸站	装卸设备顶部和底部操作位	操作位高度	75	—	0.60	20	
	平台	平台	30	—	0.60	20	
电缆夹层		0.75m 水平面	100	—	0.40	60	
避难间		0.75m 水平面	150	—	0.40	60	
压缩机厂房		0.75m 水平面	150	—	0.60	60	
15. 木业和家具制造							
一般机器加工		0.75m 水平面	200	22	0.60	60	应防频闪
精细机器加工		0.75m 水平面	500	19	0.70	80	应防频闪

房间或场所		参考平面及其高度	照度标准值/lx	UGR	Uo	R_a	备注
15. 木业和家具制造							
锯木区		0.75m 水平面	300	25	0.60	60	应防频闪
模型区	一般	0.75m 水平面	300	22	0.60	60	—
	精细	0.75m 水平面	750	22	0.70	60	—
胶合、组装		0.75m 水平面	300	25	0.60	60	—
磨光、异形细木工		0.75m 水平面	750	22	0.70	80	—

注：需增加局部照明的作业面，增加的局部照明照度值宜按该场所一般照明照度值的1.0~3.0倍选取。

4. 通用房间或场所

表6-23 公共和工业建筑通用房间或场所照明标准值

房间或场所		参考平面及其高度	照度标准值/lx	UGR	Uo	R_a	备注
门厅	普通	地面	100	—	0.40	60	—
	高档	地面	200	—	0.60	80	—
走廊、流动区域、楼梯间	普通	地面	50	25	0.40	60	—
	高档	地面	100	25	0.60	80	—
自动扶梯		地面	150	—	0.60	60	—
厕所、盥洗室、浴室	普通	地面	75	—	0.40	60	—
	高档	地面	150	—	0.60	80	—
电梯前厅	普通	地面	75	—	0.40	60	—
	高档	地面	150	—	0.60	80	—
休息室		地面	100	22	0.40	80	—
更衣室		地面	150	22	0.40	80	—
储藏室		地面	100	—	0.40	60	—
餐厅		地面	200	22	0.60	80	—
公共车库		地面	50	—	0.60	60	—
公共车库检修间		地面	200	25	0.60	80	可另加局部照明
试验室	一般	0.75m 水平面	300	22	0.60	80	可另加局部照明
	精细	0.75m 水平面	500	19	0.60	80	可另加局部照明
检验	一般	0.75m 水平面	300	22	0.60	80	可另加局部照明
	精细，有颜色要求	0.75m 水平面	750	19	0.60	80	可另加局部照明
计量室，测量室		0.75m 水平面	500	19	0.70	80	可另加局部照明
电话站、网络中心		0.75m 水平面	500	19	0.60	80	—
计算机站		0.75m 水平面	500	19	0.60	80	防光幕反射
变、配电站	配电装置室	0.75m 水平面	200	—	0.60	80	—
	变压器室	地面	100	—	0.60	60	—

(续)

房间或场所		参考平面及其高度	照度标准值/lx	UGR	Uo	R_a	备注
电源设备室、发电机室		地面	200	25	0.60	80	—
电梯机房		地面	200	25	0.60	80	—
控制室	一般控制室	0.75m 水平面	300	22	0.60	80	
	主控制室	0.75m 水平面	500	19	0.60	80	
动力站	风机房、空调机房	地面	100	—	0.60	60	
	泵房	地面	100	—	0.60	60	
	冷冻站	地面	150	—	0.60	60	
	压缩空气站	地面	150	—	0.60	60	
	锅炉房、煤气站的操作层	地面	100	—	0.60	60	锅炉水位表照度不小于50lx
仓库	大件库	1.0m 水平面	50	—	0.40	20	
	一般件库	1.0m 水平面	100	—	0.60	60	
	半成品库	1.0m 水平面	150	—	0.60	80	
	精细件库	1.0m 水平面	200	—	0.60	80	货架垂直照度不小于50lx
车辆加油站		地面	100	—	0.60	60	油表表面照度不小于50lx

(二) 亮度分布

作业环境中各表面上的亮度分布是照度设计的补充，是决定物体可见度的重要因素之一。视野内有合适的亮度分布是舒适视觉的必要条件。相近环境的亮度应当尽可能低于被观察物的亮度，CIE 推荐被观察物的亮度为它相近环境的 3 倍时，视觉清晰度较好，即相近环境与被观察物本身的反射比之比最好控制在 0.3~0.5 的范围内。

在工作房间，为了减弱灯具与周围及顶棚之间的亮度对比，特别是采用嵌入式暗装灯具时，因为顶棚上的亮度来自室内多次反射，顶棚的反射比尽量要高（不低于0.6）；为避免顶棚显得太暗，顶棚照度不应低于作业照度的 1/10；工作房间内的墙壁或隔断的反射比最好在 50%~70% 之间、地板的反射比在 20%~40% 之间。因而在大多数情况下，要求采用浅色的家具和浅色的地面。

此外，适当地增加作业对象与作业背景的亮度之比，较之单纯提高工作面上的照度能更有效地提高视觉功能，而且比较经济。

(三) 照度均匀度

照度均匀度不好会导致视觉的疲劳。照明的均匀度包含两个方面：一是工作面上照明的均匀性；二是工作面与周围环境（墙、顶棚、地板等）的亮度差别。根据我国国标，照明均匀度常用给定工作面上的最低照度与平均照度之比来衡量，即 E_{min}/E_{av}。所谓最低照度是参考面上某一点最低照度，而平均照度是整个参考面上的平均照度。我国规定：工作区域内一般照明的均匀度应不低于 0.7，工作房间内交通区的照度不宜低于工作面照度的 1/5。同时，为了获得满意的照度均匀度，灯具布置间距不应大于所选灯具最大允许距离与高度比

L/h。

(四) 照度的稳定性

照度的变化会导致光环境忽明忽暗,对人的视觉带来不舒适感,从而影响工作。而照度的变化主要是由照明的电压波动引起的。为了提高照度的稳定性,应考虑照明供电,可采取以下措施:

1) 照明供电线路与负荷经常变化大的电力供电线路分开,以减少负荷变化引起的电压波动。必要时可采用稳压措施。

2) 灯具安装注意避开工业气流或自然气流引起的摆动。吊挂长度超过 1.5m 的灯具宜采用管吊式。

3) 被照物体处于转动状态的场合,避免使用有闪烁效应(频闪效应)的交流气体放电灯(如荧光灯等)。可将单相供电的两根灯管采用移相接法,或以三相电源分相接 3 根灯管,来达到降低闪烁效应的目的。

(五) 限制眩光

眩光是由光源和灯具等直接引起的,也可能是光源通过反射比高的表面,特别是抛光金属那样的镜面反射所引起的。由于亮度分布不适当、亮度的变化幅度太大或在时间上相继出现的亮度相差过大,在观看物体时,导致感觉上的不舒适或视力减低。眩光可分为失能眩光和不舒适眩光两种。一般说来,被视物与背景的亮度比超过 1:100 就容易产生眩光;当被视物亮度超过 $16cd/m^2$ 时,在任何条件下都会产生眩光。

我国规定民用建筑照明对直接眩光限制的质量等级分为 3 级,其相应的眩光程度和应用场所如表 6-24 所示。工业企业照明眩光限制等级分为 5 级。

表 6-24 直接眩光限制的质量等级

眩光限制质量等级	眩光程度	视觉要求	场所示例
I	高质量	无眩光感	视觉要求特殊的高质量照明房间	手术室、计算机房、绘图室等
II	中等质量	有轻微眩光感	视觉要求一般的作业,且工作人员有一定程度的流动性或要求注意力集中	会议室、办公室、营业厅、餐厅、观众厅、候车厅、厨房、普通教室、阅览室等
III	低质量	有眩光感	视觉要求和注意力集中程度不高的作业,工作人员在有限区域内频繁走动或不由同一批人连续使用的照明场所	室内通道、仓库等

为了抑制眩光,可采取如下措施:

1) 限制光源的亮度,降低灯具的表面亮度。如采用磨砂玻璃、漫射玻璃或格栅等。

2) 局部照明的灯具应采用不透明的反射罩,且灯具的保护角(或遮光角)$\gamma \geq 30°$;若灯具的安装高度低于工作者的水平视线时,γ 应限制在 $10° \sim 30°$ 之间。

3) 选择好灯具的悬挂高度。

4) 采用各种玻璃水晶灯,可以大大减小眩光,而且使整个环境显得富丽豪华。

5) 1000W 金属卤化物灯有紫外线防护措施时,悬挂高度可适当降低。灯具安装选用合理的距高比,但是在气氛照明中,可以适当利用一些眩光,以烘托独特的气氛。譬如,在迪斯科舞厅的灯光设计时,有意运用闪烁不定的眩光、强烈的明暗反差、刺激的色彩,再配上令人震撼的音乐，渲染出一种激情与奔放的空间。

（六）光源的颜色和显色性

不同的场所对光源的颜色和显色性各自有其要求。

根据《建筑照明设计标准》（GB 50034—2013）的规定：在长期工作或停留的房间或场所，照明光源的显色指数（R_a）不应小于80。在灯具安装高度大于8m的工业建筑场所，R_a可低于80，但必须能够辨别安全色；当选用发光二极管灯光源时，色温不宜高于4000K，特殊显色指数 R_9 应大于零；选用同类光源的色容差不应大于5SDCM。表6-25列出了室内照明光源色表特征及适用场所。

除了以上主要的评价指标以外，在照明设计中，还应该注意色彩和照度的调节。如图6-1所示，在选用各种光源和灯具时，必须根据使用的场所，正确地调节色彩和照度，以营造合适的气氛。光源的照度、色温与感觉的关系如表6-26所示。

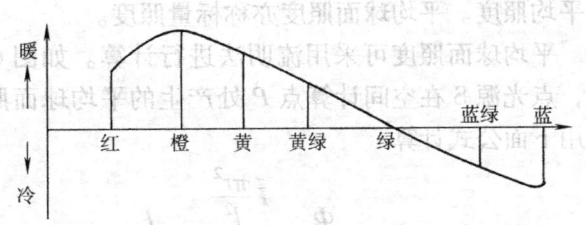

图 6-1　颜色和冷暖感

表 6-25　光源色表特征及适用场所

相关色温/K	色表特征	适用场所示例
<3300	暖	客房、卧室、病房、酒吧
3300～5300	中间	办公室、教室、阅览室、商场、诊室、检验室、实验室、控制室、机加工车间、仪表装配
>5300	冷	热加工车间、高照度场所

表 6-26　光源的照度、色温与感觉的关系

照度/lx	光源色的感觉		
	暖色的	中间的	冷色的
≤500	愉快的	中间的	冷的
500～1000	↑		↑
1000～2000	刺激的	愉快的	中间的
2000～3000	↓		↓
≥3000	不自然	刺激的	愉快的

（七）其他评价指标

除上述评价指标外，还有一些指标也非常重要：

1) 照明的可靠性。依据照明的负荷等级提供1～3个电源，同时要在必要的场合设置应急照明。

2) 照明控制的恰当、方便与灵活性。

3) 照明设备对电网的污染程度。主要是考虑电子镇流器、开关电源等的交流谐波对电网的影响。

4) 照明电气的安全性。

5) 装饰性要求高的场所对视觉和心理等方面的要求。

二、照度的表达法

在照明设计中，照明质量的主要指标之一照度水平，通常指平面照度。但是，当评价照明质量时，人们发现在相同的照度水平下，当光线来自不同的方向时会有非常不同的照明效果，仅仅考虑平面照度是远远不够的。目前有垂直面照度、平均球面（标量）照度、照度矢量、柱面照度等表达法，才能表现出被照物体。

（一）平均球面照度

平均球面照度是用以表示空间照度的量值，它表示位于空间某点处一个无限小的球面上的平均照度。平均球面照度亦称标量照度。

平均球面照度可采用流明法进行计算。如图 6-2 所示，点光源 S 在空间计算点 P 处产生的平均球面照度可采用下面公式计算

$$E_S = \frac{\Phi}{A} = \frac{I\frac{\pi r^2}{l^2}}{4\pi r^2} = \frac{I}{4l^2} \quad (6\text{-}1)$$

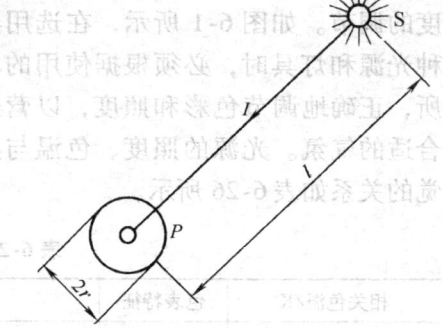

图 6-2 平均球面照度

式中 E_S——平均球面照度，单位为 lx；
I——点光源的光强，单位为 cd；
Φ——点光源的光通量，单位为 lm；
A——球体的截面面积，单位为 m²；
r——球体半径，单位为 m；
l——光源至计算点的距离，单位为 m。

式（6-1）说明了 E_S 与测量球的大小无关，只与点光源的光强 I 成正比，与光源到计算点的距离二次方成反比。

当光源入射方向与受照面法线间的夹角式 $\theta = 0°$ 时，式（6-1）可写成

$$E_S = \frac{1}{4}E_h \quad (6\text{-}2)$$

式中 E_h——同一点的水平面照度，单位为 lx。

平均球面照度适用于不需要指明受照面的方向，而要求得到无方向的空间照度。譬如，在航空港、火车站的候车室、休息室等场所，作照明效果评价比平面照度更能反映实际情况。

（二）平均柱面照度

平均柱面照度是指位于空间某点处的一个小圆柱体侧表面上的平均照度，它表示位于空间某点处的垂直面照度。

如图 6-3 所示，点光源 S 在圆柱体侧表面计算点 P 处的平均柱面照度可由下面公式计算：

$$E_c = \frac{\Phi}{A} = \frac{I\frac{2rh}{l^2}\sin\theta}{2\pi rh} = \frac{I\sin\theta}{\pi l^2} \quad (6\text{-}3)$$

式中 E_c——平均柱面照度，单位为 lx；
I——点光源的光强，单位为 cd；

Φ——点光源的光通量，单位为 lm；
A——柱体侧面表面积，单位为 m^2；
r——柱体半径，单位为 m；
h——柱体半径，单位为 m；
θ——光强与柱体轴线的夹角，单位为（°）；
l——光源至计算点的距离，单位为 m。

式（6-3）表明，平均柱面照度的大小与所取的圆柱体的表面积无关，只与光源的光强 I 以及光强与垂直圆柱体的轴线之间夹角 θ 的正弦成正比，与光源到计算点之间的距离二次方成反比。平均柱面照度适用于以显现人的仪表为主的场合，例如会议厅、礼堂，在国外已作为标准采纳。

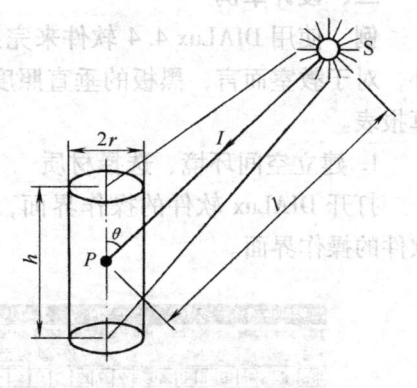

图 6-3 平均柱面照度

第五节 照明设计软件简介

在传统的照明设计过程中，设计者在完成了初步的设计方案后，往往对于方案的可实施性把握不是很强，例如灯具布置可否满足功能上的需求，灯光表现是否达到预期的效果，整个空间的照度和亮度分布的状况是否合适等。对于这些问题的传统解决方法就是通过一系列的公式，进行大量、繁冗的手工计算，得到计算结果。随着计算机技术的发展与应用，专业的照明计算软件得到了开发，照明计算从而省去了繁杂的手工计算过程，代之以计算机中进行的迅速、准确的计算过程。设计师通过这些软件，就可以专心致力于方案的设计，并利用软件得出的计算结果进行必要的方案调整，使得设计工作高效、准确。

一、照明设计软件特点

目前的照明设计软件一般是由世界上著名的灯具厂商针对自己的产品进行开发的，如 Philips 的 Calculux，Lithonia Lighting 的 Visual，Lighting Analysts 的 Agi32 等。这些软件专业性强，计算结果准确，可以引入各个厂家的数据。另一类应用比较广泛的照明设计软件是由第三方软件公司开发，相对通用，数据库接口开放，更便于照明设计师的使用。其中包括 DIALux 系列照明软件，Relux 系列照明设计软件等。

照明设计软件在设计单位已获得了比较广泛的应用，而其技术特点也非常鲜明：

1）功能完整系统，提供了建模、灯具布置、计算、效果图模拟等照明设计必需的功能步骤。

2）产品数据库支持十分完善，且开放接口，支持不同灯具光源公司自行开发完善。

3）面对对象的设计方法，提高设计的速度，省去了大量繁琐、重复的过程。

4）计算绘图一体化，灯具布置完毕进行计算时，软件会自动完成包括逐点照度计算、等照度曲线绘制等过程。

5）设计结果表达方式丰富实用，包括点照度值、等照度曲线、伪色图等，并生成计算报表。

二、设计举例

例 使用 DIALux 4.4 软件来完成教室照明设计，得出相应报表，并且生成效果图。另外，对于教室而言，黑板的垂直照度水平也非常重要，在此一同计算得出黑板立面的相应计算报表。

1. 建立空间环境、选择材质

打开 DIALux 软件的操作界面，首先认识一下界面上的各个功能区。图 6-4 为 DIALux 软件的操作界面。

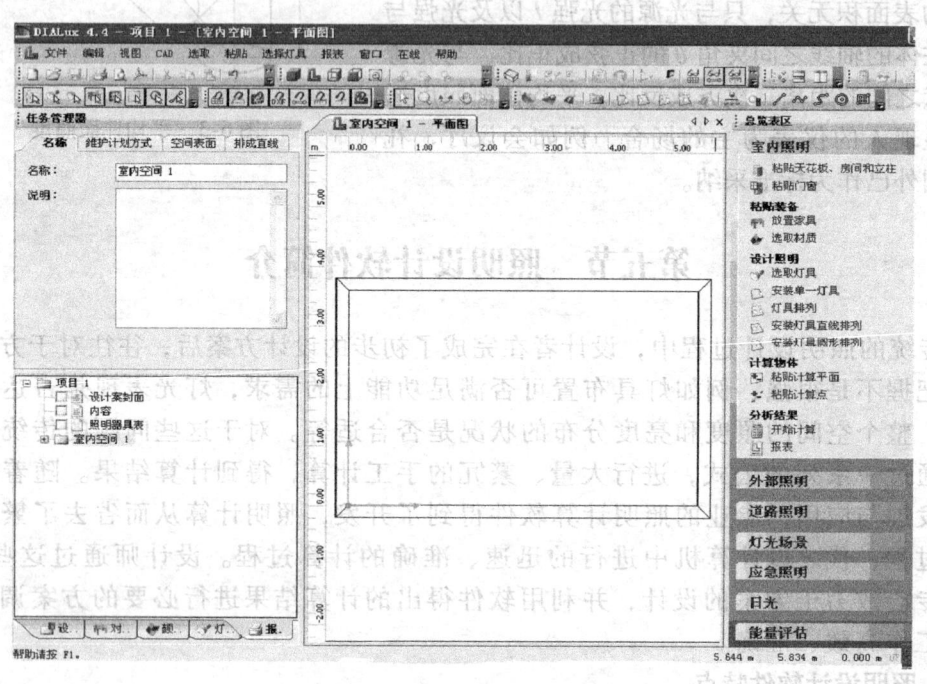

图 6-4 DIALux 4.4 软件操作界面

在教室空间里，合理放置必要的桌椅、讲台等部分，同时设置窗户、门等应有的设施，建立空间环境。建好之后生成的教室平面图如图 6-5 所示。

选择天花板、各墙面以及地面的材质，并根据顶棚空间数据来选定灯具高度，从而建立的空间模型如图 6-6 所示。

2. 选择灯具

建好模型后，就要根据具体的工程要求选择灯具。在本设计中，黑板平面需要具有一定要求的垂直照度，因此应该使用不对称配光的灯具。灯具选择好之后根据实际情况进行安装，照明器安装示意图如图 6-7 所示，所使用灯具的情况表如表 6-27 所示。

3. 确立计算平面，开始计算，得出照度计算报表

在本设计中需要确立的计算平面是 0.75m 高的工作面和黑板立面，按照软件的提示进行选择。确定计算平面后，开始计算。在得出的照度计算报表中选择我们需要的桌面和黑板面，查看是否符合要求。如果不符合照度要求，还需要对灯具位置、数量等情况重新进行选择。图 6-8 和图 6-9 分别是 0.75m 水平面的点照度图和黑板立面的等照度曲线图，以报表格

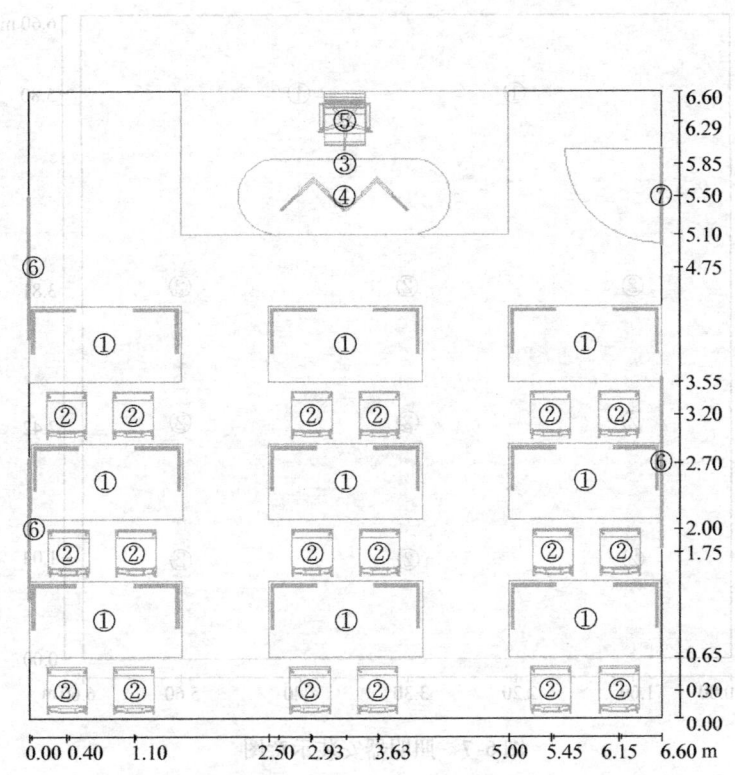

图 6-5 教室平面图

①—普通课桌 ②—普通座椅 ③—讲台 ④—讲桌 ⑤—讲台椅 ⑥—窗 ⑦—门

图 6-6 教室空间模型

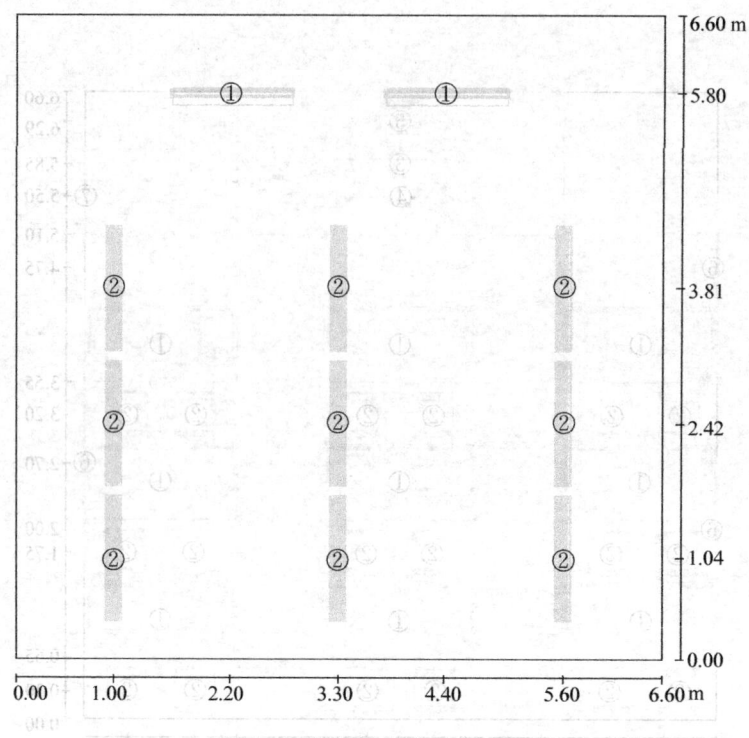

图 6-7 照明器安装示意图

表 6-27 灯具使用情况表

编号	数量	名　　称	图　　片	配光曲线
1	2	Philips MAXOS 4MX091 IP64 1xTL-D36W/840 CON +4MX092 D-A +9MX056 Tube 光通量：3350lm　瓦数：42.5W 1xTL-D36W（修正系数1.000）		
2	9	Philips MAXOS 4MX091 1xTL-D36W/840 CON +4MX092 F +4MX093 D6-WB 光通量：3350lm　瓦数：42.5W 1xTL-D36W（修正系数1.000）		

式输出。其中，0.75m 作业面平均照度为 473lx，最小照度为 336lx，均匀度为 0.710，符合国家标准中对教室作业面的规定。黑板竖直面的平均照度为 518lx，符合国家标准中对教室黑板面照度水平的规定。

4. 渲染得出效果图

为了更加具体形象地展现设计方案，可以使用 POV-Ray 软件进行渲染，生成效果图。渲染得出效果图如图 6-10 所示。

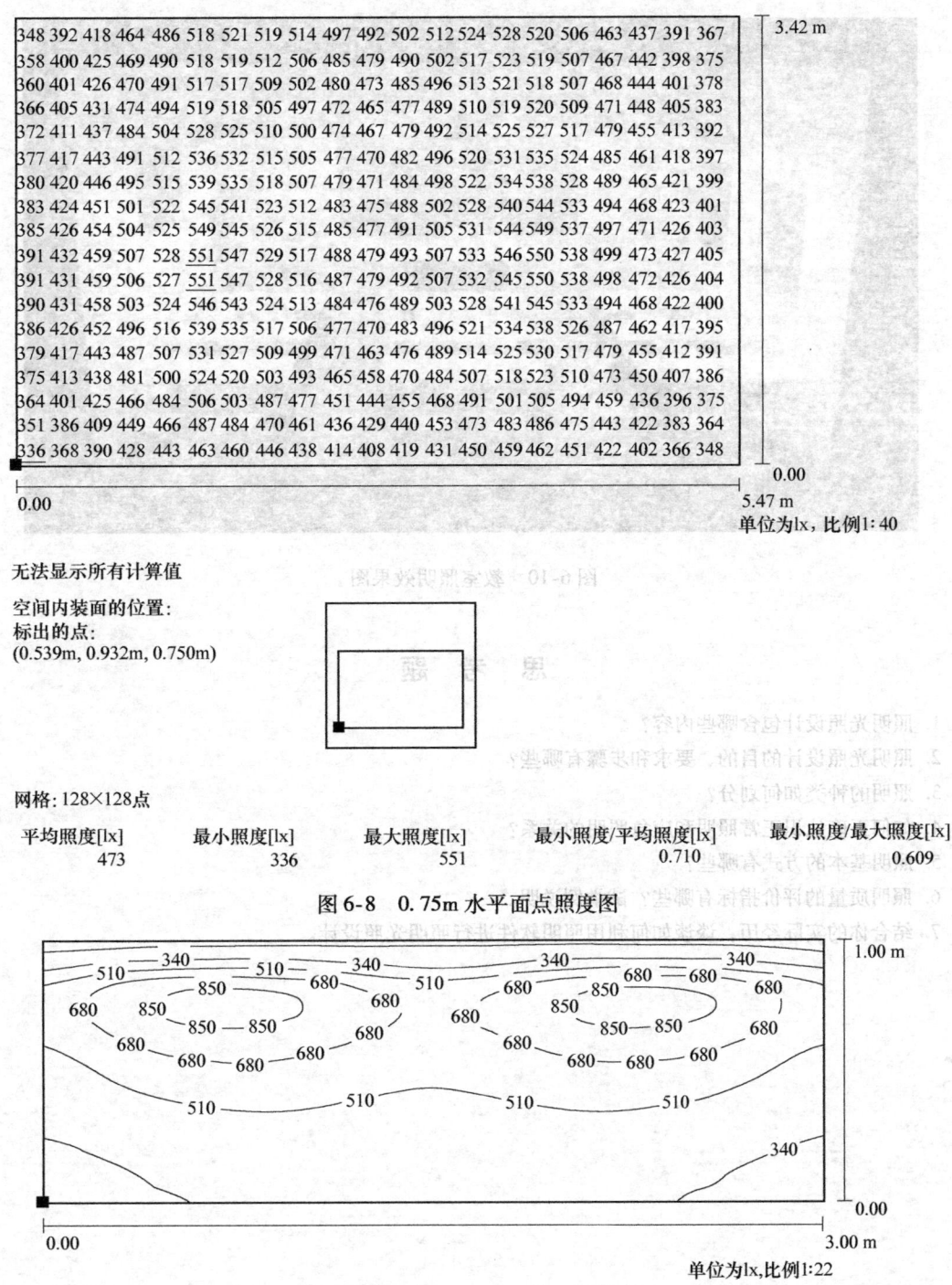

图6-8　0.75m水平面点照度图

图6-9　黑板立面等照度曲线图

另外还可以利用其他一些图像处理软件（Photoshop）进行后期制作，比如添加上窗户的边框、灯具的安装部分等，使得设计更加漂亮。

图 6-10　教室照明效果图

思 考 题

1. 照明光照设计包含哪些内容？
2. 照明光照设计的目的、要求和步骤有哪些？
3. 照明的种类如何划分？
4. 如何正确认识正常照明和应急照明的关系？
5. 照明基本的方式有哪些？
6. 照明质量的评价指标有哪些？试举例说明。
7. 结合你的实际经历，谈谈如何利用照明软件进行照明光照设计。

第七章 照明电气设计

照明电气设计是照明设计中另一个重要的内容，它和光照设计是密不可分的。在确定照明设计方案时，除了应充分考虑不同类型建筑对照明的特殊要求，处理好人工照明与天然采光的关系、合理使用建设资金与采用节能光源、高效照明器等技术与经济效益的关系外，还要考虑照明电气的要求，否则无法实现预期的照明效果。

第一节 概 述

一、照明电气设计的主要内容

照明电气设计的主要内容是依据光照设计确定的设计方案，照明负荷及别的确定、计算负荷、确定配电系统、选择开关、导线、电缆和其他电气设备、选择供电电压和供电方式、绘制灯具和线路平面布置图及系统图、汇总安装容量、主要设备和材料清单、编制概预算书等。

二、照明电气设计应注意的事项

照明电气设计的整个过程都必须严格贯彻国家有关建筑物工程设计的政策和法令，并且符合现行的国家标准和设计规范。对某些行业、部门和地区的设计任务，应遵循该行业、部门及地区的有关规程的特殊规定。在设计中，还应考虑与装饰性的关系与配合以及与建筑、结构、给排水和暖通之间的关系与协调。

三、照明电气设计的具体步骤

（一）负荷计算

计算灯具的安装功率和电流包括：

1) 确定供配电系统和控制系统。
2) 计算各干线、分支干线和支线的功率和电流。
3) 根据发热条件初选导线或电缆。
4) 计算线路电压损失，核对导线和电缆是否符合要求。
5) 选择确定保护开关和其他电气元器件。

（二）管网的综合

在电气设计过程中，应与其他专业设计进行管网汇总，仔细查看管线相互之间是否存在矛盾和冲突的地方。如果有的话，一般情况下，由电气线路避让或采取保护性措施。

在电气安装和敷设中，往往有预埋穿线管道、支架的焊接件或预埋孔等，这些都应在汇总时向土建提交。所提资料必须具体确切，如预留孔的位置，具体标高、尺寸大小等。

（三）施工图的绘制

先进行灯具平面布置图和线路布置图设计，再设计相应的配电系统图，最后编写工程说明以及主要材料的明细表。

（四）照明控制策略、方式和系统的确定

根据照明方案确定的光源和灯具及照明效果，并结合现场的实际情况，运用合理的照明控制策略和控制方式，选择适当的硬件设备，组成性价比较高的照明控制系统，预设置相应的程序。

（五）概算（预算）书的编制

概算（预算）书的编制根据建设单位要求或设计委托书来决定。如无具体要求，编制概算书即可。

第二节 电气设计基础

一、初始资料收集

1）建筑的平面、立面和剖面图。了解该建筑在该地区的方位、邻近建筑物的概况；建筑层高、楼板厚度、地面、楼面、墙体做法；主次梁、构造柱、过梁的结构布置及所在轴线的位置；有无屋顶女儿墙、挑檐；屋顶有无设备间、水箱间等。

2）全面了解该建筑的建设规模、生产工艺、建筑构造和总平面布置情况。

3）向当地供电部门调查电力系统的情况，了解该建筑供电电源的供电方式、供电的电压等级、电源的回路数、对功率因数的要求、电费收取办法、电能表如何设置等情况。

4）向建设单位及有关专业了解工艺设备布置图和室内布置图。了解生产车间工艺设备的确切位置；办公室内办公桌的布置形式；商店里的栏柜、货架布设方向；橱柜中展出的内容及要求；宾馆内各房间里的设备布置、卫生间的要求等。

5）向建设单位了解建设标准。各房间照明器的标准要求；各房间使用功能要求；各工作场所对光源的要求、视觉功能要求、照明器的显色性要求；建筑物是否设置节日彩灯和建筑立面照明、是否安装广告霓虹灯等。

6）进户电源的进线方位，对进户标高的要求。

7）工程建设地点的气象、地质资料，建筑物周围的土壤类别和自然环境，防雷接地装置有无障碍。

二、照明供电

1）照明负荷应根据中断供电可能造成的影响以及损失，依规范合理地确定负荷等级，并应正确地选择供电方案。

2）当电压出现偏差或波动不能保证照明质量或光源寿命时，在技术经济合理的条件下，可采用有载自动调压电力变压器、调压器或照明专用变压器供电。

3）照明等级分为特1级、1级、2级和3级。应急照明、特级体育场馆照明、医院手术台照明、博物馆中珍贵展品照明均为特1级照明，需要两路外电源加一路备用电源供电。

4）当设有自备发电机组时，备用照明的一路电源应接自发电机作为专用回路供电，另一路可接至正常照明电源（如为两台以上变压器供电时，应接至不同的母线干线上）。在重要场所应设置带有蓄电池的应急照明灯或用蓄电池组供电的备用照明，作为发电机组投运前的过渡期间使用。

5）当采用两路低压电源供电时，备用照明的供电应从两段低压配电干线分别接入。

6）重要的正常照明（两个电源以上时），备用电源可为独立于正常电源的另一路外电源，也可用柴油发电机电源。应急照明的备用电源宜采用蓄电池组或带有蓄电池的应急照明灯。

7）备用照明作为正常照明的一部分同时使用时，其配电线路及控制开关应分开装设。备用照明仅在事故情况下使用，因此，当正常照明因故断电，备用照明应自动投入工作。

8）当疏散照明采用带有蓄电池的应急照明灯时，正常供电电源可接至本楼层（或本区域）的分配电盘的专用回路上，或接至本楼层（或本区域）的防灾专用配电盘。

三、照明负荷计算

照明系统负荷计算通常采用需用系数法以及负荷密度法。

（一）需用系数法

1. 照明器的设备容量 P_e

1）对于热辐射光源的白炽灯、卤钨灯，其设备容量 P_e 等于照明器的额定功率 P_N，即

$$P_e = P_N \tag{7-1}$$

2）对于气体放电光源，由于带有镇流器，需要考虑镇流器的功率损耗，则

$$P_e = (1 + \alpha) P_N \tag{7-2}$$

式中　P_N、P_e 的单位均为 kW；

　　　α——镇流器的功率损耗系数。

部分照明器的功率损耗系数如表7-1所示。

表7-1　部分照明器的功率损耗系数

光源种类	损耗系数 α	光源种类	损耗系数 α
荧光灯	0.2	涂荧光质的金属卤化物灯	0.14
高压荧光汞灯	0.07~0.3	低压钠灯	0.2~0.8
自镇流高压荧光汞灯	—	高压钠灯	0.12~0.2
金属卤化物灯	0.14~0.22		

3）对于民用建筑内的插座，在无具体电气设备接入时，每个插座按100W计算。

2. 分支回路的计算负荷 P_{jsL}

$$P_{jsL} = k_{xL} \sum_{i=1}^{n} P_{ei} \tag{7-3}$$

式中　P_{jsL}——分支回路的计算负荷，单位为 kW；

　　　P_{ei}——各个照明器的设备容量，单位为 kW；

　　　n——照明器的数量；

　　　k_{xL}——插座回路的需用系数，如表7-2所示。

表7-2　插座回路的需用系数 k_{xL}

插座数量	4	5	6	7	8	9	10
k_{xL}	1	0.9	0.8	0.7	0.65	0.6	0.6

根据国家设计规范要求，一般照明分支回路应避免采用三相低压断路器对3个单相分支回路进行控制和保护。

照明系统中的每一单相回路的电流不宜超过16A，单独回路的照明器套数不宜超过25个；对于大型建筑组合照明器，每一单相回路不宜超过25A，光源数量不宜超过60个；对于建筑物轮廓灯，每一单相回路不宜超过100个；对于高压气体放电灯，供电回路电流最多不超过30A。

插座应由单独回路配电，并且一个房间内的插座由同一回路配电，插座数量不宜超过5

个（组）。当插座为单独回路时，插座的数量不宜超过 10 个（组）。

住宅不受以上数量的限制。

3. 干线计算负荷 P_{jsL}

$$P_{jsL} = k_{xL} \sum_{i=1}^{n} P_{jsLi} \qquad (7-4)$$

式中　P_{jsL}——干线回路的计算负荷，单位为 kW；

　　　P_{jsLi}——各个分支回路的计算负荷，单位为 kW；

　　　n——分支回路的数量；

　　　k_{xL}——照明干线回路的需用系数，如表 7-3 所示。

表 7-3　照明干线回路的需用系数 k_{xL}

建筑物类别	k_{xL}	建筑物类别	k_{xL}
应急照明	1	汽机房	0.9
生产建筑	0.95	厂区照明	0.8
图书馆	0.9	教学楼	0.8~0.9
多跨厂房	0.85	实验室	0.7~0.8
大型仓库	0.6	生活区	0.6~0.8
锅炉房	0.9	道路照明	1

根据国家设计规范要求，变压器二次回路到用电设备之间的低压配电级数不宜超过三级（对非重要负荷供电时，可超过三级），故低压干线一般不超过两级。

4. 进户线、低压总干线的计算负荷 P_{js}

$$P_{js} = k_x \sum_{i=1}^{n} P_{jsLi} \qquad (7-5)$$

式中　P_{js}——进户线、低压总干线的计算负荷，单位为 kW；

　　　P_{jsLi}——干线的计算负荷，单位为 kW；

　　　n——干线的数量；

　　　k_x——进户线、低压总干线的需用系数，如表 7-4 所示。

表 7-4　民用建筑照明负荷需用系数 k_x

建筑种类	k_x	备　注
住宅楼	0.40~0.60	单元式住宅，每户两室 6~8 插座，户装电能表
单身宿舍楼	0.60~0.70	标准单间，1~2 盏灯，2~3 组插座
办公楼	0.70~0.80	标准单间，2~4 盏灯，2~3 组插座
科研楼	0.80~0.90	标准单间，2~4 盏灯，2~3 组插座
教学楼	0.80~0.90	标准教室，6~10 盏灯，1~2 组插座
商店	0.85~0.95	有举办展销会可能时
餐厅	0.80~0.90	
门诊楼	0.35~0.45	
旅游旅馆	0.70~0.80	标准单间客房，8~10 盏灯，5~6 组插座
病房楼	0.50~0.60	
影院	0.60~0.70	
体育馆	0.65~0.70	
博物馆	0.80~0.90	

注：1. 每组（一个标准 75 或 86 系列面板上有 2 孔和 3 孔插座各 1 个）插座按 100W 计。

　　2. 采用气体放电光源时，需计算镇流器的功率损耗。

　　3. 住宅楼的需用系数可根据各相电源上的户数选定：

　　　25 户以下取 0.45~0.5；25 户~100 户取 0.40~0.45；超过 100 户取 0.30~0.35。

（二）负荷密度法

此法一般在方案设计或初步设计时为估算照明容量采用的计算方法。负荷密度法定义为单位面积上的负荷需求量与建筑面积的乘积。即

$$P_{js} = \frac{KA}{1000} \tag{7-6}$$

式中 P_{js}——建筑物的总计算负荷，单位为 kW；

K——单位面积上的负荷需求量，单位为 W/m²；

A——建筑面积，单位为 m²。

第三节 设备选择

照明负荷计算、电流计算，其目的是为了合理选择供电系统、导线、电缆和开关设备等元件。

一、线路的计算电流

线路电流是影响导线温升的重要因素，所以有关导线、电缆截面积选择的计算首先是确定线路的计算电流。

根据国家设计规范要求，三相照明电路中各相负荷的分配应尽量保持平衡，每个分配盘中的最大与最小的相负荷电流不宜超过30%。

单相负荷应尽可能地均匀分配在三相线路上，当计算范围内单相用电设备容量之和小于总设备容量的15%时，可按三相平衡负荷计算。

照明设备接在相电压：

（1）单相线路计算电流

$$I_{jsP} = \frac{P_{jsP}}{U_{NP}\cos\varphi} \tag{7-7}$$

式中 P_{jsP}——单相负荷所在线路的总计算负荷，单位为 kW；

U_{NP}——单相负荷所在线路的额定相电压，单位为 kV；

$\cos\varphi$——单相负荷的功率因数，如表 7-5 所示。

表 7-5 单相照明负荷的功率因数

照明负荷		功率因数
白炽灯		1.0
荧光灯	带有无功功率补偿装置	0.95
	不带无功功率补偿装置	0.5
高光强气体放电灯	带有无功功率补偿装置	0.9
	不带无功功率补偿装置	0.5

注：在公共建筑内宜使用带无功功率补偿装置的荧光灯。

（2）三相等效负荷

$$P_{js} = 3P_{Pmax} \tag{7-8}$$

式中 P_{js}——三相等效计算负荷，单位为 kW；

P_{Pmax}——3个单相负荷中最大的相负荷，单位为kW。

(3) 三相线路计算电流 I_{jsL}

$$I_{\text{jsL}} = \frac{P_{\text{js}}}{\sqrt{3}U_{\text{NL}}\cos\varphi} = \frac{3P_{\text{Pmax}}}{\sqrt{3}U_{\text{NL}}\cos\varphi} = \frac{\sqrt{3}P_{\text{Pmax}}}{U_{\text{NL}}\cos\varphi} \tag{7-9}$$

式中 U_{NL}——单相负荷所在线路的额定线电压，单位为kV；

$\cos\varphi$——相负荷的功率因数。

二、导线和电缆选择与敷设

根据计算的线路电流，选择导线和电缆，并进行机械强度、热稳定和动稳定校验。

(一) 导体材料及电缆芯数的选择

1. 导体材料的选择

电线、电缆一般采用铜心线。濒临海边以及有严重盐、雾地区的架空线路，可采用防腐型钢心铝质绞线。

下列场合应采用铜心电线或电缆：

1) 高层建筑，重要的公共建筑等以及国外工程和涉外工程。
2) 要确保长期运行中连接可靠的回路。例如，重要电源、重要的操作回路及二次回路、电机的励磁、移动设备的线路及剧烈振动场合的线路。
3) 对铝腐蚀严重而对铜腐蚀轻微的场合。
4) 爆炸危险环境或火灾危险环境有特殊要求者。
5) 特别重要的公共建筑物。
6) 高温设备。
7) 应急系统，包括消防设施的线路。

其他场合可采用铜心线，亦可根据实际情况采用铝心线。

2. 电缆芯数的选择

电压1kV及以下的三相四线制低压配电系统，若第四芯为PEN线时，应采用4芯电缆而不得采用3芯电缆与单芯电缆组合成一个回路的方式；当PE线作为专用而与带电导体N线分开时，则采用5芯电缆。若没有5芯电缆时，可用4芯电缆与单心电缆电线捆扎组合的方式，PE线也可利用电线的护套、屏蔽层、铠装等金属外护层等，分支单相回路带PE线时应采用3芯电缆。如果是三相三线制的系统，则采用4芯电缆，第4芯为PE线。

(二) 电线和电缆的型号与敷设条件

常用电线和电缆的型号与敷设条件，如表7-6所示。

表7-6 常用电线和电缆的型号与敷设条件

类别	型号		绝缘材料、类型	敷设条件
	铜心	铝心		
电线	BX	BLX	橡皮绝缘	室内架空或穿管敷设，交流500V、直流1000V以下
	BXF	BLXF	氯丁橡皮绝缘	室外架空或穿管敷设，交流500V、直流1000V以下，尤其适用于室外架空
	BV (BV$_{-105}$)	BLV (BLV$_{-105}$)	聚氯乙烯绝缘（耐热105℃）	室内明敷或穿管敷设，交流500V、直流1000V以下电器设备及电气线路

(续)

类别	型号 铜心	型号 铝心	绝缘材料、类型	敷设条件
软线	(ZR-) RV		(阻燃型) 聚氯乙烯绝缘	交流250V及以下的照明、各种电器（阻燃型适用于有阻燃要求的场所）
	(ZR-) RVB		(阻燃型) 聚氯乙烯绝缘平型	
	(ZR-) RVS		(阻燃型) 聚氯乙烯绝缘绞型	
电力电缆	(NH-) VV	VLV	(耐火型) 聚氯乙烯绝缘，聚氯乙烯护套	敷设在室内、隧道内及管道中，不承受机械外力作用（耐火型适用于照明、电梯、消防、报警系统、应急供电回路及地铁、电站等与防火安全及消防救火有关的场所）
	ZQD	ZLQD	不滴流浸渍剂纸绝缘裸铅包	敷设在室内、沟道中及管子内，对电缆没有机械损伤，且对铅护层有中性环境
	ZQ	ZLQ	油浸纸绝缘裸铅包	
	(ZR-) YJV	(ZR-) YJLV	(阻燃型) 交联聚乙烯绝缘，聚氯乙烯护套	敷设在室内、电缆沟及管道中，也可敷设在土壤中，不承受机械外力作用，但可承受一定的敷设牵引力（阻燃型适用于高层建筑、地铁、地下隧道、核电站等与防火安全及消防救火有关的场所）
	YJVF	YJLVF	交联聚乙烯绝缘，分相聚氯乙烯护套	
铠装电力电缆	(NH-) VV$_{29}$	VLV$_{29}$	(耐火型) 聚氯乙烯绝缘，聚氯乙烯护套内钢带铠装	敷设在地下，能承受机械外力作用，但不能承受大的拉力（耐火型适用于照明、电梯、消防、报警系统、应急供电回路及地铁、电站等与防火安全及消防救火有关的场所）
	VV$_{30}$	VLV$_{30}$	聚氯乙烯绝缘，聚氯乙烯护套裸细钢丝铠装	敷设在室内、矿井中，能承受机械外力作用，能承受相当的拉力
	ZQD$_{12}$	ZLQD$_{12}$	不滴流浸渍剂纸绝缘铅包钢带铠装	用于垂直或高落差敷设，敷设在土壤中，能承受机械损伤，但不能承受大的拉力
	ZQD$_{22}$	ZLQD$_{22}$	不滴流浸渍剂纸绝缘铅包钢带铠装聚氯乙烯护套	用于垂直或高落差敷设，敷设在对钢带严重腐蚀的环境中，能承受机械损伤，但不能承受大的拉力
	ZQ$_{12}$	ZLQ$_{12}$	油浸纸绝缘铅包钢带铠装	敷设在土壤中，能承受机械损伤，但不能承受大的拉力
	ZQ$_{22}$	ZLQ$_{22}$	油浸纸绝缘铅包钢带铠装聚氯乙烯护套	敷设在对钢带严重腐蚀的环境中，能承受机械损伤，但不能承受大的拉力
	YJV$_{29}$	YJLV$_{29}$	交联聚乙烯绝缘，聚氯乙烯护套内钢带铠装	敷设在土壤中，能承受机械外力作用，但不能承受大的拉力
	YJV$_{30}$	YJLV$_{30}$	交联聚乙烯绝缘，聚氯乙烯护套裸细钢丝铠装	敷设在室内、矿井中，能承受机械外力作用，并能承受相当的拉力

（三）导线和电缆的截面积选择

照明线路导线、电缆的截面积一般根据下列条件来选择：

1. 按允许载流量（负荷电流）选择

在最大允许连续负荷电流下，导线发热不超过芯线所允许的温度，不会因过热而引起导线绝缘损坏或加快老化。

（1）长期工作制负荷　在不同敷设条件下，导线或电缆长期允许的工作电流 I_N 受环境温度影响，可用校正系数 K_t 进行修正，即

$$K_t I_N \geq I_{js} \tag{7-10}$$

式中　I_N——导线或电缆长期允许的工作电流，单位为 A；
　　　I_{js}——线路的计算电流，单位为 A；
　　　K_t——环境修正系数。

导线周围环境温度在空气中敷设取 $\theta_c = 25℃$ 作为标称值，而在土壤中直埋地敷设以 $\theta_c = 20℃$ 为标称值。当导线或电缆敷设环境温度不是 θ_c 时，允许载流量应乘以校正系数 K_t，其计算公式为

$$K_t = \sqrt{\frac{\theta_e - \theta_\alpha}{\theta_e - \theta_c}} \tag{7-11}$$

式中　θ_α——敷设处的实际环境温度，单位为℃；
　　　θ_c——环境温度的标称值，单位为℃；
　　　θ_e——导线、电缆线心允许长期工作温度，单位为℃，如表7-7所示。

表7-7　导线、电缆线心允许长期工作温度

导线、电缆种类		电压等级/kV	允许长期工作温度/℃
电线	橡皮绝缘	0.5	65
	塑料绝缘		
电力电缆	油浸纸绝缘	1~3	80
		6	65
		10	60
		20~35	50
	聚氯乙烯绝缘	1	
		6	65
	橡皮绝缘	0.5	
	交联聚乙烯绝缘，聚氯乙烯护套	6~10	90
		35	80

导线或电缆在土壤中多根并列敷设时，对它们的允许载流量也应进行相应的校正，其校正系数为 K_d，如表7-8所示。

（2）重复性短时工作负荷　当重复周期 $t \leq 10\text{min}$、工作时间 $t_w \leq 4\text{min}$ 时，导线或电缆的允许电流按以下情况确定：

1）导线截面积 $S \leq 6\text{mm}^2$ 的铜线或 $S \leq 10\text{mm}^2$ 的铝线，其允许电流按上述长期工作制计算。

2) 导线截面积 $S>6\text{mm}^2$ 的铜线或 $S>10\text{mm}^2$ 的铝线，其允许电流等于长期允许电流的 $0.875/\sqrt{\varepsilon}$ 倍，其中 ε 是该用电设备的暂载率（%）。

表7-8 电缆多根埋设、并列埋设时电流的校正系数 K_d

电缆外皮间距/mm	电缆根数							
	1	2	3	4	5	6	7	8
100	1.00	0.88	0.84	0.80	0.78	0.75	0.73	0.72
200	1.00	0.90	0.86	0.83	0.80	0.81	0.80	0.79
300	1.00	0.89	0.89	0.87	0.85	0.86	0.85	0.84

（3）短时工作制负荷 当工作时间 $t_w \leq 4\text{min}$，在停止用电时间内，导线或电缆散热，能够降到周围环境温度时，此时导线或电缆的允许电流按重复短时工作制决定。

2. 按允许电压损失校验

导线上的电压损失应低于最大允许值5%，以保证供电质量。

对于380/220V低压供电线路，若整条线路的导线截面积、材料均相同，不计线路电抗，且功率因数 $\cos\varphi \approx 1$ 时，那么，根据电压损失来选择导线或电缆截面积的简化计算公式为

$$S = \frac{R_0}{C\Delta u\%} \sum_{i=1}^{n} P_i L_i \tag{7-12}$$

式中 P_i——各负荷的有功负荷，单位为 kW；

L_i——第 i 个负荷到电源的线路长度，单位为 km；

R_0——三相线路单位长度的电阻，单位为 Ω/km；

C——计算系数，如表7-9所示；

$\Delta u\%$——线路电压损失百分数，如表7-10所示。

表7-9 计算系数 C

供电系统	线心材料	
	铜线	铝线
三相四线制380/220V	75.00	45.70
单相220V	12.56	7.66

表7-10 线路电压损失百分数 $\Delta u\%$

使用电源	电压损失（%）
公共电网	±5
单位自用电源	6
临时供电	8

3. 按机械强度选择

在正常的工作状态下，导线应有足够的机械强度，以防断线保证安全可靠运行。

绝缘导线架空或室内明敷时，应满足敷设对截面积的最小机械强度的要求。绝缘导线线心的最小截面积，如表7-11所示。

表 7-11 绝缘导线的最小截面积 （单位：mm²）

敷 设 方 式			线心最小截面积	
			铜心	铝心
照明用灯头引下线			1.0	2.5
敷设在绝缘支持件上的绝缘导线，其支持点的间距/m	室内	$L \leq 2$	1.0	2.5
敷设在绝缘支持件上的绝缘导线，其支持点的间距/m	室外	$L \leq 2$	1.5	2.5
		$2 < L \leq 6$	2.5	4.0
		$6 < L \leq 15$	4.0	6.0
		$15 < L \leq 25$	6.0	10.0
导线穿管，槽板，护套线扎头明敷；线槽			1.0	2.5
PE 线和 PEN 线		有机械保护时	1.5	2.5
		无机械保护时	2.5	4.0

4. 按热稳定性的最小截面积校验

在短路情况下，导线必须保证在一定的时间内，安全承受短路电流通过导线时所产生的热的作用，以保证供电安全。

对于电缆和绝缘导线来说，在短路假想时间的情况下，当导体通过短路稳态电流 I_∞ 时，导体最高允许加热温度所对应的截面积为最小允许截面积。导体满足热稳定的最小截面积计算公式为

$$S_{min} = I_\infty \frac{\sqrt{t_{jx}}}{C} \tag{7-13}$$

式中 I_∞——短路稳态电流，单位为 A；

t_{jx}——假想时间，单位为 s；

C——短路热稳定系数，与导体材料、结构以及最高允许温度、长期工作额定温度有关，如表 7-12 所示。

表 7-12 热稳定系数 C

种 类	材料	最高允许温度 θ_{max}/℃	允许长期工作温度 θ_e/℃	C
交联聚氯乙烯绝缘电缆	铜心	230	90	135
	铝心	200	90	80
聚氯乙烯绝缘电缆	铜心	130	65	100
	铝心	130	65	65
导线	铜	300	70	171
	铝	200	70	87

对于 1kV 以下的照明线路，虽然供电线路不长，但因负荷电流大，导线应按照允许载流量选择，并按机械强度和允许电压损失来校验；对于电缆还应按短路时的热稳定来校验。

另外，在照明电气设计中，应按以下的规定进行设计：

1. 对于中性线（N 线）截面积的选择

对于中性线（N线）截面积的选择主要有以下5种情形：

1) 在单相及二相线路中，N线截面积应与相线截面积相同。

2) 在三相四线制配电系统中，N线的允许载流量应不小于线路中最大不平衡负荷电流，同时应考虑谐波电流的影响。当有下列情况时，N线截面积应不小于相线截面积：

① 照明配电干线。

② 当用电负荷主要为单相用电设备。

③ 以气体放电光源为主的配电线路。

④ 单相回路。

3) 采用晶闸管（亦称可控硅）调光或计算机电源回路的三相四线配电线路，N线的截面积应不小于相线截面积的2倍。

4) 对于照明分支线以及截面积为$4mm^2$及以下的干线，N线的截面积应与相线截面积相同。

5) 有谐波电流（主要是3次谐波）时，中性线上电流为不平衡电流加三相的谐波电流，有可能大于相电流，此时应采取特殊措施，例如3根中性线。

2. 保护线（PE线）和保护中性线（PEN线）截面积的选择

对于保护线（PE线）和保护中性线（PEN线）截面积的选择，按规定PE线的电导一般应不小于相线电导的一半，同时，应满足单相接地故障保护时热稳定最小截面积的要求。PE线或PEN线的热稳定要求的最小截面积，如表7-13所示。

表7-13 PE线或PEN线的热稳定要求的最小截面积 （单位：mm^2）

相线截面积	热稳定要求的最小截面积
$S \leq 16$	S
$16 < S \leq 35$	16
$S > 35$	$\geq S/2$

N线和PE线应同时满足表7-11中给出的绝缘导线对机械强度要求的最小截面积。

3. 有爆炸和火灾危险环境导线截面积的选择

爆炸及火灾危险场所应选用铜心导线，其截面积不得小于$2.5mm^2$；对于建筑物内所用的导线类型宜选用阻燃型（阻燃电线或阻燃电缆），并不允许有中间接头，穿线管材应选用"低压流体输送用镀锌焊接钢管"。

三、照明配电线路的保护与低压电器的选择

照明配电线路应装设短路保护、过负载保护和接地故障保护，并用于切断供电电源或发出报警信号。

（一）短路保护

照明配电线路的短路保护，应在短路电流对导体和连接件产生的热作用和电动作用造成危害之前切断短路电流。短路保护电器的分断能力应能切断安装处的最大预期短路电流。

所有照明配电线路均应设短路保护，主要选用熔断器、低压断路器以及能承担短路保护的漏电保护器作为短路保护。采用低压断路器作为保护电器时，短路电流不应小于低压断路器瞬时（或短延时）过电流脱扣整定电流的10/13。对于照明配电线路，干线或分干线的保护电器应装设在每回路的电源侧、线路的分支处和线路载流量减小处（包括导线截面积减

小或导体类型、敷设条件改变等导致的载流量减小）。

一般照明配电线路中，常采用相线上的保护电器保护 N 线。当 N 线的截面积与相线截面积相同，或虽小于相线但已能被相线上的保护电器所保护时，不需为 N 线设置保护；当 N 线不能被相线上保护电器所保护时，则应为 N 线设置保护电器。

N 线的保护要求如下：

一般不需将 N 线断开。

若需要断开 N 线时，则应装设能同时切断相线和 N 线的保护电器。

装设剩余电流动作的保护电器时，应将其所保护回路的所有带电导线断开。但在 TN 系统中，如能可靠地保持 N 线为地电位，则 N 线不需断开。

在 TN 系统中，严禁断开 PEN 线，不得装设断开 PEN 线的任何电器。当需要为 PEN 线设置保护时，只能断开有关的相线回路。

PEN 线应满足导线机械强度和载流量的要求。

有 3 次谐波存在时，N 线应有过载保护，但必须同时断开三相。

（二）过负载保护

照明配电线路过负载保护的目的是，在线路过负载电流所引起导体的温升对其绝缘、接插头、端子或周围物质造成严重损害之前切断电路。

过负载保护电器宜采用反时限特性的保护电器，其分断能力可低于保护电器安装处的短路电流，但应能承受通过的短路能量。

过负载保护电器的约定动作电流应大于被保护照明线路的计算电流，但应小于被保护照明线路允许持续载流量的 1.45 倍。

过负载保护电器的整定电流应保证在出现正常的短时尖峰负载电流时，保护电器不应切断线路供电。

（三）接地故障保护

接地故障是指因绝缘损坏致使相线对地或与地有联系的导电体之间的短路。它包括相线与大地，以及 PE 线、PEN 线、配电设备和照明灯具的金属外壳、敷线管槽、建筑物金属构件、水管、暖气管以及金属屋面等之间的短路。接地故障时短路的一种，仍需要及时切断电路，以保证线路短路时的热稳定。

照明配电线路应设置接地故障保护，其保护电器应在线路故障时，或危险的接触电压的持续时间内导致人身间接电击伤亡、电气火灾以及线路严重损坏之前，能迅速有效地切除故障电路。由于接地故障电流较小，保护方式还因接地形式和故障回路阻抗不同而异，所以接地故障保护比较复杂。接地保护总的原则是：

1）切断接地故障的时限，应根据系统接地形式和用电设备使用情况确定，但最长不宜超过 5s。

2）应设置总等电位连接，将电气线路的 PE 干线或 PEN 干线与建筑物金属构件和金属管道等导电体连接。

一般照明线路的接地故障保护采用能承担短路保护的漏电保护器，其漏电动作电流依据断路器安装位置不同而异。一般情况下，照明线路的最末一级线路（如插座回路、安装高度低于 2.4m 照明灯具回路等）的漏电保护的动作电流为 30mA，分支线、支线、干线的漏电保护的动作电流有 50mA、100mA、300mA、500mA 等。

(四) 防触电保护

防触电保护主要包括外壳接地、做等电位以及漏电保护等部分。

第四节 照明电气设计与施工

一、照明电气设计与施工标准

照明电气设计与施工执行的主要标准有：《建筑照明设计标准》《民用建筑电气设计规范》《城市夜景照明设计标准》《低压配电设计规范》《供配电系统设计规范》《电气装置安装工程电缆线路施工及验收规范》《电气装置安装工程接地装置施工及验收规范》《电气装置安装工程盘、柜及二次回路结线施工及验收规范》《建筑电气安装工程质量检验评定标准》等。

二、照明电气设计与施工的主要任务

在光照设计完成之后，即照明方案已确定的基础上，对其进行深化设计，主要完成照明电气施工图设计、施工配合、施工验收以及工程结算等。

三、照明电气设计施工图

(一) 绘制标准

1. 图幅

设计图纸的图幅尺寸有 5 种规格。特殊情况下，允许加长 1~3 号图纸的长度和宽度；0 号图纸只能加长长边，不得加宽；4~5 号图纸不得加长或加宽；1~3 号图纸加长后的边长不得超过 1931mm。图纸增加的长、宽，应以图纸幅面的 1/8 为一个单位。

2. 图标

0~4 号图纸，无论采用横式或竖式图幅，工程设计图标均应设置在图纸的右下方，紧靠图框线。图标中的项目有"设计单位名称""工程名称""图纸名称""设计人""审核人"等，均应填写。

3. 比例

电气设计图纸的图形比例均应遵守国家标准绘制。普通照明平面图、电力平面图均采用 1∶100 的比例，特殊情况下，可使用 1∶50 或 1∶200。大样图可以适当放大比例；电气接线图图例可不按比例绘制；复制图纸不得改变原样比例。

4. 图线

图纸中的各种线条，标准实线宽度应在 0.4~1.6mm 范围内选择，其余各种图形的线宽按图形的大小比例和复杂程度来选择配线的规格，比例大的用线粗一些。一个工程项目或同一图纸、同一组视图内的各种同类线型应保持同一线宽。

5. 字体

字体应采取直体长仿宋字。字母和数字可采用向右倾斜与水平成 75° 的斜体字。

(二) 基本组成

1. 图纸目录

目录主要说明电气照明施工图纸的名称、数量、图纸的编号顺序等，便于查找图纸。

2. 设计总说明

施工图说明在解决施工过程中，难以用图纸说明的问题和共性问题。主要是由工程概况

和要求的文字说明组成，用文字来补充图纸的不足。

施工设计总说明主要由以下 5 项内容构成：

（1）设计依据　包括设计的依据资料（国家标准、法规、规范等）和批准文件、与本专业设计有关的条款（当地供电部门的技术规定），以及其他专业提供的设计资料及建设部门提出的技术条件等。

（2）设计范围　根据设计任务要求和有关设计资料，说明设计的内容和工程范围。

（3）设计总说明，包含以下 5 个部分：

1) 照明电源及进户线安装方式、负荷等级、工作制、供电电压和负荷容量。

2) 配电系统线路的敷设方式、采用导线、敷设管材规格和型号。

3) 照度标准、光源及照明器的选择、装饰照明器、应急照明、障碍照明及特殊照明装饰的安装方式和控制器类别、照明器的安装高度及控制方法。

4) 配电设备中配电箱、盘的选择及安装方式、安装高度及加工技术要求和注意事项。

5) 保护措施，包括设备金属外壳的接地（PE），漏电保护和等电位措施等。

（4）图例和符号　主要说明图纸中的图形符号所代表的内容和意义。图形符号及其标注符号，主要采用 IEC 的通用标准作为我国新的国家标准符号，采用英文字头表示。

（5）设备、材料表　指照明系统设计中注明的设备以及材料的名称、型号、规格、单位和数量。有的工程设计将此项内容与（4）合并。

3. 总平面图

施工总平面图标明了建筑物的位置、面积和所需照明及动力设备的用电容量，标明架空线路或地下电缆的位置，电压等级及进户线的位置和高度，包括外线部分的图例及简要的做法说明。较小的工程，只有电源引入线的工程，无施工总平面图。有的工程设计无此项内容要求。

4. 平面布置图

平面布置图表征了建筑物各层的照明配电箱、照明器、开关、插座、线路等平面布置位置和线路走向，它是安装电器和敷设支路管线的依据。

（1）标注　照明平面图中，文字标注主要表达的是照明器具的种类、安装数量、灯泡的功率、安装方式、安装高度等。

具体表达式为

$$a - b\frac{cdL}{e}f \tag{7-14}$$

式中　a——某场所同种类型照明器的套数。通常在一张平面图中，各类型照明器分别标注；

　　　b——照明器类型符号，可以查阅施工的图册或产品样本；

　　　c——每只照明器内安装的光源数。通常，一个可以不表示；

　　　d——光源的功率，单位为 W；

　　　e——照明器的安装高度，单位为 m；

　　　f——安装方式代号。照明器安装方式主要有下面几种形式，如表 7-14 所示；

　　　L——光源种类。

（2）导线数量　照明平面图中各段导线根数用短横线表示，两根线省略。如管内穿 3 根线，则在直线上加 3 道小短线或采用数字标注法，即在直线上加一道小短线，且短线上标注数字3；如管内穿3根线以上，均采用数字标注法。管内穿线的数量一般控制在6根以内。

表7-14 照明器安装方式的标注符号

名　称	新代号
线吊式	CP
自在线吊式	CP1
固定线吊式	CP2
防水线吊式	CP3
吊线器或链吊式	Ch
管吊式	P
壁装式	W
吸顶式或直附式	S
嵌入式（嵌入不可进人的顶棚）	R
顶棚内安装（嵌入可进人的顶棚）	CR
墙壁内安装	WR
台上安装	T
支架上安装	SP
柱上安装	CL
座装	HM

编制电气预算就是根据导线根数及其长度计算导线的工程量。

各照明器的开关必须接在相线（俗称火线）上，从开关出来的电线称为"控制线"（或称回火）。对于 n 联开关，送入开关1根相线以及 n 根"控制线"，因此，n 联开关共有 $(n+1)$ 根导线。

插座支路应与照明支路分开。插座支路导线数由 n 联中极数最多的插座决定，例如，二孔、三孔双联插座是3根线；若是四联三极插座也是3根线。

5. 系统图

系统图是电气施工图中最重要的部分，它表示整体供电系统的配电关系或方案。在三相系中，通常用单线表示。从图中能够看到工程配电的规模、各级控制关系、控制设备和保护设备的规格容量、各路负荷用电容量和导线规格等。

系统图上需要表达的内容主要有以下4个部分：

1) 电缆进线（或架空线路进线）回路数、电缆型号规格、导线或电缆的敷设方式以及穿管管径。常用的有关标注符号如表7-15、表7-16所示。

例如某照明系统图中标注有 BV（$3\times50+2\times25$）SC50-FC，表示该线路是采用铜心塑料绝缘线，3根相线的截面积为 50mm^2，N线和PE线的截面积为 25mm^2，穿钢管敷设，管径为50mm，沿地面暗设。

表7-15 导线敷设方式的标注符号

名 称	新代号
导线或电缆穿焊接钢管敷设	SC
穿电线管敷设	TC
穿硬聚氯乙烯管敷设	PC
穿阻燃半硬聚氯乙烯管敷设	FPC
用绝缘子（瓷瓶或瓷柱）敷设	K
用塑料线槽敷设	PR
用钢线槽敷设	SR
用电缆桥架敷设	CT
用瓷夹板敷设	PL
用塑料夹敷设	PCL
穿蛇皮管敷设	CP
穿阻燃塑料管敷设	PVC

表7-16 管线敷设部位的标注符号

名 称	新代号
沿钢索敷设	SR
沿屋架或跨屋架敷设	BE
沿柱或跨柱敷设	CLE
沿墙面敷设	WE
沿天棚面或顶板面敷设	CE
在能进人的吊顶内敷设	ACE
暗敷设在横梁内	BC
暗敷设在柱内	CLC
暗敷设在墙内	WC
暗敷设在地面或地板内	FC
暗敷设在屋面或顶板内	CC
暗敷设在不能进人的吊顶内	ACC

2）开关、熔断器的规格型号，出线回路数量、用途、用电负荷功率以及各照明支路的分相情况。

3）用电参数。配电系统图上，还应表示出该工程总的设备容量、计算容量、计算电流、配电方式等；也可以采用绘制一个小表格的方式来标出用电参数。

4）配电回路参数。电气系统图中各条配电回路上，应标出该回路编号和照明设备的总容量，其中也包括电风扇、插座和其他用电设备等容量。

6. 大样图

大样图表示照明安装工程中的局部作法明晰图。例如，舞台聚光灯安装大样图、灯头盒安装大样图等。

四、照明电气施工与验收

（一）技术交底和施工配合

施工图完成后，设计方应到工地现场将设计施工图向承担该工程施工的人员进行详细的说明，并就实际现场的条件，解决施工中的有关问题，使施工按照要求和规范有条不紊地进行直至竣工，同时，确保施工图所要求的各项技术指标能够顺利完成，让建设方获得满意的照明效果。

（二）施工验收和工程结算

1. 竣工图

竣工图是按照每个单项工程完成的实际情况、分项工程的质量评定、隐蔽工程的记载、分项工程的测量记录、系统通电试验和调试的情况，单位工程的综合评定在原施工图中集成的。竣工图的制作意味着整个照明工程的完成，而且已经达到了技术设计的要求和施工图所做的各项规定。符合国家有关规范，完成施工验收。其内容如下：

（1）竣工图　竣工图包括各项说明和附图。即安装示意图、接地系统图、配电柜安装图和电缆配管敷设情况等。

（2）竣工资料　竣工资料包括各项单项和分项的检查、记载、评定、试验、调试记录、变更通知书、综合质量评定、产品合格证书，材料试验证书等。

2. 工程结算

照明工程结算按实际发生的工程量和使用的未计价材料、工程类别、收费等级。按照定额的规定进行工程定额直接费的计算，按照工程类别和收费等级计算出最终的工程造价。

思 考 题

1. 电气设计的主要内容包括哪些？试举例说明。
2. 叙述电气设计的步骤。
3. 在照明电气设计中，举例说明如何完成初始资料的收集。
4. 如何计算线路的电流？
5. 怎样选择导线和电缆的截面积？
6. 照明控制的策略、控制方式有哪些？
7. 试举例说明控制系统的组成和运用。
8. 照明施工图包含哪些内容？

第八章 照明与节能

第一节 照明控制

随着现代技术的发展，信息控制技术、计算机技术得到了全面的普及和推广，它们在照明领域的应用，使得照明控制有了长足的进步，尤其是随着新颖、实用的照明控制系统应运而生，大大增强了照明设计的效果。因此，照明控制已成为照明设计中不可缺少的一个重要环节。同时，照明控制对绿色照明工程的实施具有特别的意义。

一、照明控制策略

照明设计倡导"以人为本"的设计理念，营造人性化的效果，照明控制策略正是基于"人使用灯"行为的研究而发展的。

（一）昼光控制

早期的研究，例如英国 BRE（Building Research Establishment）的研究者发现人对照明器的使用周期和室内天然采光的水平有着密切的联系，因此，照明控制可以采用"昼光控制"的策略。

昼光照明控制器由光敏传感器、开关或调光装置组成，随天然采光的变化，自动调节电灯开启的数量。当昼光提供的照度增加时，关闭一定量的电灯，反之亦然。所有一切都是自动进行，无需人为动作。昼光控制通常用于办公建筑、机场、集市和大型廉价商场等场合。

（二）时间表控制

时间表控制分为可预知时间表控制和不可预知时间表控制两种。

对于每天使用内容及使用时间变化不大的场所，采用可预知时间表控制策略。这种控制策略通过定时控制方式来满足活动要求，适用于普通的办公室、按时营业的百货商场、餐厅或者按时上下班的厂房。

对于每天的使用内容及使用时间经常变化的场所，可采用不可预知时间表控制策略。这种控制策略采用人体活动感应开关控制方式，以应付事先不可预知的使用要求，主要适用于会议室、复印中心、档案室等场所。

（三）局部光环境控制

局部光环境控制是指按个人要求调整光照。即考虑到个人的视觉差异较为显著，照明标准的制定主要是符合多数人满意的照度水平，但是也可以根据工作人员自己的视觉作业要求、爱好等需要来调整照度。目前，通过遥控技术可实现局部光环境控制。

个人控制局部光环境的一大优点是，它能赋予工作人员控制自身周围环境的权力感，这有助于工作人员心情舒畅，使工作效率得以提高。

（四）平衡照明日负荷曲线控制

电力公司为了充分利用电力系统中的装置容量，提出了"实时电价"的概念，即电价随一天中不同的时间而变化，鼓励人们在电能需求低谷的时段用电，以平衡日负荷曲线。我国部分城市和地区现已推出"峰谷分时电价",将电价分为峰时段、平时段、谷时段,也就是说,电能需求高峰时电价贵,低谷时电价廉。

作为用户就可以在电能需求高峰时卸掉一部分电力负荷,以降低电费支出。另外,也可以在电能需求低谷时储蓄一部分电能,譬如,目前已经研制出的用电设备可在夜晚充电蓄能,白天自动放电。

二、照明控制方式

合理的照明控制方式是实现舒适照明的有效手段,也是节能的有效措施。其控制方式主要有静态控制和动态控制两种。

(一) 静态控制——开关控制

开关控制是灯具最简单、最根本的控制方式。采用这种方式可以根据灯具的使用情况,以及不同的功能需求方便地开灯或关灯。这是目前最为常见、使用最普遍的照明控制方式。

开关控制可分为跷板开关控制、断路器控制、人员占用传感器控制等几类。其中,人员占用传感器与调光技术的并用,不仅可以控制灯的开关状态,而且还可以控制空间的照度水平,这将使一个人走入完全黑暗空间时的不舒适感大为减少。目前又发展了定时控制、光电感应开关控制、声控开关控制等。

(二) 动态控制——调光控制

智能建筑中,为了体现不同类型的多功能用房(如会议厅、演讲厅、宴会厅等)的多功能性,需要营造不同的光环境,调光控制是实现这一目的的有效方式。

"调光"即要改变光源的光通量输出。最早应用的调光装置是采用调节电位器,来改变其两端的输出电压。由于电位器本身有耗能,因而节能效果不显著。随着电力电子技术的发展,通过控制可控电力电子器件的导通角来调节负载的输入电压,改变光源的输入功率,从而使光源输出的光通量发生变化。白炽灯等热辐射光源适合采用这种方式调光,并有显著的节能效果。目前,采用可调光电子镇流器来实现荧光灯的调光技术——采用PWM的方式来调节荧光灯管的输入功率,从而达到改变荧光灯输出光通量的目的。

小功檬金卤灯应用于室内照明的场合虽已较为广泛,但是金卤灯在进行调光时,大多数的色温以一种不可预料的方式发生改变(常常为永久性的),而且显色指数也呈明显变化。从这些情况来看,金卤灯不宜调光。

近年来,出现了一种先进的电脑调光控制技术——智能调光系统(系统中采用微处理器,可根据不同要求对光环境进行智能地调节)。

三、照明控制系统

(一) 分类

照明控制系统分为手动控制和自动控制两大类。

1. 手动控制系统

这种系统由开关或调光器或两者共同实现,按照使用者的个人意愿来控制所属区域的照度水平。在一个小的照明区域(如个人办公室),最普通的就是墙上安装一个控制面板;在包括多个人工作空间的大的区域(如开敞式办公区),遥控器最为方便。

2. 自动控制系统

该系统由时钟元件或光电元件或两者共同实现。当室内不被占用时,时钟可用来避免灯仍亮着的浪费现象;光电元件能监测昼光水平,并在自然光充足时关掉(或调节)靠近窗的那些灯具。自动控制系统一般都设有手动调光装置，用来适合某种特定情况。

（二）组成

控制系统以模块化组成，其工作原理是将专用的微处理器置入传统的测量控制设备，使它们各自具有数字计算和数字通信能力。

1. 调光模块

如电子镇流器，一般应该具备对各类灯具进行连续调光或开关、保护、对预设场景进行记忆，抑制电磁干扰等功能。

2. 控制面板

控制面板也可称为终端控制器，可安装于方便操作的墙壁上，可以直观操作控制灯光的效果，如场景模式设置或修改、区域分割或合并等，由 CPU 控制。

3. PC

用于实现对整个照明控制系统的操作及管理。

4. 智能开关控制器

用继电器开关输出的控制模块，主要用于对不可调光灯具的开关控制。

5. 其他部件

网关——实现控制系统网络与其他计算机系统的联网。

遥控器——实现对灯光遥控功能。

传感器——实现对照明区域情况的监测并反馈相关信息，以便控制器能作出相应的判断和处理，达到自动控制和节能的效果。

（三）相关协议

1. DALI 协议

DALI（Digital Addressable Lighting Interface），即数字式可寻址照明控制接口标准，定义了实现各种智能照明控制模块之间数字通信的接口标准。1994 年它列入 IEC60929 标准。该标准支持"开放系统"的概念，不同制造厂商的产品只要都遵守 DALI 标准就可以互相连接，保证不同的制造厂生产的 DALI 设备能全部兼容。

DALI 系统可以通过 DALI/1~10V 转换器实现对带有 1~10V 接口设备的控制，并可通过网关实现与其他总线控制系统的集成（如 BA 系统），具有广泛的应用前景。

2. TCP/IP（传输控制协议/网际协议）

TCP/IP 是用于计算机通信的一组协议，我们通常称它为 TCP/IP 协议族。它是 20 世纪 70 年代中期美国国防部为其 ARPANET 广域网开发的网络体系结构和协议标准，以它为基础组建的 Internet 是目前国际上规模最大的计算机网络，正因为 Internet 的广泛使用，使得 TCP/IP 成了事实上的标准。TCP/IP 协议族中的协议，为因特网上数据的传输提供了几乎目前上网所用到的所有服务。

3. X-10、PLC-BUS 和 HBS 协议

X-10 由美国 X-10 公司研发而成，至今已有 25 年的历史，而 PLC-BUS 是由位于荷兰阿姆斯特丹市的荷兰 ATS 电力线通信有限公司（ATS.，CO）研发而成。X-10 和 PLC-BUS 均采用电力线载波技术，该系统可以在家庭已有低压电力线路上进行组网，而不需另外布线，安装方便，操作简单，价格低廉。目前 X-10 系统在美国市场上占优势地位，国内也有不少公司在研究这方面的技术和产品，如上海索博、天津瑞朗等，不过尚处于起步

阶段。

HBS 系统，即家庭总线系统，是日系企业推出的家庭网络协议，采用两线式主从结构。2001 年 4 月 7 日，日本松下公司基于 HBS 的 WR31202 也采用两线制主从式结构，通过手持器设置地址，大大提高了产品的易用性。

4. EIB 协议

EIB（European Installation Bus）标准是一个开放式的系统：可以由任何人、在任何芯片或可供选择的处理平台上实现。

EIB 协议由中立的、非赢利组织 EIBA 统一管理，任何愿意遵守 EIB 协议的制造厂商都可以申请并通过 EIB 认证后生产 EIB 产品。EIB 标准是在欧洲占主导地位的楼宇自动化（BA）和家庭自动化（HA）标准，已被美国消费电子制造商协会（CEMA）吸收作为家庭网络 EIA-776 标准。

采用 EIB 标准的智能化照明控制系统有许多品牌，例如：ABB I-Bus 系统。

5. C-Bus 协议

C-Bus 即 Clipsal Bus 的简称，是 Clipsal 公司的封闭总线协议，采用两线制双绞线，即一对线上既提供总线设备工作电源（DC15~36V），又传输总线设备信息，总线设备之间直接通信，不用通过中央控制器。C-Bus 的传输协议为 CSMA/CD，可设成线形、星形或树形拓扑结构但不支持环网结构。该系统中各元件均内置微处理器，以数据方式来传送、辨识和记忆信息。

6. Dynet 协议

Dynet 协议是澳大利亚邦奇公司面向 Dynalite 智能照明控制系统的封闭控制总线协议。Dynet 系统采用四线制两对双绞线，即一对双绞线提供 DC12V 总线设备工作电源，另一对双绞线用于传输总线设备信息。安装时推荐使用 5 类线（4 对双绞线）作为传输介质。Dynet 网络上的所有设备都是智能化的，并以"点到点"的方式进行通信。Dynet 在悉尼奥运场馆及国内体育场馆中及办公楼中智能照明控制系统中有所应用。C-Bus 和 Dynet 进入我国较早，有一定的业绩。

7. ZigBee 无线网络系统和电力线载波系统

除了人们所熟知的无线网络，如 GSM、GPRS 外，ZigBee 已成为一种新兴的无线网络技术。

(1) ZigBee 无线网络系统 ZigBee 是一种在无线个人网络领域中新兴的短距离、低速率、低功耗无线网络技术，是一种介于无线标记技术和蓝牙之间的技术提案，主要用于近距离无线连接。它有自己的无线电标准，在数千个微小的传感器之间相互协调实现通信。

将 ZigBee 收发模块嵌入到光源电器的终端控制器中，如镇流器、人机交换设备等，构成布线成本极低、全数字无线寻址全双工通信的照明控制系统。当然也可以不改变原来的传统技术，而是将传统技术互联的节点加入到 ZigBee 技术适配器使之成为无线组网。ZigBee 技术的出现，推进了多主（每个节点具有一定的自主智能）分布式控制系统的实用化进程。

随着 IEEE802.15.4 标准的发布，世界各大无线芯片生产厂商陆续推出支持该标准的无线收发芯片。

(2) 电力线载波系统 与传统的专有通信媒介不同，它是利用现有电力线作为传输媒介，通过载波方式高速传输模拟或数字信号，实现数据传输和信息交换的一种技术。目前适用频率范围：50~200kHz。

由于我国民用电力线路环境复杂，对通信而言是一个不确定、无规则、随机干扰、网络拓扑呈非标准型的通信网，增加了载波技术开发的难度。目前利用电力线载波进行通信的产品中，主要使用窄带通信和扩频通信两种方式。当信道容量一定时，信道带宽与信噪比之间存在着互换关系，增加带宽则可降低对信噪比的要求，即通过扩展信号的带宽，可有效地提高系统抗干扰的能力。随着扩频技术的成熟，其应用日益增多。

国外在智能照明控制系统中，电力线载波技术研究较为成熟，已有不少应用，如 X-10 系统，PLC-BUS 系统。

四、照明控制的发展

（一）使用 IPv6 技术的智能照明控制系统

随着网络应用的飞速发展，以及 IPv6 版本取代 IPv4，Internet 上的地址空间将由现在的 2^{32} 变成 2^{128}，IP 地址的资源将大大增加，我们有理由相信，未来将会做到每一个调光器、每一个继电器，甚至每一个面板都有独立的 IP 地址，都可以直接联入以太网络中，或者互联网络中，可以很方便地组网来控制。

IPv6 是"互联网协议第 6 版"的缩写。IPv6 是由 IETF 设计的下一代互联网协议，是下一代网络（NGN）的核心，目的是取代现有的互联网协议第 4 版（IPv4）。IPv6 中地址空间为 128 位，理论上可用地址数为 2^{128}，可以做到一灯一 IP，提供的可用地址数比 IPv4 要多得多，充足的地址空间，为分层管理地址提供了有力的支持，而分层的地址结构为提高路由效率奠定了基础；另外，足够大的地址空间为 IP 的自动配置提供了充足的条件，逐步取代了传统的 IPv4 协议。

奥林匹克公园中心区 IPv6 数字化网络照明控制系统是一套基于照明控制与管理软件平台，对奥林匹克公园中心区宽 1.1km，占地面积为 412.5 公顷的景观工程的室外照明进行综合大规模控制，成功控制 49 个子区域、118 个配电盘、7000 盏各类不同的照明灯、上亿个 LED 的控制系统，实现 72 幕不同的场景，在夜色中交相辉映，这在国内尚无先例。

（二）DALI 技术实现的 DALI 系统

DALI 技术实现了采用尽量少的设备，提供高效简便操作的智能化照明控制方式，我们称其为 DALI 系统。

DALI 系统用于满足照明控制的要求，其系统结构和信息帧结构较为简单。遵守 DALI 标准的照明控制系统内部，命令的执行和状态信息的获取，是以智能化的 DALI 模块为前提的。各个智能化 DALI 模块具有数字计算和数字通信能力，地址和灯光场景信息都存储在各个 DALI 模块的存储器内。DALI 模块通过控制线进行数字通信，以传递指令和状态信息来实现灯的开关、调光控制和系统的设置等功能，而不需要改动灯的电源线。DALI 系统多达 64 个镇流器可用一对双绞线作为控制线连接，能实现单独寻址。这些可寻址电子镇流器可以编成多达 16 组，同一镇流器可以编到一组或多组。该系统可集成在电子镇流器或调光器内，也可作为一个附件装在可调光的镇流器或调光器外，由布置在室内的 DALI 控制器实施控制。DALI 采用异步串行通信协议，数据采用曼彻斯特编码方式编码，由低电平向高电平跳变代表 '1'，由高电平向低电平跳变代表 '0'，（见图 8-1）通信速率为 1200bit/s。

DALI 的信息帧分为两类：前向帧和后向帧。前向帧的传输方向是从控制单元到镇流器，它由 19 个 bit 组成，一个起始位，8 个地址位，8 个数据位和两个停止位。后向帧从镇流器到控制单元，由 11 个 bit 组成，一个起始位，8 个数据位，两个停止位。如图 8-2 所示。随着技术的进步，智能照明控制系统将得到更大的发展，营造出更好的照明效果。

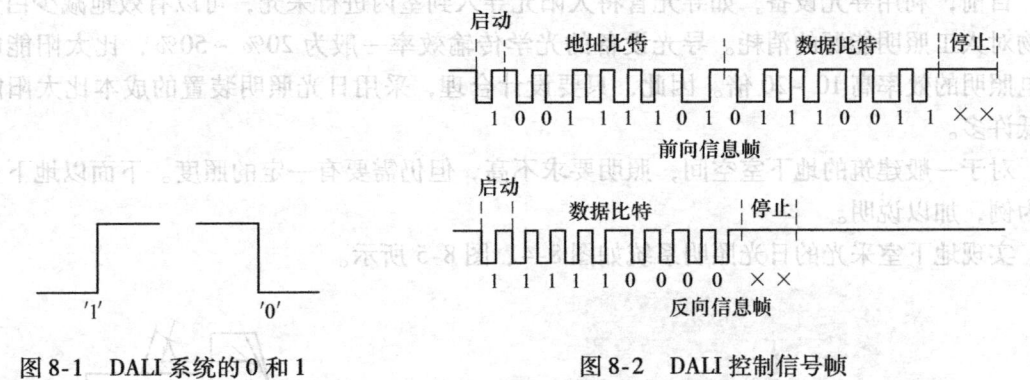

图 8-1　DALI 系统的 0 和 1

图 8-2　DALI 控制信号帧

第二节　天然光的利用

一、利用天然光的意义和优越性

从人类利用能源的发展过程的演变图 8-3 看，人们从利用柴草作能源原料开始，后来发展到使用煤、石油、天然气、核能、太阳能和风能等。据预测，21 世纪各类能源的相对利用率，将以太阳能、核能及其他新能源，如风能等作为主要能源。1996 年在津巴布韦召开的有各国首脑参加的国际太阳能工作会议上指出，太阳能将是 21 世纪的主要能源之一。2000 年日本学者指出：20 世纪是石油的世纪，21 世纪将是太阳能的世纪，应把太阳能的利用提升到"国家的百年大计"的高度来认识。

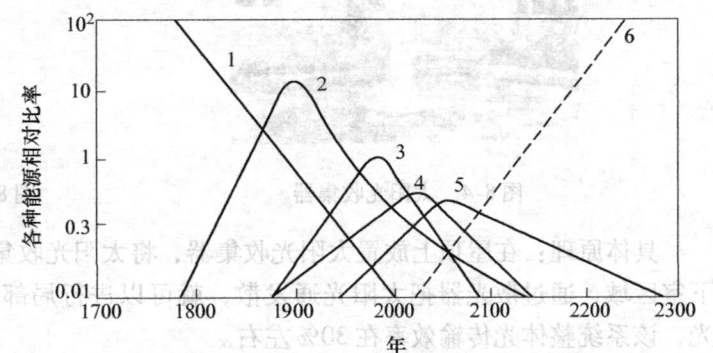

图 8-3　人类历史上能源消费变更示意图

1—柴草　2—煤炭　3—石油　4—天然气　5—核裂变
6—太阳能、核聚变能及其他新能源
相对比例=该能源所占比重/其他能源所占比重
柴草未参加相对比例的估算

根据《建筑照明设计标准》（GB 50034—2013）的规定：当有条件时，宜利用各种导光和反光装置将天然光引入室内进行照明；宜利用太阳能作为照明能源。

二、天然光照明技术

随着建筑节能和绿色人居环境要求的不断提高，建筑利用室外日光代替人工照明技术日益受到关注。建筑利用日光的方式不少，概括起来主要有被动式采光法和主动式采光法两种。被动式采光法是通过或利用不同类型的建筑窗户进行采光的方法。这种方法的采光量、光的分布及效能主要取决于采光窗的类型，使用这一采光方法的人处于被动地位，称为被动式采光法。主动式采光法则是利用集光、传光和散光等设备与配套的控制系统将天然光传送到需要照明部分的采光法。这种采光方法完全由人所控制，人处于主动地位，故称主动式采光法。

目前，利用导光设备，如导光管将太阳光导入到室内进行采光，可以有效地减少白天建筑物对人工照明能源的消耗。导光设备的光学传输效率一般为20%~50%，比太阳能电池发电照明的效率高10~20倍。因此，只要设计合理，采用日光照明装置的成本比太阳能电池低许多。

对于一般建筑的地下室空间，照明要求不高，但仍需要有一定的照度。下面以地下室采光为例，加以说明。

实现地下室采光的日光照明系统如图8-4、图8-5所示。

图8-4 太阳光收集器

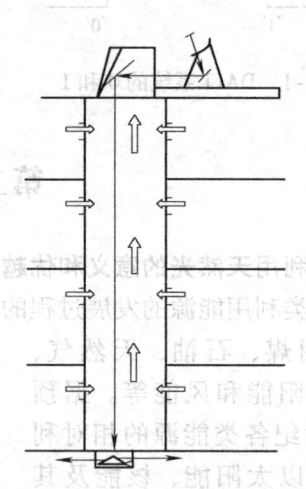

图8-5 地下室采光原理示意图

具体原理：在屋顶上放置太阳光收集器，将太阳光收集，通过平面镜反射传输后，在地下室区域，通过散光器把太阳光通发散，就可以进行局部照明，实现自然光对地下室的采光，该系统整体光传输效率在30%左右。

（一）光纤照明

光纤照明是指光源通过纤维束内部的光传导从一端传播到另一端。光在纤维束传播过程存在着透射和反射。为防止光从纤维束的侧面透射出去，需要在纤维束的外面包裹了一层低折射率的材料，降低光的折射损失。但是光在每次反射中仍然会有光损耗，这会造成纤维束发光。光损耗越多，纤维束会越亮，而且光能够传导的距离就越近。细纤维束加上相干光源则会减少内部反射，因而功效更高。

当光纤用于一种灯具时（见图8-6），光纤是一个包括光源（照明装置），传导纤维以及发射光学器件（透镜）的光源系统的组成部分。当光从光纤的端口发出时，它可以被用作点光源，当光从光纤的侧面发出时，则可产生发光的线光源。当光通过透镜发出时，它能够表现出与聚光灯或泛光灯具有近乎相同的效果。

通过光纤实现照明，由于光是被传导过来而不是直接由电流产生，也就是说光与电分离，所以此类照明方式特别适用于那些可能由于电流而产生危险的地方，例如易燃、易爆、水下或是潮湿的环境；光源与实际的照明点可以分开便于维护，例如道路照明中，为便于保养，灯具安装在水平地面，而光则沿灯柱向上传导。近年来，日光照明装置发展较快。如集光机、光纤等，如图 8-7 所示。它下部的控制器可根据日光位置传感器的信号，自动调节镜头朝向太阳光的照射方向，与向日葵一样，因此，俗称"向日葵"。

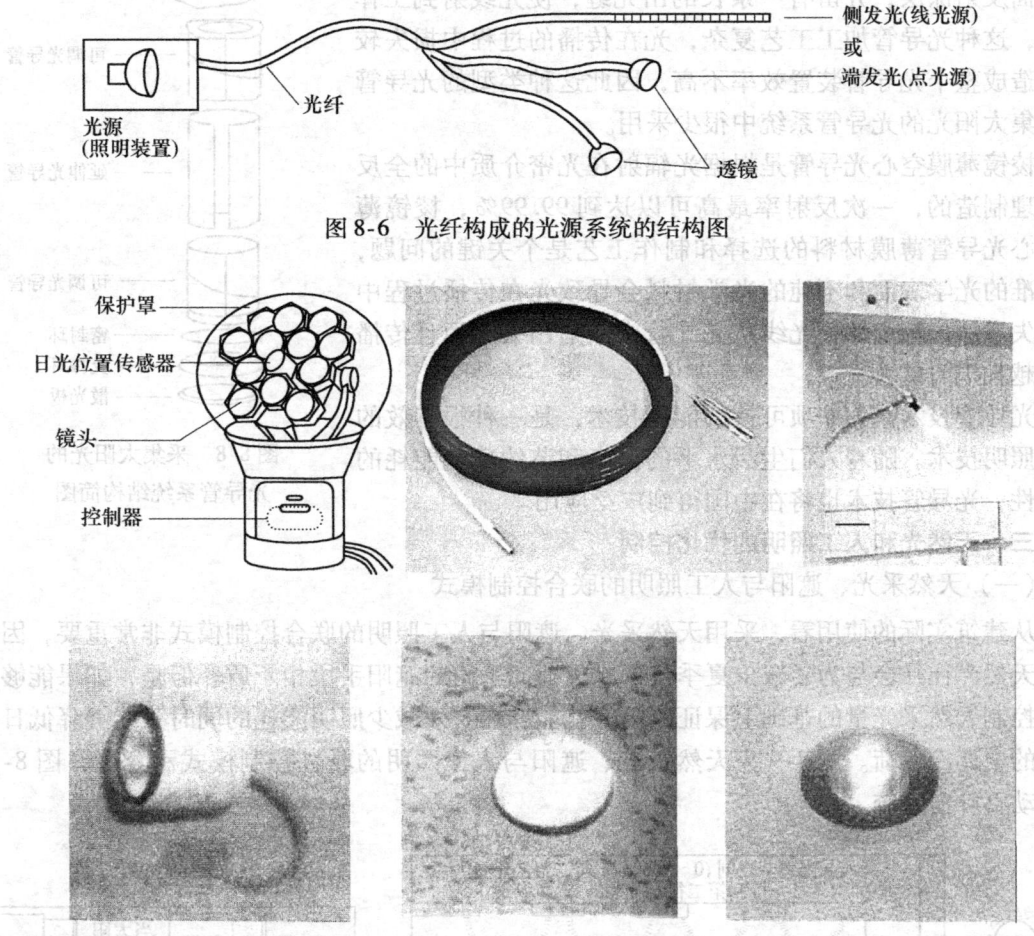

图 8-6　光纤构成的光源系统的结构图

图 8-7　集光机、光纤、照明灯具

（二）光导管技术

光导管技术是利用太阳光的一种方式，通过光导管技术可以把室外的太阳光传输到室内。光导管系统主要分 3 部分：一是采光部分；二是导光部分，一般由 3 段导光管组合而成，光导管内壁为高反射材料，反射率一般在 95% 以上，光导管可以旋转弯曲重叠来改变导光角度和长度；三是散光部分，为了使室内光线分布均匀，系统底部装有散光部件，可避免眩光现象的发生。

从采光的方式上分，光导管有主动式和被动式两种。主动式是通过一个能够跟踪太阳的聚光器来采集太阳光，这种类型的光导管采集太阳光的效果很好，但是聚光器的造价相当昂贵，目前很少在建筑中采用。目前用得最多的是被动式采光光导管，聚光罩和光导管本身连接在一起固定不动，聚光罩多由 PVC 或有机玻璃注塑而成，表面有三角形全反射聚光棱。这种类型的光导管主要由聚光罩、防雨板、可调光导管、延伸光导管、密封环、支撑环和散光板等组成，如图 8-8 所示。

光导管从传输光的方式上分主要有两种类型：有缝光导管和棱镜光导管。有缝光导管的外形是长圆柱形，内表面涂有镜面反射涂层，并留有一条长的出光缝，使光线射到工作面上，这种光导管加工工艺复杂，光在传播的过程中损失较大，造成整个光导管装置效率不高，因此这种类型的光导管在采集太阳光的光导管系统中很少采用。

棱镜薄膜空心光导管是根据光辐射在光密介质中的全反射原理制造的，一次反射率最高可以达到 99.99%，棱镜薄膜空心光导管薄膜材料的选择和制作工艺是个关键的问题，不标准的光学表面和不纯的光学材料会导致光在传播过程中的损失增加，甚至部分光线从光导管中散射出去，而且传播路径越长损失越大。

光导管技术作为一项可持续能源技术，是一种很有效的绿色照明技术。随着人们生活水平的提高和节约建筑能耗的紧迫性，光导管技术也将在中国得到广泛应用。

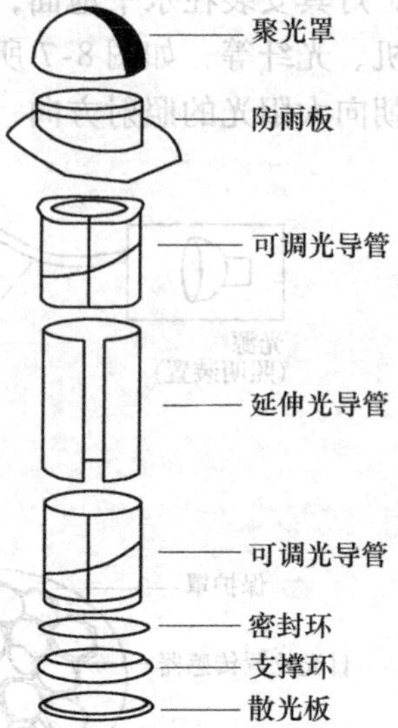

图 8-8 采集太阳光的光导管系统结构简图

三、天然光和人工照明的优化控制

（一）天然采光、遮阳与人工照明的联合控制模式

从建筑实际的使用看，采用天然采光、遮阳与人工照明的联合控制模式非常重要，因为利用天然光往往会与为了减少夏季空调冷负荷而采用的遮阳手段相矛盾。但是，如果能够在恰当控制天然采光量的基础上保证遮阳，就能够在有效减少照明能耗的同时又能够降低日射带来的空调冷负荷。图 8-9 为天然采光、遮阳与人工照明的联合控制模式示意图，图 8-10 为自动百叶窗系统。

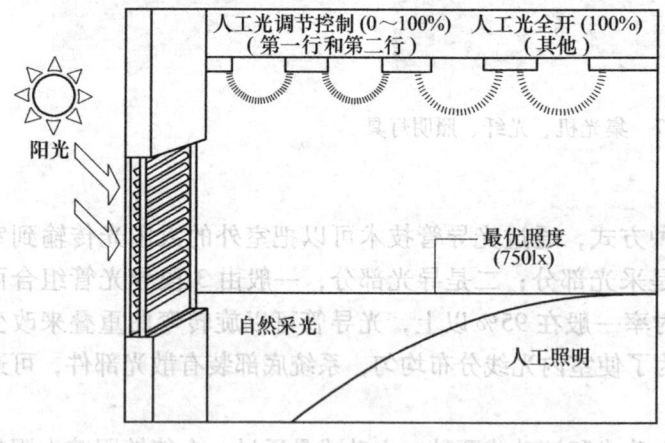

图 8-9 天然采光、遮阳与人工照明的联合控制模式示意图

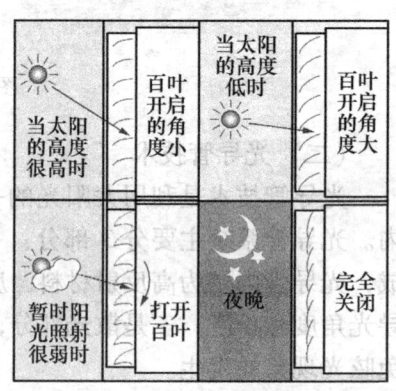

图 8-10 自动百叶窗系统

（二）自动百叶窗系统

人们通常根据室外天气状况开启百叶窗，一般当直射阳光射入室内时，拉下百叶窗，而自动百叶窗系统可以自动完成这些工作。该系统主要控制百叶窗的上下运动及百叶的开启角

度。系统中存储有以建筑所在地的纬度、经度为基础的一年内太阳的位置的数据，通过这些数据与室外天气传感器，根据直射阳光强度调节百叶角度。该系统不但能够确保视野（开放感），还可以达到当时最有效的窗口采光。

（三）完全自动调光系统

如果在建筑顶棚上设置照度传感器，始终对照明灯具下方的照度进行监控，当照度不够时增加照明灯具的光量，当室内的自然光达到设定照度以上时，减少光量，完全采用自动控制系统。该系统一般每 $10m^2$ 的区域设置 1 台传感器，以此为单位进行调光控制。从而即使使用者在白天关上百叶窗等，照明灯具也可以自动地进行个别调整，不会给使用者带来不便。在照明设计时，针对照明灯具或光源的光通衰减特性，预先设定保守率，设定的照度比照度标准高 3~4 成，而它能确保必要的照度。因此，可减少初期保守设定的多余光。如图 8-11、图 8-12 所示。

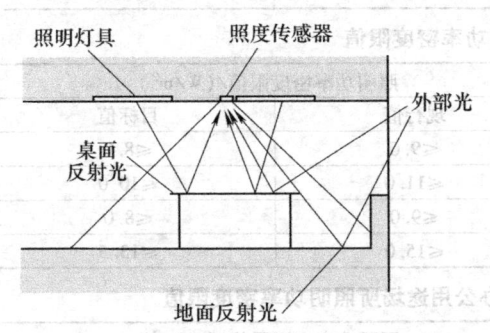

图 8-11 完全自动调光系统的照度分布

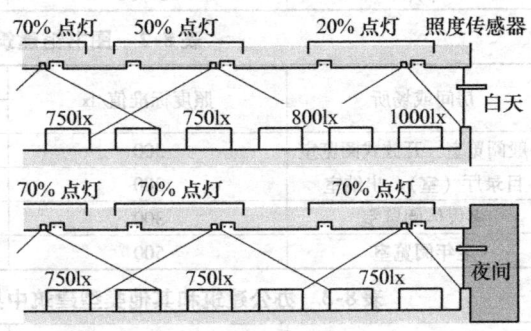

图 8-12 完全自动调光系统的照度值

第三节 照明节能

一、建筑与照明节能

1）建筑物平、剖面尺寸的影响。通常建筑物的面积越大，其光的利用率越大；反之，越小。建筑物房间的室空间比（RCR）越小，如 RCR 为 1~3，即矮而宽的房间，其光的利用系数越大，越节能；而室空间比越大，即越高而窄的房间，其光的利用系数越小，越不节能。

2）房间各表面装修的影响。房间各表面宜采用浅色的装修，以增加光的反射比，提高光的利用率。如果采用深色装修，则光被吸收，光的利用率低。不同大小的房间，各房间表面对照明的影响程度是不一样的，对于大的房间则顶棚的影响较大，而小的房间则墙面的影响较大。

3）充分利用天然光，以节约电能，应从被动的利用天然光向积极的利用天然光发展。如在采暖与采光的综合平衡条件下，考虑技术和经济的可行性，尽量利用开侧窗或顶部采光或者中庭采光，使白天在尽可能多的时间利用天然采光。也可以利用各种集光装置采光，如反射方式、光导纤维方式、光导管方式等。

二、各类建筑的照明节能指标

按照《建筑照明设计标准》（GB 50034—2013）的规定，各类建筑应在满足规定的照度和照明质量要求的前提下，进行照明节能评价；照明节能应采用一般照明的照明功率密度值（LPD）作为评价指标。常用房间或场所的照明功率密度值应符合表 8-1～表 8-15 的要求。其中，现行值是目前执行的标准，目标值的执行时间将由主管部门再行决定。

表 8-1　住宅建筑每户照明功率密度限值

房间或场所	照度标准值/lx	照明功率密度限值/(W/m²)	
		现行值	目标值
起居室	100	≤6.0	≤5.0
卧室	75		
餐厅	150		
厨房	100		
卫生间	100		
职工宿舍	100	≤4.0	≤3.5
车库	30～50	≤4.0	≤3.0

表 8-2　图书馆建筑照明功率密度限值

房间或场所	照度标准值/lx	照明功率密度限值/(W/m²)	
		现行值	目标值
一般阅览室、开放式阅览室	300	≤9.0	≤8.0
目录厅（室）、出纳室	300	≤11.0	≤10.0
多媒体阅览室	300	≤9.0	≤8.0
老年阅览室	500	≤15.0	≤13.5

表 8-3　办公建筑和其他类型建筑中具有办公用途场所照明功率密度限值

房间或场所	照度标准值/lx	照明功率密度限值/(W/m²)	
		现行值	目标值
普通办公室	300	≤9.0	≤8.0
高档办公室、设计室	300	≤15.0	≤13.5
会议室	300	≤9.0	≤8.0
服务大厅	500	≤11.0	≤10.0

表 8-4　商店建筑照明功率密度限值

房间或场所	照度标准值/lx	照明功率密度限值/(W/m²)	
		现行值	目标值
一般商店营业厅	300	≤10.0	≤9.0
高档商店营业厅	500	≤16.0	≤14.5
一般超市营业厅	300	≤11.0	≤10.0
高档超市营业厅	500	≤17.0	≤15.5
专卖店营业厅	300	≤11.0	≤10.0
仓储超市	300	≤11.0	≤10.0

表 8-5　旅馆建筑照明功率密度限值

房间或场所	照度标准值/lx	照明功率密度限值/(W/m²)	
		现行值	目标值
客房	—	≤7.0	≤6.0
中餐厅	200	≤9.0	≤8.0
西餐厅	150	≤6.5	≤5.5
多功能厅	300	≤13.5	≤12.0

（续）

房间或场所	照度标准值/lx	照明功率密度限值/(W/m²)	
		现行值	目标值
客房层走廊	50	≤4.0	≤3.5
大堂	200	≤9.0	≤8.0
会议室	300	≤9.0	≤8.0

表 8-6 医疗建筑照明功率密度限值

房间或场所	照度标准值/lx	照明功率密度限值/(W/m²)	
		现行值	目标值
治疗室、诊室	300	≤9.0	≤8.0
化验室	500	≤15.0	≤13.5
候诊室、挂号厅	200	≤6.5	≤5.5
病房	100	≤5.0	≤4.5
护士站	300	≤9.0	≤8.0
药房	500	≤15.0	≤13.5
走廊	100	≤4.5	≤4.0

表 8-7 教育建筑照明功率密度限制

房间或场所	照度标准值/lx	照明功率密度限值/(W/m²)	
		现行值	目标值
教育、阅览室	300	≤9.0	≤8.0
实验室	300	≤9.0	≤8.0
美术教育	500	≤15.0	≤13.5
多媒体教室	300	≤9.0	≤8.0
计算机教室、电子阅览室	500	≤15.0	≤13.5
学生宿舍	150	≤5.0	≤4.5

表 8-8 美术馆建筑照明功率密度限值

房间或场所	照度标准值/lx	照明功率密度限值/(W/m²)	
		现行值	目标值
会议报告厅	300	≤9.0	≤8.0
美术品售卖区	300	≤9.0	≤8.0
公共大厅	200	≤9.0	≤8.0
绘画展厅	100	≤5.0	≤4.5
雕塑展厅内	150	≤6.5	≤5.5

表 8-9 科技馆建筑照明功率密度限值

房间或场所	照度标准值/lx	照明功率密度限值/(W/m²)	
		现行值	目标值
科普教室	300	≤9.0	≤8.0
会议报告厅	300	≤9.0	≤8.0
纪念品售卖区	300	≤9.0	≤8.0
儿童乐园	300	≤10.0	≤8.0
公共大厅	200	≤9.0	≤8.0
常设大厅	200	≤9.0	≤8.0

表 8-10　博物馆建筑其他场所照明功率密度限值

房间或场所	照度标准值/lx	照明功率密度限值/(W/m²)	
		现行值	目标值
会议报告厅	300	≤9.0	≤8.0
美术制作室	500	≤15.0	≤13.5
编目室	300	≤9.0	≤8.0
藏品库房	75	≤4.0	≤3.5
藏品提看室	150	≤5.0	≤4.5

表 8-11　会展建筑照明功率密度限值

房间或场所	照度标准值/lx	照明功率密度限值/(W/m²)	
		现行值	目标值
会议室、洽谈室	300	≤9.0	≤8.0
宴会厅、多功能厅	300	≤13.5	≤12.0
一般展厅	200	≤9.0	≤8.0
高档展厅	300	≤13.5	≤12.0

表 8-12　交通建筑照明功率密度限值

房间或场所		照度标准值/lx	照明功率密度限值/(W/m²)	
			现行值	目标值
候车（机、船）室	普通	150	≤7.0	≤6.0
	高档	200	≤9.0	≤8.0
中央大厅、售票大厅		200	≤9.0	≤8.0
行李认领、达到大厅、出发大厅		200	≤9.0	≤8.0
地铁站厅	普通	100	≤5.0	≤4.5
	高档	200	≤9.0	≤8.0
地铁站进出站门厅	普通	150	≤6.5	≤5.5
	高档	200	≤9.0	≤8.0

表 8-13　金融建筑照明功率密度限值

房间或场所	照度标准值/lx	照明功率密度限值/(W/m²)	
		现行值	目标值
营业大厅	200	≤9.0	≤8.0
交易大厅	300	≤13.5	≤12.0

表 8-14　工业建筑非爆炸危险场所照明功率密度限值

房间或场所		照度标准值/lx	照明功率密度限值/(W/m²)	
			现行值	目标值
1. 机、电工业				
机械加工	粗加工	200	≤7.5	≤6.5
	一般加工公差≥0.1mm	300	≤11.0	≤10.0
	精密加工公差<0.1mm	500	≤17.0	≤15.0

(续)

房间或场所		照度标准值/lx	照明功率密度限值/(W/m²)	
			现行值	目标值
1. 机电工业				
机电、仪表装配	大件	200	≤7.5	≤6.5
	一般件	300	≤11.0	≤10.0
	精密	500	≤17.0	≤15.0
	特精密	750	≤24.0	≤22.0
电线、电缆制造		300	≤11.0	≤10.0
线圈绕制	大线圈	300	≤11.0	≤10.0
	中等线圈	500	≤17.0	≤15.0
	精细线圈	750	≤24.0	≤22.0
线圈浇注		300	≤11.0	≤10.0
焊接	一般	200	≤7.5	≤6.5
	精密	300	≤11.0	≤10.0
钣金		300	≤11.0	≤10.0
冲压、剪切		300	≤11.0	≤10.0
热处理		200	≤7.5	≤6.5
铸造	熔化、浇铸	200	≤9.0	≤8.0
	造型	300	≤11.0	≤10.0
精密铸造的制模		500	≤17.0	≤15.0
锻工		200	≤8.0	≤7.0
电镀		300	≤13.0	≤12.0
酸洗、腐蚀、清洗		300	≤15.0	≤14.0
抛光	一般装饰性	300	≤12.0	≤11.0
	精细	500	≤18.0	≤16.0
复合材料加工、铺叠、装饰		500	≤17.0	≤15.0
机电修理	一般	200	≤7.5	≤6.5
	精密	300	≤11.0	≤10.0
2. 电子工业				
整机类	整机厂	300	≤11.0	≤10.0
	装配厂房	300	≤11.0	≤10.0
元器件类	微电子产品及集成电路	500	≤18.0	≤16.0
	显示器件	500	≤18.0	≤16.0
	印制线路板	500	≤18.0	≤16.0
	光伏组件	300	≤11.0	≤10.0
	电真空器件、机电组件等	500	≤18.0	≤16.0
电子材料类	半导体材料	300	≤11.0	≤10.0
	光纤、光缆	300	≤11.0	≤10.0
酸、碱、药业及粉配制		300	≤13.0	≤12.0

表 8-15　公共和工业建筑非爆炸危险场所通用房间或场所照明功率密度限值

房间或场所		照度标准值/lx	照明功率密度限值/(W/m²)	
			现行值	目标值
走廊	一般	50	≤2.5	≤2.0
	高档	100	≤4.0	≤3.5
厕所	一般	75	≤3.5	≤3.0
	高档	150	≤6.0	≤5.0
实验室	一般	300	≤9.0	≤8.0
	高档	500	≤15.0	≤13.5
检验	一般	300	≤9.0	≤8.0
	精细，有颜色要求	750	≤23.0	≤21.0
计量室、测量室		500	≤15.0	≤13.5
控制室	一般控制室	300	≤9.0	≤8.0
	主控制室	500	≤15.0	≤13.5
电话站、网络中心、计算机站		500	≤15.0	≤13.5
动力站	风机房、空调机房	100	≤4.0	≤3.5
	泵房	100	≤4.0	≤3.5
	冷冻站	150	≤6.0	≤5.0
	压缩空气站	150	≤6.0	≤5.0
	锅炉房、煤气站的操作层	100	≤5.0	≤4.5
仓库	大件库	50	≤2.5	≤2.0
	一般件库	100	≤4.0	≤3.5
	半成品库	150	≤6.0	≤5.0
	精细件库	200	≤7.0	≤6.0
公共车库		50	≤2.5	≤2.0
车辆加油站		100	≤5.0	≤4.5

第四节　绿色照明

照明控制系统的重要作用之一是实现照明节能。目前，照明领域大力推广"绿色照明计划"正是实施照明节能的有效措施。

"绿色照明计划"是1991年由国际上有识之士提出，并在世界范围内得到了广泛响应和积极推广的系统工程，同时也引起了我国政府和全社会的高度重视。自1996年制定出"中国绿色照明工程"实施方案以来，取得了许多可喜的成绩。

一、"绿色照明"的含义

"绿色照明"工程是一项实现全国范围节约照明用电、保护生态环境的系统工程。实施"绿色照明"旨在通过科学的照明设计，大力发展和推广高效率、长寿命、安全和性能稳定的照明器具，并逐步替代传统的低效照明产品，节约照明用电，建立优质、高效、经济舒适、安全可靠、有益环境、改善生活质量、提高工作效率和保护人们身心健康的照明环境，以满足国民经济各部门和人民群众日益增长的对照明质量、照明环境和减少环境污染的迫切要求。

二、"绿色照明"的内容

绿色照明主要包含以下内容：

1. 照明节能

节约能源，合理控制照明用电，使用高效的光源和灯具，推广节能灯等。

2. 环境保护

推广新型的光源和照明器，尽量降低汞等有毒物质对环境的影响和破坏，大力回收废、旧灯管。

3. 提高照明质量

以人为本，提高照明质量，有利于生产、工作、学习、生活和保护身心健康。在节约能源和保护环境的同时，力图照明质量有飞跃的提高。

三、实施"绿色照明"的途径

绿色照明的实施主要通过以下途径：

（一）使用最有效的照明装置（包括光源、灯具、镇流器等）

1. 采用高效节能的电光源

1）用卤钨灯取代普通照明白炽灯（节电50%~60%）。

2）用自镇流单端荧光灯取代白炽灯（节电70%~80%）。

3）用直管型荧光灯取代白炽灯和直管型荧光灯的升级换代（节电70%~90%）。

4）推广高压钠灯和金属卤化物灯的应用。

5）低压钠灯的应用。

6）推广发光二极管（LED）的应用。

2. 优先选用直射光通量比例高、控光性能合理的高效灯具

1）室内使用的灯具，效率不宜低于70%（装有遮光格栅时，不低于55%）。室外使用的灯具，效率不应低于40%，但室外投光灯灯具的效率不宜低于55%。

2）根据使用场所不同，采用控光合理的灯具，如多平面反光镜定向射灯、蝙蝠翼式配光灯具，块板式高效灯具等。

3）在符合照明质量要求的原则下，选用高效节能的灯具。

4）选用配光特性稳定、反射或透射系数高的灯具。

5）灯具的结构和材质应易于维护清洁和更换光源。

6）采用功率损耗低、性能稳定的照明器附件。

7）直管型荧光灯的电感式镇流器能耗不应高于灯的标称功率的20%，高光强气体放电灯的电感式触发器能耗不应高于灯的灯的标称功率的15%。

8）高光强气体放电灯宜采用电子触发器。

9）采用各种类型的节电开关和管理措施，如定时开关、调光开关、光电自动控制器、节电控制器、限电器、电子控制门锁节电器。

3. 采用各种照明节能的控制设备或器件

控制设备或器件有光传感器、热辐射传感器、超声传感器、时间程序控制、直接或遥控

调光等。

4. 采用传输效率高、使用寿命长、电能损耗低、安全的配线器材

(二) 合理选择照明控制方式及其系统

尽量减少不必要的开灯时间、开灯数量和过高照度，杜绝浪费。同时，充分利用天然光并根据天然光的照度变化，决定电气照明点亮的范围。对于公共场所照明、室外照明，可采用集中遥控管理的方式或采用自动控光装置。

可见，实施绿色照明工程应该做好以下工作：

1) 实施"绿色照明"必须在创造优良的光环境条件下，确保各种功能需要的前提下实施，降低标准单纯地节电不是"绿色照明"。

2) "绿色照明"是一系统工程，包含光源发光、灯具配光、设计布光和控制系统控光等方面，综合考虑，才能得到好的效果。

总而言之，随着我国经济建设的不断腾飞，实施可持续发展战略，照明领域获得了前所未有的发展，"绿色照明"工程的推进更具有重要的意义。

思 考 题

1. 在照明设计中，照明控制为什么是一个重要的内容？
2. 照明控制使用的协议有哪些？
3. 建筑利用天然光的方式主要有哪些？请分别说明。
4. 试举例说明，天然光和人工照明的控制系统有哪些？
5. 建筑照明节能的评价指标是什么？请举 1~2 类不同的建筑加以说明。
6. 什么是绿色照明？
7. 实施"绿色照明"有哪些积极的意义？

第九章 照明测量

照明工程中,光度测量较为普遍,常常需要对光通量、照度、亮度、光强等进行测量,但它们的测量方法各有不同。本章主要介绍最常用的照度和亮度测量,其他光度量的测量方法可以参阅相关的书籍。

光的测量与纯物理的测量不同,它涉及使用眼睛产生可见光感觉的一段电磁波所引起的心理——物理反应。眼睛不能用于测量,仅能判断相等的程度。因此任何目测仪器(比如"陆末——布洛洪"光度计)都必须基于这个原则。这种目视光度学仍然用于视觉研究和国家实验室的标准化活动中,而在其他方面已由物理光度学替代。物理光度学中使用光电池加上人眼的相对光谱光效率 $V(\lambda)$ 校准滤光片测量辐射。从本质上说,物理光度计是利用滤光片或计算方法将辐射测量转换为光度测量。随着数字技术的发展,早期的物理光度计的模拟读数方法较大程度上被数字技术取代。计算机不仅能接收光度计的输出并作处理,而且还可以控制形成读数的顺序,这使测量的精度、准确度都得到了很大提高。

光度测量有两种方法:目测法和物理法。目前,广泛采用的是基于光电效应的物理测光法。

第一节 光检测器

一、光电效应

光检测器的主要功能是将光信号转换为电信号,它由光电元件组成。光电元件的理论基础是光电效应。光可以被视为一连串具有一定能量的粒子(光子),每个光子具有的能量为 $h\nu$,因此,用光照射某一物体,该物体将会受到一连串光子的轰击,那么光电效应就是这些材料吸收到光子能量的结果。

通常,将光照射到物体表面后产生的光电效应分成以下3种:

1)在光的作用下,能使电子逸出物体表面的光电效应,称为外光电效应。基于外光电效应的光电元件有光电管、光电倍增管等。

2)在光的作用下,能使物体电阻率改变的光电效应,称为内光电(或"光电导")效应。基于内光电效应的光电元件有光敏电阻以及由光敏电阻制成的光导管等。

3)在光的作用下,能使物体产生一定方向电动势的光电效应,称为阻挡层光电效应。基于阻挡层光电效应的光电元件主要有光电池、光敏晶体管等。

利用阻挡层的光电效应原理制造的光电池,在光度测量方面具有重要的意义。这种光电池能够容易地制成各种形状,在使用时不需要辅助电源,直接与微安表连接起来便可使用,较为轻便,易于携带,灵敏度与光谱特性较理想。

二、光电池

(一)光电池的定义

光电池是根据光电效应原理制成的,它是一种将入射的光能转换为电能的光电元件。常用的光电池的基本结构如图9-1所示。当入射光照射到光电池表面上,入射光透过金属薄膜到达半导体层与金属薄膜所形成的分界面（又称阻挡层），并在界面上在产生光电效应，从而在界面上下之间产生电位差。

（二）光电池的种类

光电池的种类很多，有硒、硅、锗、砷化镓等。硒光电池灵敏度可达 $600\mu A/lm$，其相对灵敏度曲线与 $V(\lambda)$ 曲线比较接近，因此，很多分析仪器、测量仪器使用它。除了硒光电池以外，

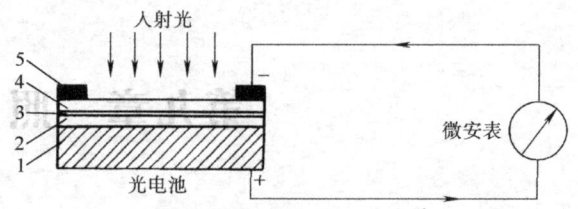

图 9-1 常用的光电池的基本结构
1—金属底板 2—半导体层
3—分界面 4—金属薄膜 5—集电环

近年来常用的是由单晶硅制成的光电池。硅光电池具有性能稳定、光谱范围宽、频率特性好、传递效率高、寿命长、抗疲劳、耐高温和辐射等诸多优点。然而，硅光电池的光谱灵敏度曲线与 $V(\lambda)$ 曲线不一致。若能将其相对灵敏度曲线校正到与 $V(\lambda)$ 曲线接近的话，硅光电池是一种很有前途的元件，它将代替硒光电池。

（三）光电池的基本特性

1. 光谱特性

不同材料的光电池的光谱峰值位置不同。例如，硅光电池可在 450~1100nm 范围内应用，而硒光电池只能在 340~570nm 范围内应用。

2. 光照特性

在很大范围内，短路电流与光照呈线性关系，而开路电压与光照的关系呈非线性，且在照度为 2000lx 时就趋于饱和。因此，把光电池作为检测元件时，应将它作为电流源的形式使用，即利用短路电流与光照的线性特点。

3. 频率特性

硅光电池具有较高的频率响应，而硒光电池较差。因此，在高速记数、有声电影及其他方面常采用硅光电池。

4. 温度特性

它是光电池的重要特性之一，因为温度特性将关系到应用光电池设备的温度漂移，影响到测量精确度或者控制精确度等主要指标。

三、照度计

照度计是用于照度测量的专用仪器，它是利用光电池所产生的光电流与落到光电池上的光通量成正比的工作原理进行测量的。

如图 9-2 所示，照度计包括接收器和记录仪表两个部分。测量时，将照度计与电流表连接起来，并把光电池放置需要测量的地方。当光电池的整个表面被入射光照射时，可根据以 lx 为单位进行分格的光度头，直接读出光照度的数值。由于照度计携带方便、使用简单，因而得到了广泛的应用。

（一）基本结构

1. 接收器

接收器通常由光电池、滤光器、余弦校正器所组成。

（1）光电池 当入射光照射到光电池表面上时，若光电池接上外电路将会形成光电流。光电流的大小取决于入射光的强弱和回路中的电阻。在实际应用中，总是选择合理的外接电

路，在较大范围内使光电流与入射光通量保持线性关系。

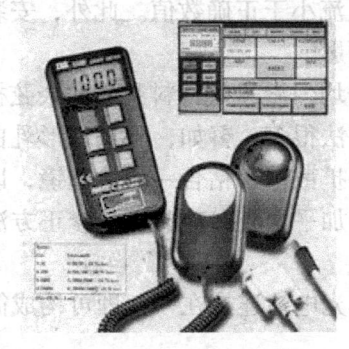 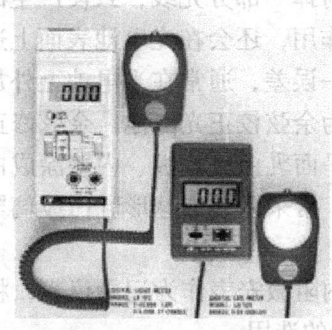

图 9-2　照度计的基本组成

（2）光谱灵敏度修正　光电池如同其他光电接收元件，其光谱灵敏度有很大差别。以硒光电池为例，图 9-3 中曲线 a 表示未经校正的硒光电池的相对光谱灵敏度；曲线 b 表示人眼标准光谱光视效率 $V(\lambda)$；曲线 c 表示经校正后的硒光电池的相对光谱灵敏度。因此，为了能够直接测得照度的准确值，必须对光电池的相对光谱灵敏度进行修正，使其对 $V(\lambda)$ 曲线的偏离达到可以忽略的程度。这种修正在测量具有非连续光谱的气体放电灯的照度时，尤为重要。

相对光谱灵敏度修正常用的方法是，在光电池前面配一个合适的玻璃或颜色溶液的滤光器。由于各种光电池的光谱灵敏度不完全相同，因此当要求作精确测量时，应对每种光电池分别找出合适的滤光器。

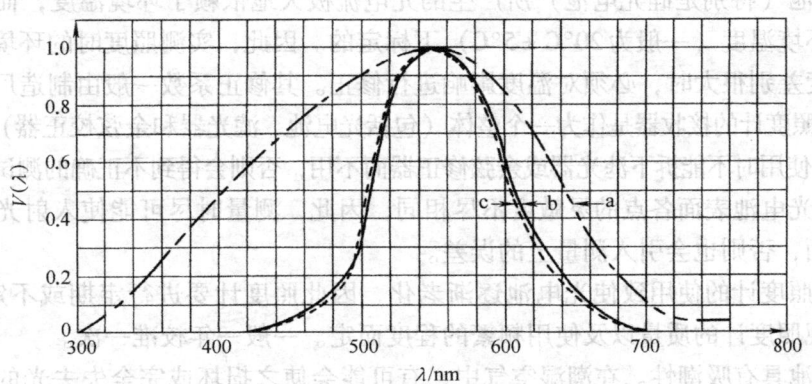

图 9-3　相对光谱灵敏度曲线

（3）余弦校正器　光电池的一个重要特性是它所产生的光电流对光线入射角度的依赖性，即角特性。

在路面上进行照度测量时，往往会发现远近不同的光源发出光是以不同的角度入射到路面上。路面上各点的实际照度应当符合照度的余弦法则，这就要求光电池的输出必须满足余弦法则，才能使照度计测得的照度值恰好是该点的实际照度。然而，未经校正的光电池偏离余弦法则的程度相当大，若光电池不进行余弦修正，就无法应用于大部分光线倾斜入射在受照面上的照度计。因此在对 85°以下入射角的照度测量时，都要求对光电池进行修正。

光电池之所以存在着这种角特性，是由于其表面的镜面反射作用。在入射角较大时，会从光电池表面反射掉一部分光线，致使产生的光电流小于正确数值。此外，安装光电池的盒子边框具有挡光作用，还会在光电池表面上造成阴影。

为了修正这一误差，通常在光电池上外加一个均匀漫透射材料制成的余弦校正器。这种光电池组合称之为余弦校正光电池。余弦修正的方法很多，譬如，外加球形乳白玻璃罩、中心带孔的盖子、平面乳白玻璃板、内壁涂成白色的扩散球、粘合一块薄透镜，以及采用两块光电池等。目前，常采用外加球形乳白玻璃罩或外加平面乳白玻璃板的修正方法。

2. 记录仪表

通常选用低内阻微安表作为记录仪表，将它和光电池连接在一起即可构成简易照度计。

（二）照度计的选用

通常，性能优良的照度计应符合以下要求：

1）附带$V(\lambda)$滤光器。照度计的相对光谱灵敏度曲线与$V(\lambda)$曲线符合程度越好，照度测量的精确度也就越高。

2）配有合适的余弦校正（修正）器。

3）选择线性度好的光电池。

4）硒光电池受强光（1000lx以上）照射时会逐渐损坏。要测量较大的光强度，硒光电池前应带有几块中性减光片（倍率为已知）。

由于光电池受环境的影响，其特性会有所改变，因此，照度计在使用和保管过程中，为保证其测量精度，必须定期对照度计进行标定。

（三）使用时注意事项

1）光电池（特别是硅光电池）所产生的光电流极大地依赖于环境温度，而且光电池又是在一定的环境温度（一般为20°C±5°C）下标定的。因此，实测照度时的环境温度与标定时的环境温度差别很大时，必须对温度影响进行修正。其修正系数一般由制造厂商提供。

2）由于照度计的接收器是作为一个整体（包括光电池、滤光器和余弦校正器）进行标定或校准。因此，使用时不能拆下滤光器或余弦修正器而不用，否则会得到不正确的测试结果。

3）由于光电池表面各点的灵敏度不尽相同，因此，测量时尽可能使入射光均匀地布满整个电池表面，否则也会引入测量上的误差。

4）由于照度计的使用致使光电池逐渐老化，因此照度计要进行定期或不定期的校准，校准间隔要视照度计的质量以及使用频繁的程度而定。一般一年校准一次。

5）光电池具有吸潮性。在潮湿空气中，有可能会使之损坏或完全失去光的灵敏度。因而，应当将光电池保存在干燥环境之中。

近年来，无论是国内还是国外，照度计的研究和生产都有了很大发展，并且已经制成了采用硅光电池、带运算放大器的数字式照度计，测量准确度大大提高，读数也比指针式照度计方便得多。

第二节 照度的现场测量

照度的现场测量，其目的是为了检验实际照明效果是否达到预期的设计目标，现有的照明装置是否需要进行改造，或为将来某些研究与分析积累资料。

一、注意事项

现场测量需注意以下几个方面：

1）选择符合测量精度要求的照度计。一般选用精度为2级以上的照度计，照度计需经过校准、定期进行标定。

2）选择标准的测量条件。测量时，要将新建的照明设施先点燃一段时间，使光源的光通量输出稳定，并达到稳定值；同时，由于灯的光通量也会随电压的变化而波动，因此，测量中需要监视并及时记录照明电源的电压值，必要时根据电压偏移给予光通量变化的修正。

3）实测报告。既要列出翔实的测量数据，也要将测量时的各项实际情况记录下来。

4）防止测试者和其他因素对接收器的遮挡。

二、测量方法

在进行工作的房间内，应该在每个工作地点（如书桌、工作台等处）测量照度，然后加以平均。对于没有确定工作地点的空房间，或非工作房间，如果单用一般照明，通常选0.75m高的水平面测量照度。

具体测量方法如下：将测量区域划分成大小相等的方格（或接近长方形），测量每个测量网格中心点的照度 E_i，平均照度等于各点照度的算术平均值。即

$$E_{av} = \frac{\sum E_i}{n} \tag{9-1}$$

式中 E_{av}——测量区域的平均照度，单位为 lx；

E_i——各网格中心点照度，单位为 lx；

n——测量点。

一般室内或工作区为 2~4m 正方形网格；走廊、通道、楼梯等狭长的交通地段沿长度方向中心线布置测点，间距为 1~2m，网格边线一般距离房间各边 0.5~1m。当房间较小时，可取 1~2m 正方形网格，以增加测点数。无特殊规定时，测量平面一般为距离地面为 0.75m 的水平面，而对于走廊、楼梯，则规定为地面或距离地面为 0.15m 以内的水平面。

测点数目越多，得到的平均照度值就越精确，不过需花费更多的时间和精力。如果 E_{av} 的允许测量误差为 ±10%，则可采用室形指数 RI［参见式 (5-3)］选择最少测点数的办法来减少相应的工作量。室形指数与最少测点数的关系，如表 9-1 所示。若灯具数与表 9-1 给出的测点数恰好相等时，必须增加测点数。

当以局部照明补充一般照明时，要按人的正常工作位置来测量工作点的照度，并将照度计的光电池置于工作面上或进行视觉作业的操作表面上。

测量数据可用表格记录，并运用"CAD"、"MATLAB"等计算机的图形处理软件，将所测数据绘制成等照度曲线，这样能够较为直观、形象地显示所测场所的照度分布情况。

表 9-1 室形指数与测点数的关系

室形指数	最少测点数
$RI < 1$	4
$1 \leq RI < 2$	9
$2 \leq RI < 3$	16
$RI \geq 3$	25

三、室内照度测量——实验指导书

（一）实验目的

了解室内照度测量的方法、平均照度的计算，并学会使用照度计。

（二）实验准备

预习实验指导书，熟悉测点布置方法及测量方法。

（三）实验设备

实验设备如表9-2所示。

表9-2 使用设备清单

设备名称	数量
光电池式照度计	1台
电压表（交流0~500V）	1台
温度计	1只
卷尺	1卷

（四）实验项目

1. 室内一般照明的平均照度计算共分以下5个步骤：

1）在测定场所打好网格，并作测点记号。

2）确定测量平面与测点高度。

3）按实验要求，点燃必要的光源，并排除其他无关光源的影响。测量开始前，白炽灯需点燃5min，荧光灯需点燃15min，高强气体放电灯需点燃30min，在所有光源的光输出稳定后再进行测量。对于新安装的光源，应在点燃100h（气体放电灯）和20h（白炽灯）后进行照度测量。

4）测量每个网格中心点的照度，并记录在表格中。

5）根据所测范围内各点照度值，求出全部测量范围的平均照度值E_{av}，即

$$E_{av} = \frac{\sum E_i}{MN} \tag{9-2}$$

式中 M、N——纵、横方向的网格数。

2. 室内局部照明的照度计算

在室内需要局部照明的地方进行测量。当测量场所狭窄时，选择其中有代表性的一点；当测量场所开阔时，可按一般照明时的方法布点。

3. 室内混合照明的照度计算

将一般照明系统、局部照明系统的灯全部点燃，按室内一般照明的照度测量方法进行。

（五）注意事项

1）照度计必须配备滤光片，使光电池的灵敏度曲线与人眼一致，同时配备余弦校正器，以免产生测量误差。测量前，照度计必须经过校正。

2）测量时，先使用照度计的大量程档，然后根据指示值大小逐步找到合适的量程档。原则上不允许在最大量程的1/10范围内测定。

3）指示稳定后再读数。

4）在测量过程中，应使电源电压稳定，并在额定电压下进行测量。如做不到，测量时应同时测量电源电压。当与额定电压不符时，则应按电压偏移予以光通量变化修正。

5）为提高测量的准确性，每个测点可取 2~3 次读数，然后取其算术平均值。

6）测量者应穿深色衣服，并防止测试者人影和其他各种因素对接收器读数的影响。

（六）实验报告

1）将实验中的各项数据记录在表 9-3《照明测量情况记录表》和表 9-4《照明实测记录表》两张表中，并进行分析和评价。

表 9-3 照明测量情况记录表

房间名称		光源种类		一般照明		灯具悬挂高度（距工作面）	
				局部照明			
视觉作业内容		灯泡（管）功率/W		一般照明		灯具污染情况	
				局部照明			
房间尺寸/m(长×宽×高)		灯泡（管）数量/个		一般照明		灯具擦洗情况	
				局部照明			
照明方式		总功率/W				遮挡情况	
灯具类型		单位面积功率/$W \cdot m^{-2}$				房间污染情况	
灯具台数						灯具点燃情况	

表 9-4 照明实测记录表

场所名称		照度计型号编号				电压/V			测前测后		环境温度/°C		测量时间/min		
一般照明	测量点	1	2	3	4	5	6	7	8	9	10	11	12	$E_{min} =$
	实测值													$E_{max} =$
	校正值													
	测量点	13	14	15	16	17	18	19	20	21	22	23	24	$E_{av} =$
	实测值													$E_{min}/E_{av} =$
	校正值													
局部照明	测量点	1	2	3	4	5	6	7	8	9	10	11	12	$E_{min} =$
	实测值													$E_{max} =$
	校正值													
	测量点	13	14	15	16	17	18	19	20	21	22	23	24	$E_{av} =$
	实测值													$E_{min}/E_{av} =$
	校正值													

（续）

场所名称	照度计	型号编号	电压/V			测前测后			环境温度/°C			测量时间/min		
混合照明	测量点	1	2	3	4	5	6	7	8	9	10	11	12	$E_{min}=$
	实测值													$E_{max}=$
	校正值													$E_{av}=$
	测量点	13	14	15	16	17	18	19	20	21	22	23	24	$E_{min}/E_{av}=$
	实测值													
	校正值													

主观评价效果：

测定日期：　　　年　月　日　　　　　　　测定人：

2）根据测定值，绘制平面上的等照度曲线。

【实例】

某教室长 11m、宽 6m、高 3.5m，布置了 10 盏荧光灯（每盏两个光源）。实测教室的等照度曲线，如图 9-4、图 9-5 所示。

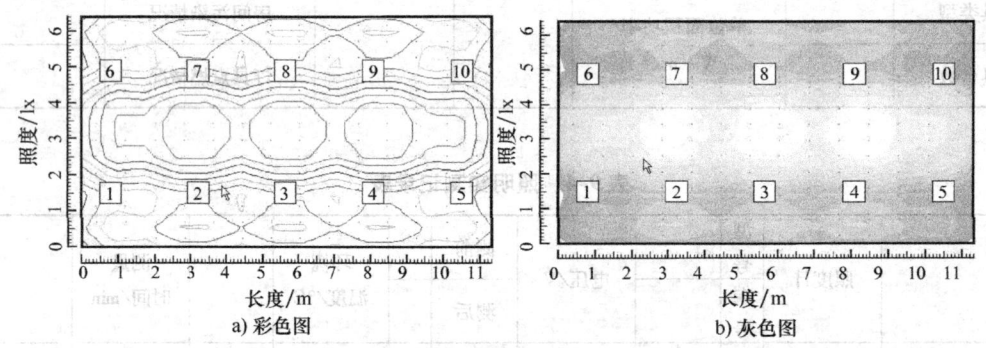

a) 彩色图　　　　　　　　　　　　　b) 灰色图

图 9-4　灯具长轴与窗户垂直布置的等照度曲线

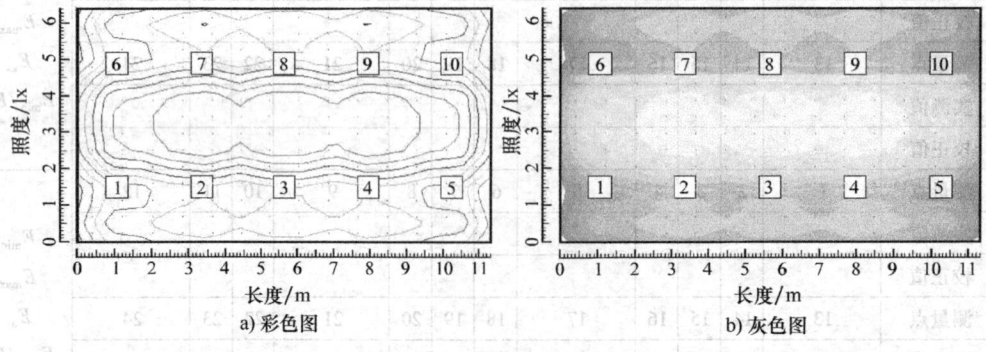

a) 彩色图　　　　　　　　　　　　　b) 灰色图

图 9-5　灯具长轴与窗户平行布置的等照度曲线

第三节 亮度测量

一、亮度测量的原理

在照明设计和实验室实验时，常常需要测量光源的亮度和被测表面的亮度。为了满足这个需要，人们根据光度量之间所存在的关系，运用照度计来测量其他光度量。

亮度测量的原理如图 9-6 所示。为了测量表面 S 的亮度，在它的前面距离 d 处设置一个光屏 Q。光屏上有一个透镜（透射比为 τ），其面积为 A。在光屏的右方设置照度计作检测器 m，m 与透镜的距离为 l，m 与透镜的法线垂直，在 l 的尺度比 A 大得多的情况下，照度计检测器 m 上的照度 E 为

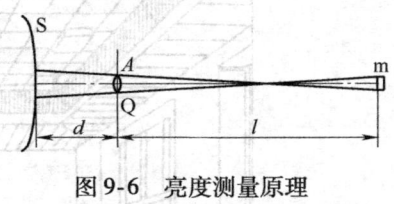

图9-6 亮度测量原理

$$E = \frac{I}{l^2} = \frac{\tau L A}{l^2} \tag{9-3}$$

式中　A——透镜面积，单位为 m^2；

　　　τ——透镜的透射率；

　　　L——被测表面的亮度，单位为 cd/m^2。

由式（9-3）推导出被测表面的亮度 L 为

$$L = \frac{E l^2}{\tau A} \tag{9-4}$$

综上所述，亮度计的工作原理实质上就是测量被测表面的像在光电池表面（检测器 m）所产生的照度 E。这个像在光电池表面上产生的照度 E 正比于被测表面的亮度 L 和透镜的光栏孔径（或面积 A），与被测表面 S 的面积、表面到透镜的距离 d 无关。照度可由良好的 $V(\lambda)$ 修正过的光电池测量，根据这一原理便可制成亮度计。

实际所用的亮度计具有反射的目测系统，亮度计的视场角 θ 决定于带孔反射镜上小孔的直径，通常在 0.1°~2°之间。测量不同尺寸和不同亮度的目标物时，采用不同的视场角。

二、直接测量

在实际测量室内和室外亮度时，使用根据上述原理制成的测量仪器——亮度计进行测量。下面重点介绍使用全数字亮度计测量室外亮度的方法。

（一）室内测量

环境的亮度测量应在实际工作条件下进行。先选定一个工作地点作为测量位置，从这个位置测量各表面的亮度。将得到的数据直接标注在同一位置、同一角度拍摄的室内照片上，或以测量位置为视点的透视图上，如图 9-7 所示。

亮度计的放置高度，以观察者的眼睛高度为准，通常站立时为 1.5m，坐下时为 1.2m。需要测量高度的表面是人眼睛经常注视，并且对室内亮度分布和人的视觉影响大的表面。它们分别是：

1) 视觉作业对象。
2) 贴邻作业的背景，如桌面。
3) 视野内的环境：从不同角度看顶棚、墙面、地面。

4）观察者面对的垂直面，例如在眼睛高度的墙面。
5）从不同角度看灯具。
6）中午和夜间的窗子。

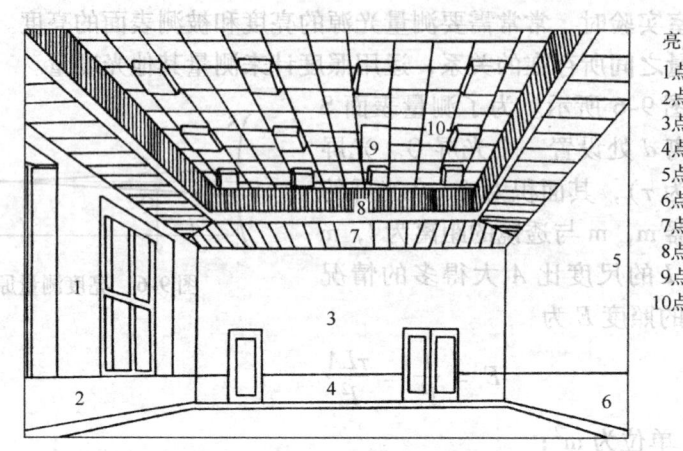

亮度分布点
1点：21cd/m²
2点：10cd/m²
3点：20cd/m²
4点：10cd/m²
5点：25cd/m²
6点：10cd/m²
7点：15cd/m²
8点：47cd/m²
9点：15cd/m²
10点：1100cd/m²

图9-7　环境亮度测量数据的表示方法

（二）室外测量

1. 全数字亮度计的使用方法

选用全数字亮度计作为直接测量亮度的测量工具。常见的全数字亮度计采用瞄准式测量方法，通过人眼直接目视瞄准目标物、调节焦距、变换视角等方法对目标物进行测量，减少测量过程中的人为或外界误差。全数字亮度计的组成如图9-8所示。

物镜：瞄准待测目标物。
目镜：便于人眼瞄准取景。
液晶屏幕：显示数字读数屏幕。
视角调节：调节视角范围的调节开关，不同的挡位对应被测的视场角度，视场中黑斑所覆盖的面积为被测量目标的面积。
电源开关：仪器电源开关。
保持按钮：按下"保持"按钮，锁定当前的液晶显示的亮度值。

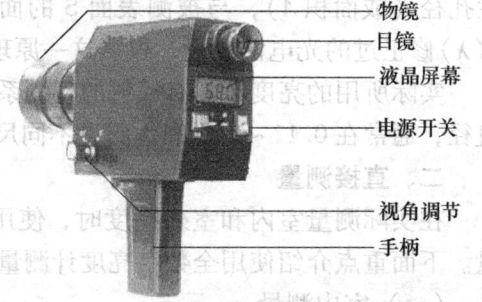

图9-8　全数字亮度计

PC数据接口：它为亮度计与计算机的接口，用于亮度计标定和计算机联机采样。

外接电源插头：通常亮度计可以通过内置电池供电，但是往往也提供了外接的直流电源插头，当接通外接电源时，内部电池不供电。

方便人手把握的手柄，或是方便亮度计固定的三角支架。

2. 实地测量

掌握全数字亮度计的使用方法后，就可以到实际现场，选定一个地点作为测量位置，从这个位置测量各表面的亮度。亮度计的放置高度，以观察者的眼睛高度为准，通常站立时为

1.5m，坐下时为1.2m。需要测量高度的表面是人眼睛经常注视，并且对空间亮度分布和人的视觉影响大的表面。

进行测量之前，需要一些准备工作包括：

1）确定待测量的目标物（表面或光源），根据待测量的目标，确定出测量点。

2）通过数据通信接口外接计算机，启动并运行测量软件。

3）打开亮度计的电源开关。

调整瞄准光学系统，具体步骤如下：

1）通过转动目镜，调整目镜视场中黑斑的清晰度。

2）瞄准被测目标，选取合适的视场角度，将黑斑对准被测目标中需测量的部位。

进行测量、记录；将测量结果生成报表。

当通过数据通信接口与计算机相连接，进行测量时，测量软件的使用方法为

1）首先安装好与亮度计相配的测量软件，软件通常由厂家提供，可能需要单独购买。

2）根据安装说明书对软件进行配置，然后运行程序。通过图形用户界面的菜单项，新建采样文档，作为测试文档。

3）用户在测试前应先对测试条件进行设置，常见的参数设置包括：

［操作人员］：记录操作的人员。

［样品型号］：设置被测样品型号。

［采样周期］：设置连续两次采样的时间间隔。

［采样时间］：设置连续采样的总时间段，当到达设置的采样时间段时，软件将自动停止采样。

［显示采样数］：设置一屏所显示的采样点数。

［环境温度］：记录当前测量的环境温度。

［仪器编号］：输入使用仪器的编号。

［光源文件］：设置光源光谱文件，可以精确修正不同光谱的亮度测量值。光源光谱文件只对上位机软件的测试数据进行亮度修正，对下位机的测试数据不进行任何修正。

相应的用户图形界面如图9-9所示。

设置好测量条件后，亮度测量的运行画面如图9-10所示。

1）保存采样结果，导出数据：将采样数据，采样时间导入到Excel中去，或者将结果打印出来。

2）退出亮度计测量软件，完成测量。

3. 将得到的数据直接标注在同一位置、同一角度拍摄的照片上。

现在以上海徐家汇商圈百脑汇门前的LED电子广告屏为测量对象，按照前面介绍的步骤，采用数字式亮度计进行测量，视角为0.2°，获得LED电子广告。

徐家汇广场亮度分布如图9-11所示。

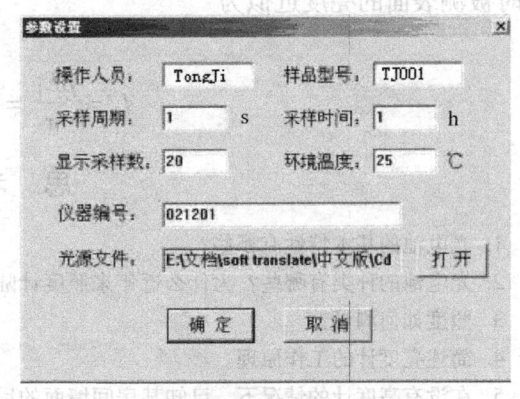

图9-9　全数字式亮度计用户图形界面

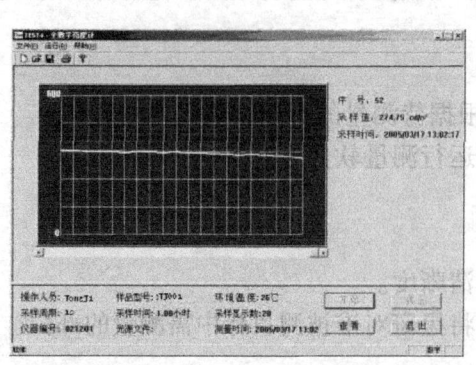

图 9-10　全数字式亮度计亮度测量运行画面　　　　图 9-11　徐家汇广场亮度分布

三、间接测量

当没有亮度计时，可以采用下列方法进行间接测量：

1）当被测表面反射比已知时，可通过照度来确定表面的亮度，对于漫反射的表面，其亮度为

$$L = \frac{\rho E}{\pi} \tag{9-5}$$

式中　E——表面的照度，单位为 lx；

　　　ρ——表面的反射比。

2）当被测表面反射比未知时，可按下述方法测量：

选择一块适当的测量表面（不受直射光影响的漫反射面），将光电池紧贴被测表面的一点上，受光面朝外，测量入射照度 E_i，然后将光电池翻转 180°，面向被测点，与被测面保持平行并渐渐移开，此时照度计读数逐渐上升。当光电池离开被侧面有相当距离（约 400mm）时，照度趋于稳定（再远则照度开始下降），记下这时的照度 E_m。于是

$$\rho = \frac{E_m}{E_i} \tag{9-6}$$

此时被测表面的亮度近似为

$$L = \frac{\rho E_i}{\pi} = \frac{\frac{E_m}{E_i} E_i}{\pi} = \frac{E_m}{\pi} \tag{9-7}$$

思　考　题

1. 光电池的基本特性有哪些？
2. 光电池的种类有哪些？为什么近年来照度计陆续采用硅光电池？
3. 照度如何测量？
4. 简述亮度计的工作原理。
5. 在没有亮度计的情况下，已知某房间墙面的反射比为 $\rho=0.7$，试问采用照度计以及如何测得墙面的亮度值？

第十章　照明设计与应用

本章分为室内外两部分，对各类空间的照明设计进行详细的阐述，并重点介绍城市夜景照明规划（专项）的设计与表现。后半部分则以江苏省淮安市夜景规划（专项）、无锡快速内环景观照明、浙江省杭州市雷锋塔泛光照明和上海城市规划展示馆夜景照明4个已实施的项目为例，具体介绍照明设计的方法。

第一节　室内照明

一、住宅建筑照明

（一）照度标准

住宅建筑照明的照度标准，参见表6-4。

（二）照明器的选择

1）光源宜选用细管直管形三基色荧光灯作为照明光源。

2）照明器在室内起着重要的装饰性作用，在选择照明器时应注意与室内空间的用途和格调，与室内空间的面积和形状相协调。一般建筑层高一般在3m以下时，不宜采用吊灯，适宜采用吸顶灯、暗槽灯等灯具。

（三）起居室照明

1）谈话是起居室内主要的活动之一，采用一对落地灯或台灯，或带有大漫射罩的吊灯，可以为谈话者提供一种和谐的照明效果。如果采用调光器，还能对一般照明的照度水平进行调节，以获得要求的气氛。

2）阅读要求有比较高的照度，一般来说，对于看书和看杂志，照度应在300lx以上，沙发近旁的落地灯可以提供良好的阅读照明，部分上射光能够形成良好的环境照明。这种照明器采用卤钨灯或紧凑型荧光灯作为光源。

3）书写要求有良好的局部照明，提供局部照明的照明器应该比较大，这样它产生的阴影比较小，轮廓也比较淡。光源可以采用紧凑型荧光灯或发光二极管（LED）。

4）看电视也是人们在起居室内的主要活动，在黑暗中看电视会使眼睛非常疲劳，在电视机上部或靠近电视机的地方安装照明器，或者采用小照明器照明附近的墙面，减少电视机与环境之间的亮度对比反差。

起居室内主要的环境照明由房中央安装的吸顶式照明器来提供，也可采用暗装式的间接照明。为了扩大房间的空间感，还可在周围采用一些照明器来照明墙壁。

（四）卧室照明

1）卧室是休息的场所，需要安静柔和的照明。在顶棚上安装乳白色半透明的照明器构成一般照明，也可以使用间接照明造成柔和、明亮的顶棚。

2）在床头和梳妆台需加上局部照明以利于阅读和梳妆。在梳妆台两侧垂直安装显色性好的低亮度的带状光源，或在梳妆台上部安装带状照明器，以显出自然的肤色。在床头两边安装能独立地调节和开关中等光束角的壁灯，以满足个人的需要。也可在床头安装台灯。如果房间较宽敞，有写字台或沙发可在其上放置台灯或在旁边安装落地灯。

（五）厨房照明

1）厨房的照明要求没有阴影，不管是在水平面或垂直面上都有一定的照度，以方便工作和在橱柜内寻找东西。如果只有一般照明则会造成阴影，此时需加上局部照明以消除工作面上的阴影。

2）厨房的照明器应选用易于清洁的类型，如玻璃或搪瓷制品灯罩配以防潮灯口。宜与餐厅（或方厅）用的照明光源显色性相一致或近似。

3）一般照明和局部照明要选用高显色指数的光源（$R_a \geq 80$），为了节能，光源采用荧光灯或发光二极管（LED）。

（六）餐厅照明

1）没有单独餐厅的家庭，用餐的区域是起居室的一部分，对这种情况的照明设计和对餐厅的照明设计要求一样。

2）在餐厅中，主要活动是围绕餐桌进行的，将灯光集中在餐桌上，用餐者的面部能得到良好的照明，能形成一种亲密无间的气氛。通常采用一个悬挂于餐桌上方的照明器来进行照明。当餐桌较大时，可用2个或3个小一点的照明器提供照明。

餐桌上方悬挂的照明器一般应高出桌面800mm，但最好能够调节高度，若照明器能进行调光则更好，这样可以根据不同的情况将照明调节到合适的水平。

3）餐厅还需要一般照明，使整个房间有一定的照明，避免有突兀之感。一般照明可采用吸顶式荧光照明器，或嵌入式间接照明。

（七）盥洗室照明

1）盥洗室既要求有良好的一般照明，以保证能透过淋浴间的帘子或玻璃屏。通常采用吸顶照明器来提供一般照明。

2）盥洗室也要求良好的局部照明，可在盥洗室内镜子的两边垂直安装两个照明器，也可以在镜子的上方使用面光源，提供局部照明。为了再现人的肤色，要求采用显色性好的光源，尤其光谱中必须有丰富的红色成分。

3）盥洗室的照明器位置应避免安装在座便器或浴缸的上面及其背后，照明器必须是密闭的，能防止水汽凝聚。开关如为跷板式时，宜设于卫生间门外，否则应采用防潮防水型面板或使用绝缘绳操作的拉线开关。

（八）门厅、走廊与楼梯照明

1. 门厅

门厅是联系卧室、厨房、盥洗室和起居室的过渡空间，是家庭的门面。门厅的一般照明可采用吸顶荧光灯或简练的吊灯，也可以在墙壁上安装造型别致的壁灯，保证门厅有较高的亮度。

2. 走廊和楼梯间照明

照明器应装在易于维护的地方，对于宽度不大的走廊和楼梯间，应采用吸顶灯，安装在顶棚上，如采用壁灯照明，则应安装在楼梯的侧墙上，利用墙面反射光照亮楼梯水平面及垂直面。

（九）其他设计要求

1）可分隔式住宅（公寓）单元，灯位布置与电源插座设置，应该适应轻墙任意分隔时的变化。可在顶棚上设置悬挂式插座，采用装饰性多功能线槽，或将照明器、电气装置与家具、墙体相结合。

2）高级住宅（公寓）中的方厅、通道和卫生间等，宜采用带有指示灯的跷板式开关。

3）为防范而设有监视器时，其功能宜与单元内通道照明灯和警铃联动。

4）应该将公寓的楼梯灯与楼层层数显示相结合，公用照明灯可在管理室集中控制。高层住宅楼梯灯如选用定时开关时，应有限流功能，并在事故情况下强制转换至点亮状态。

5）有关住宅（公寓）室内插座的设置，应该符合规范的规定。

6）每户内的一般照明与插座宜分开配线，并且在每户的分支回路上除应装有过载、短路保护外并应在插座回路中装设漏电保护和有过电压、欠电压保护功能的保护装置。

7）单身宿舍照明光源宜选用荧光灯，灯位与外窗垂直。室内插座不应少于两组。条件允许时可采用限电器控制室用电负荷或采取其他限电措施。在公共活动室亦应设有插座。

二、学校照明

（一）照度标准

学校照明的照度标准，参见表6-11。

（二）照明器的选择

1. 光源

学校的照明光源一般采用荧光灯和高强度气体放电灯等。根据学校的不同场合选择不同的光源。

1）荧光灯具有效率高、寿命长、扩散性光质、辉度低、显色性能好等优点，故在教室、教研室、走廊、展览橱窗、美术教室等要求照度和显色性比较高的场所得到广泛使用。选择使用色温在4500~6000K之间的冷白色和日光色荧光灯，可使周围的气氛明亮而温暖。同时，荧光灯宜采用电子镇流器，以减少频闪带来的眼疲劳。

2）礼堂等高天棚的室内照明宜用金属卤化物灯，室内运动场也宜采用金属卤化物灯。

2. 照明器

学校教室通常选用盒式（如简式荧光灯YG1系列）、控照式照明器（如吸顶荧光灯YG6系列、嵌入式荧光灯YG15系列等），此类照明器的眩光指数较高，一般在20~24之间，接近于刚刚不舒适阶段。各种照明器的比较如下：

1）控照式照明器的光效率较高，纵、横向排列时眩光指数均相同，眩光指数低于盒式照明器，照度均匀度不及盒式照明器，适用于桌面照度要求高的高空间安装使用。

2）盒式照明器的照度和照度均匀度均高于控照式，纵向排列较横向排列的眩光可小一倍，较控照式的眩光指数高1.5倍，桌面照度不及控照式，可用于较低空间安装。

3）蝙蝠翼宽型照明器的长轴方向与学生视线平行布置时（纵向排列），能有效地减少光幕反射；当照明器与下垂线成35°以上的角度时，发光强度锐减，有利于防止眩光；可以提高灯的排列间距；当蝙蝠翼宽型照明器的长轴方向与学生的视线垂直布置时（横向排列），眩光指数可能低于纵向排列。

（三）教室照明

教室照明宜采用蝙蝠翼式和非对称性配光照明器，并且布置灯位原则应采取与学生主视线相平行，安装在课桌间的通道上方，与课桌面的垂直距离不宜小于1.7m。教室照明的控制应平行外窗方向顺序设置开关（黑板照明开关应单独装设），走廊照明宜在上课后可关掉其中部分照明器。一般教室照明器的布置如图10-1所示。

（四）黑板照明

教室黑板照明器的布置如图10-2所示，图10-2a表示了黑板照明器与师生的相对位置。

安装黑板照明器时，应注意以下几点：

1) 为达到照度均匀、黑板垂直照度最大、教师和学生均无眩光刺眼这三项要求，黑板照明器的安装高度 h 与照明器到黑板的水平距离 l 的关系，如图10-2b所示。

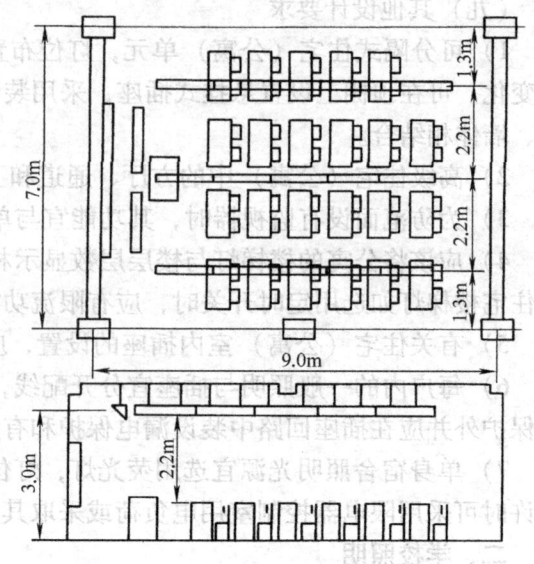

图10-1 一般教室照明器的布置

假若黑板照明器Q的位置由 l 变到 L 以上时，第一排的学生就会感到反射眩光。

2) 应使黑板照明器的反射光不致进入学生的眼睛，α 角要在60°以上，最低不应小于45°。

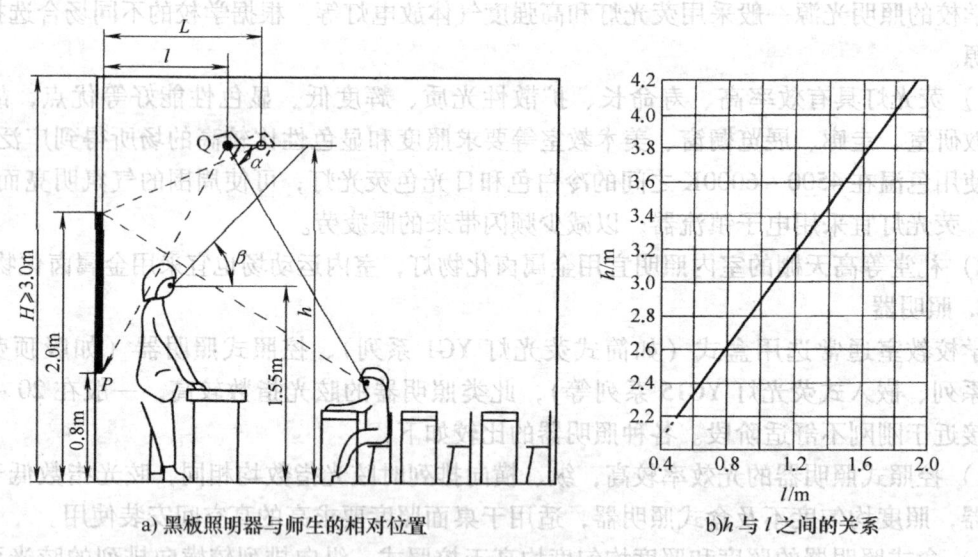

a) 黑板照明器与师生的相对位置　　b) h 与 l 之间的关系

图10-2 教室黑板照明器的布置

3) 为了避免在教师的讲稿上有刺眼的光线，光源的仰角 β 应不小于45°，最小也应在30°以上。

4) 为了在黑板面有较好的均匀度，黑板照明器投射位置最好在黑板下端 P。

5) 如果黑板前设置投影幕，黑板照明应分别控制，可以单独开启每一个灯具。

6) 如图10-3所示，阶梯教室通常采用平行于黑板的荧光灯灯带照明，以减少眩光。另外，因层高不等会造成照度不均匀，可采用不等距的布灯方式。

（五）电化教室的照明

1）在电视教学的报告厅、大教室等场所，宜设置供记录笔记用的照明（如设置局部照明）和非电化教学时使用的一般照明，但一般照明宜采用调光方式。

2）演播用照明的用电功率，初步设计时可按 $0.6 \sim 0.8 kW/m^2$ 估算。当演播室的高度在 7m 及以下时，宜采用导轨式布置灯具，高于 7m 时，则采用固定式布置灯具。

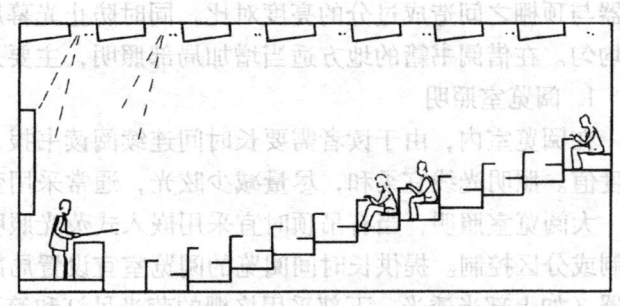

图 10-3　阶梯教室照明器的布置

演播室的面积超过 $200m^2$ 时，应设有应急照明。

3）电化教室的多媒体教学设备，应在讲台上安装控制台，以使教师能够完成教室的照明器的开启和关闭，必要时可以进行调光的控制以及自动投影系统的控制。

视听室不宜采用气体放电光源。除设有电源开关外，视听桌上宜设有局部照明。

（六）电源插座

1. 实验室用电插座

物理实验室宜在每个学生的实验桌上设单相三极插座和丁字形两极电插座各一个。丁字形两极电插座单独分路，并在控制箱处设置连接其他试验电源的条件。化学及生物实验室宜在每个实验桌上设单相三极插座一个。物理、化学、生物实验室的讲台处，应设两组单相两极、三极插座。物理实验室讲台处，需设三相电源插座。各实验准备室，应设 $1\sim 2$ 个实验电源插座组合盘，生物和化学试验准备室，应设电冰箱、恒温箱等用电插座。

实验用电插座，宜按课桌纵列分路，每个支路需设开关控制与保护，每个实验室需设总控制箱。如设有实验准备室时，宜在其内设置切断实验室电源的开关。如无实验准备室时，可将控制箱设在教室内讲台侧。

实验用电插座单相一般用 250V/10A，三相一般用 500V/15A。在实验台上的线路应加金属管进行保护。

化学实验室需要装设排气扇。若有毒气柜，需设置相应的通风机、控制与信号装置。

实验室内，教学用电应该采用专用回路配电。对于电气类或非电气类专业实验室，电气设备的试验台的配电回路应采用漏电保护装置。

2. 一般教室和其他场所用电插座

每个教室的前后，宜各设一个单相两极、三极插座。音乐教室、美术教室、教研室、阅览室、科技活动室等房间，宜在各墙面装设单相两极及三极插座。其他办公房间，一般至少设一个单相两极、三极插座。

每一照明分支回路，其配电范围不宜超过 3 个教室且插座宜单独回路配电。

一般用电的插座采用 250V/10A，明装的高度可为 $1.4\sim 1.8m$，而暗装的高度可为 $0.2\sim 1.8m$。设在教室内的低插座，其高度宜在 $0.3\sim 0.5m$。两极插座宜采用扁圆插孔两用型。

医务室、厨房等场所的电热、电力用电设备的插座均应设专用开关控制与保护。

（七）图书馆照明

荧光灯是图书馆照明最适当的光源，其安装最好是采取吸顶和嵌入式安装，为了不使照明器与顶棚之间造成过分的亮度对比，同时防止光幕反射，宜采用漫射型照明器可使光线分布均匀。在借阅书籍的地方适当增加局部照明，主要是书架的垂直照度。

1. 阅览室照明

在阅览室内，由于读者需要长时间连续阅读书报，为了减轻视觉疲劳，必须保证足够的照度值。照明光线宜柔和，尽量减少眩光，通常采用荧光灯照明。

大阅览室照明，当有吊顶时宜采用嵌入式荧光照明器。一般照明宜采用沿外窗平行方向控制或分区控制。提供长时间阅览的阅览室宜设置局部照明。阅览室照明最好采用半直接照明器（如上部半透光，下部采用格栅的荧光吊灯和筒形玻璃灯罩白炽灯等），使小部分光照到顶棚空间，改善室内亮度分布，还能把大部分光集中到工作面上，无局部照明时，阅览室一般的照度值为300lx。

阅览室可设台灯照明。台灯的直射光照到阅读物表面，很容易出现有害的眩光，因此，台灯的最佳位置是书偏左的正上方，如图10-4a所示，而不要装在书的前上方，如图10-4b所示。此时，阅览室一般照明的照度值大约只需提供原来照度的1/3～1/2。

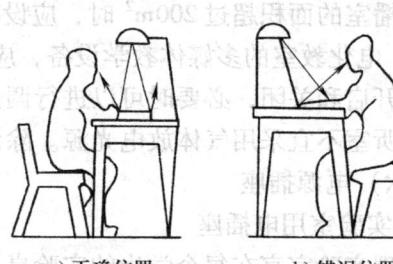

a) 正确位置　　b) 错误位置

图10-4　阅览室台灯位置

在配备有供单人使用小型阅读机的专门阅览室内，最好使用荧光灯台灯，保证书面照度值为500lx。

大阅览室的插座宜按不少于阅览座位数的15%装设。

2. 书库照明

书库内书架的照明要求有垂直照度，由于图书馆是开架借阅，书库照明的照度值与阅览室一样，按300lx进行设计。在布置灯位时，要注意顶棚上的灯光不能直接照入人眼，以防止眩光。书库照明宜采用窄配光或其他配光适当的照明器。通常，将照明器装在狭窄通道中央的上方（或将照明器直接装在书架上，可随书架一起移动），如图10-5a所示；也可选用带反光板照明器或特殊设计的遮光罩，如图10-5b所示。固定式书库可采用反射型灯泡，从吊灯内或吸顶安装斜射到书架上面，如图10-5c所示。

照明器与图书等易燃物的距离应大于0.5m。地面宜采用反射系数较高的建筑材料，以确保书架下层的必要照度。对于珍贵图书和文物书库应选用有过滤紫外线的照明器。

书库照明用电源配电箱应有电源指示灯并设于书库之外，书库通道照明应独立设置开关（在通道两端设置可两地控制的开关），书库照明的控制宜用可调整延时的开关。

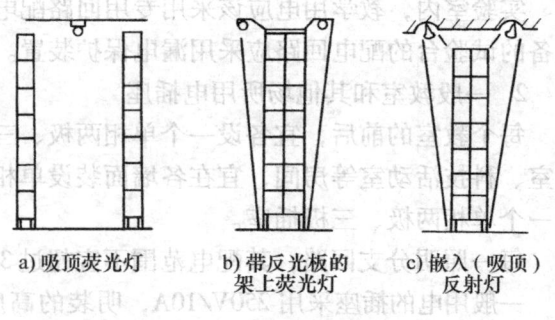

a) 吸顶荧光灯　　b) 带反光板的架上荧光灯　　c) 嵌入（吸顶）反射灯

图10-5　书库照明布置

3. 特殊灯光设备

特殊灯光设置应用有以下几种情形：

1) 微缩胶片收藏制度是用摄影收录图书和参考文件，而用于保存和借阅的一种方法。原因是这些书籍和文件过于珍贵或者条件很坏已不适于一般借阅。微缩胶片阅读器应放在光线较暗，便于阅读放映影像的特设房间中。此处应特别注意照明器的选用和部位问题，以保证屏幕不会出现其他光源的反光。

2) 计算机检索是图书馆借助于微电子技术将图书内容存入到存储器内，必要时利用微机检索，将所要求的内容显示在屏幕上，或者通过打印设备打印出来。为了便于检索，微机检索室照明要特别注意防止眩光，最好采用格栅型的荧光吸顶灯，其照度水平不应低于500lx。

3) 图书馆中经常举行特别展览，这种展览的总体效果主要是看视觉印象效果如何而定。最好的办法是在展览区采用轨道灯装置，使用多盏聚光灯。这样布置特殊灯光既方便又安全。

重要图书馆应设应急照明、值班照明和警卫照明。

图书馆内的公共照明与工作（办公）区照明宜分开配电和控制。

每幢建筑在电源引入配电箱的位置，应设有电源总切断开关，各层应分设电源切断开关。

三、办公照明

（一）照度标准

办公楼建筑照明的照度标准，见表6-6。

（二）亮度和眩光

在办公室中，如果亮度的差别太大，就会引起眩光；反之，如果亮度差别太小，整个环境就会显得呆板。整个现场中，各种视觉作业与其邻近的背景之间的亮度比值应在3:1～10:1之间。

（三）照明器的选择

办公室、打字室、设计绘图室、计算机室等场合，宜采用荧光灯，室内饰面及地面材料的反射系数应该满足：顶棚70%；墙面50%；地面30%。若不能达到要求时，宜采用上半球光通量不少于总光通量15%的荧光灯照明器。如顶棚的反射比很小，建议加大墙面发射比，采用宽配光灯具让光通过墙面产生更多的光。在难于确定工作位置时，可选用发光面积大、亮度低的双向蝙蝠翼式的配光照明器。

（四）照明器的布置

办公建筑不同于教室的地方主要是办公桌的布置不定型，因此适宜采用间接照明或半间接照明。办公房间的一般照明，应该设计在工作区的两侧，采用荧光灯时宜使照明器纵轴与水平视线相平行。不宜将照明器布置在工作位置的正前方，而对于大开间办公室的灯位布置，宜采用与外窗平行的形式。

（五）一般要求

1) 有计算机终端设备的办公用房，应避免在屏幕上出现人和杂物（如照明器、家具、窗户等）的映像。

通常与照明器的垂直线成50°以上的空间亮度不大于200cd/m^2，其照度可在300lx（不需要阅读文件时）～500lx（需要阅读文件时）。

2) 出租办公室的照明和插座，宜根据建筑的开间或根据智能大楼办公室基本单元进行布置，以不影响分隔出租使用。

3）当计算机室设有电视监视设备时，应设值班照明。

4）在会议室内放映幻灯或电影时，一般照明宜采用调光控制。会议室照明设计一般可采用荧光灯（组成光带或光檐）与稀土节能型荧光灯（组成下射灯）相结合的照明形式。

5）以集会为主的礼堂舞台区照明，可采用顶灯配以台前安装的辅助照明，其水平照度宜为200-300-500lx，并使平均垂直照度不小于300lx（指舞台台板上1.5m处）。同时在舞台上应设有电源插座，以供移动式照明设备使用。

6）多功能礼堂的疏散通道和疏散门，应设置疏散照明。

四、旅馆照明

旅馆照明在满足功能性要求的前提下，多以装饰性为主。四星级及以上旅馆为一级负荷，需3个电源供电，宜选用发光二极（LED）管或紧凑型荧光灯光源。照明器应选用下射灯。

（一）照度标准

旅馆建筑照明的照度标准，见表6-9。

（二）门厅照明

门厅照明设计就是用照明器造型和光照来充分表现旅馆的格调，通常以宁静、典雅为基调，使人感到亲切和温暖。为了突出主厅的豪华气派，门厅照明可采用以下投式为主的不显眼照明手法，门厅照明的亮度要同户外的亮度相协调，最好能用调光设备或开关装置对门厅的照明亮度进行调节。用灯光突出服务台，使客人知道服务台的位置。

（三）公共场所照明

旅馆的公共大厅、门厅、休息厅、大楼梯厅、公共走道、客房层走道以及室外庭园等场所的照明，宜在服务台（总服务台或相应层服务台）处进行集中遥控，但客房层走道照明就地亦可控制。健身房照明宜在男女服务间分别设置遥控开关。

1. 主厅

主厅又称休息厅，是供客人休息的场所，厅内一般摆设沙发、台桌、工艺品和各种盆景，照明系统应与室内装修配合，当厅室高度超过4m时，宜使用建筑化照明（或下投式照明与立灯照明的组合照明），使主厅显得宽敞华丽。也可使用大型吊灯，显示豪华气派。

主厅照明应提高一垂直照度，并随室内照度（受天然光影响）的变化而调节灯光或采用分路控制方式。主厅照明应满足客人阅读报刊所需要的照度要求。

2. 餐厅

餐厅主要供客人在明亮的气氛下舒适就餐，因此，采取高效率的嵌入式照明器（或用吸顶灯）加壁灯照明。光源可以选择白炽灯或荧光灯作为背景照明，照度宜100lx，餐桌上的照度宜达到300~700lx。酒吧、咖啡厅、茶室等照明设计，宜采用低照度水平并可调光，在餐桌上可设置电烛形的台灯，但在收款处应提高区域一般照明的照度水平。

3. 宴会厅

宴会厅要求装饰豪华，照明一般采用晶体发光玻璃珠帘照明器或大型、枝形吊灯，常采用建筑化照明手法，使厅内照明更具特色。有时对部分照明实行调光控制，提高照明的效果。宴会厅可以使用花灯、局部射灯、筒灯、荧光灯等不同照明器的组合，以适应不同场合功能的需要。大宴会厅照明应采用调光方式。同时宜设置小型演出用的可自由升降的灯光吊杆，灯光控制应在厅内和灯光控制室两地操作。

4. 商场

内部商场主要销售一般的生活用品、工艺品，因此需要对主要商品及陈列橱柜设置重点照明，利用光色表现商品所具有的特征和色彩，其亮度一般为一般照明的 3~5 倍。为了加强商品的立体感和质感，有时要使用方向性强的导轨灯配用反射灯泡投射到商品上。导轨灯可以根据商品陈列情况，随时移动照明器位置，调整照明器投射角度，增加或减少照明器的数量，调配亮度，避免眩光现象。

5. 旅馆的休息厅、餐厅、茶室、咖啡厅等处

宜设有地面插座及灯光广告用插座。

（四）多功能厅

多功能厅可适用于召开会议、举办舞会和文艺演出。为满足各种功能要求，照明设计的关键是选择照明器和控制系统。

多功能厅要求配备多种光源，以适应各种环境气氛的要求。设有红外无线同声传译系统的多功能厅照明，当采用热辐射光源时，其照度不宜大于 50lx。

1. 照明器

常用的照明器主要有装饰灯，通常选用大型的组合花灯、吊灯或吸顶灯。为了烘托主要装饰灯，常采用辅助灯饰（称之为"底灯"），其作用是，与主要装饰灯相呼应形成明暗对比，并增加立体感。"底灯"宜选用吸顶式或嵌入式筒灯，可连续调光。变色灯也是一种辅助装饰灯，它使室内空间多姿多彩。光源可选用彩色荧光灯、白炽灯或霓虹灯。设有舞池的多功能厅，宜在舞池区内配置宇宙灯、旋转效果灯、频闪灯等现代舞用灯光及镜面反射球。旋转灯专供舞会使用，通过灯光的旋转和位移，给人一种活泼新奇的感觉。频闪灯的灯光应随着音乐节奏不断闪烁，产生明快的节奏感。

2. 控制方式

照明的控制方式是实现多功能照明的重要条件。手动控制将各种用途的照明器分成若干回路，然后根据使用场合的要求进行人工操作和调节。声控控制由声控器根据音乐节奏自动控制灯的通断和色彩的变换。程序控制把各种场面所需的照明形式存储在可编程自动调光器内，根据实际需要，自动执行预先存储的照明程序。舞池灯光宜采用计算机控制的声光控制系统，并可与任何调光器配套联机使用。

（五）走廊与电梯门厅

走廊与电梯门厅在建筑上是相连的，既要协调，也要有变化。电梯门厅的照度略高于走廊。由于底层电梯门厅与入口大厅相连，灯饰应选用较豪华的，其余各层电梯门厅的灯饰应与走廊的灯饰相协调。

通向会议室、餐厅、门厅、阅览室等公共场所的走廊，人流量较大，照度在 75~150lx，照明器排列要均匀，间距在 3~4m。通向客房的走廊，人流量较小，照度可小一些，照明应以客房门口为重点，可采用吸顶灯或壁灯，宜选用 LED 光源。客房层走廊应设清扫用插座。

楼梯间一般采用漫射式吸顶灯或壁灯，对于回转楼梯，可选回转式吸顶灯或壁灯。旅馆的疏散楼梯间照明应与楼层层数的标志灯结合设计，宜采用应急照明灯。

（六）舞厅

舞厅是一种公共娱乐场所，应该使得环境幽雅，气氛热烈。在舞厅内，一般采用筒形嵌入式照明器点式布置，作为咖啡座的低调照明和舞池的背景照明。舞池的顶棚上，设置各种颜色的小型投射灯、导轨式射灯和旋转式射灯，通常中间还设有旋转反光球，接受颜色变换器的直接照射而不断地变换颜色，或者设置直射式旋转变色光球。导轨式和固定式各种颜色的射灯实行单独控制，并随着舞曲的音调起伏与节奏变化而不断闪烁。

（七）客房照明

客房一般由起居室和卫生间构成，为了给旅客提供舒适、安全的住宿条件，照明设计必须在满足实用的基础上，突出照明器的装饰作用，点缀室内气氛。

1. 房间照明

等级标准高的客房床头照明宜采用调光方式，客房的通道上宜设有备用照明。客房照明应防止不舒适眩光和光幕反射，设置在写字台上的照明器亮度应不大于 $510cd/m^2$，也不宜低于 $170cd/m^2$。

客房的进门处，宜设有除冰柜、通道灯以外的切断电源开关（面板上宜带有指示灯），或采用节能控制器。

客房照明一般可以选用顶棚灯，在房间的中央，采用吸顶式或吊装式安装，在房间的入口处和床头处实行双控。壁灯安装在靠茶几沙发的墙壁上，供看书阅读使用。在客房的每个床位要设置床头照明，双人客房的床头照明要选用光线互不干扰的照明器，并在伸手范围内能进行控制。当床侧放置床头柜时，可在该处设置地脚灯做通宵照明。

客房设有床头控制板时，在控制板上可设有电视机电源开关、音响选频开关、音量调节开关、风机盘管风速高低控制开关、客房灯、通道灯开关（可两地控制）、床头照明灯调光开关、夜间照明灯开关等。有条件时尚可设置写字台台灯、沙发落地灯等开关。等级标准高的客房的夜间照明灯用开关只选用可调光方式。

一般来说，客房各种插座与床头控制板常用接线盒装在墙上，当隔音条件要求高且条件允许时，可安装在地面上。客房内插座宜选用两孔和三孔安全型双联面板。除额定电压为220V以外的各种插座，应在插座面板上标刻电压等级或采用不同的插孔形式。

2. 卫生间照明

需要明亮柔和的光线。卫生间的照明一般使用防潮、易于清洗的壁灯、吸顶灯，同时避免安装在有蒸汽直接笼罩的浴缸上部。光源可以采用节能灯，安装在座便器的前上方。客房穿衣镜和卫生间内化妆镜的照明，其照明器应安装在视野立体角60°以外（即，以水平视线与镜面相交一点为中心，半径大于300mm），照明器亮度不宜大于 $2100cd/m^2$。当用照度计的光检测器贴靠在照明器上测量，其照度不宜大于6500lx。邻近化妆镜的墙面反射系数不宜低于50%。卫生间照明的控制宜设在卫生间门外。

当卫生间内设有220/110V电动剃须刀插座时，插座内的220V电源侧，应设有安全隔离变压器，或采用其他保证人身安全的措施。卫生间内，如需要设置红外或远红外设备时。其功率不宜大于300W，并应配置 0～30min 定时开关。

高级客房内用电设备的配电回路，应装有过电压、欠电压保护功能的漏电保护器。

（八）其他场所

1）旅馆的潮湿房间如厨房、开水间、洗衣间等处，应采用防潮型照明器。机房照明可采用荧光灯，布置灯位时应避免与管道安装的矛盾。

2) 地球（保龄球）室照明应避免眩光。宜采用反射型白炽灯或卤钨灯所组成的光檐照明。光檐照明应垂直于球体滚动通道方向布置。每道光檐照明的间距宜在 3.5~4m。

3) 高尔夫球模拟室可采用荧光灯组成的光檐照明并在房间四周设置。

4) 室外网球场或游泳池，宜设有正常照明，同时应设置杀虫灯（或杀虫器）。

5) 地下车库出入口处应设有适应区照明。

6) 旅馆内建筑艺术装饰品的照度选择可根据下述原则：装饰材料的反射比大于80%时为300lx；当反射比在50%~80%时为300~750lx。

7) 屋顶旋转厅的照度，在观景时不宜低于 0.5lx。

五、商场照明

商场照明的目的是突出商店的商品特征，吸引顾客的注意，引起顾客的购买兴趣与欲望。在表现商品特征的同时，达到烘托店堂的气氛，给顾客以视觉导向的作用，使顾客易于找到自己所需要购买的商品。商业照明应该与商店的总体营销策略一致，并且随着商品和季节的变化具有一定的可变性。商业照明应选用显色性高、光束温度低、寿命长的光源，如荧光灯、高显色钠灯、金属卤化物灯、低压卤钨灯等，同时宜采用可吸收光源辐射热的照明器。

（一）商店的分类

商店的分类及光源要求，如表 10-1 所示。

表 10-1 商店的分类与光源要求

分类	Ⅰ	Ⅱ	Ⅲ	Ⅳ
价位	便宜	低	高	昂贵
商店形象	大型超市	物有所值型	质量型	精细选购
商品范围	宽	商品有限	高品质商品，范围广	高档品，独特
销售方式	无需服务	需要服务	要求服务	需要个人服务
布置特点	老少皆宜	物有所值	布置较为精细	布置独特，环境幽雅
顾客人群	顾客来源广泛	社区服务	注重质量的顾客	顾客群较小
表现形式	自助式	陈列简单	购物是一种乐趣	高档个人服务
光源	荧光灯	荧光灯	荧光灯、发光二极管	发光二极管、金属卤化物灯
光色	自然白色光源	自然白色光源	暖白色光源	极暖白色光源
显色性	较好	较好	好	杰出
重点照明系数	<5	<5	15	>30
照明方式	一般照明	一般照明居多，有重点照明	一般照明与重点照明相结合	一般照明，重点照明居多

（二）照度标准

商业建筑照明的照度标准，见表 6-8。

（三）营业厅照明

营业厅照明包括一般照明、重点照明（功能性照明）和装饰照明 3 种。

1. 一般照明

在营业厅照明设计中，一般照明可按水平照度设计，但对布匹、服装以及货架上的商品，应考虑垂直面上的照度。对于营业厅光环境设计，应充分使照明起到功能作用。

在天然光下显示使用的商品时，以采用高显色性（$R_a>80$）光源、高照度水平为宜；而在室内照明下显示使用的商品时，可采用荧光灯、LED 灯或其混光照明。商店常用的照明器布置方式，如图10-6所示。

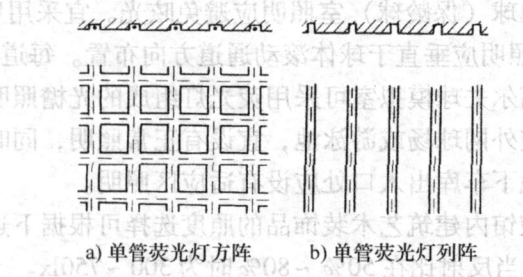

a) 单管荧光灯方阵　　b) 单管荧光灯列阵

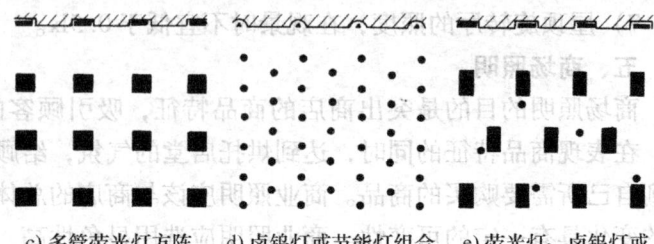

c) 多管荧光灯方阵　d) 卤钨灯或节能灯组合　e) 荧光灯、卤钨灯或节能灯组合

图10-6　商店常用的灯具布置方式

2. 重点照明

是指对主要场所和对象进行重点投光，目的在于增强顾客对商品的注意力。其亮度是根据商品种类、形状、大小、展览方式以及与周围店堂空间的基本照明相配。

一般使用强光来加强商品表面的光泽，强调商品形象。其亮度是基本照明的3~5倍。为了加强商品的立体感和质感，常使用方向性强的控光照明器和利用色光以强调特定的部分。

重点照明经常采用的光源是卤钨灯、金属卤化物灯和白色高压钠灯。照明设计宜采用非对称性配光照明器，并应适应陈列柜台布局的变动。可选用配线槽与照明器相组合并配以导轨灯或小功率聚光灯的设计方案。对于导轨灯的容量确定在无确切资料时，每延长1m按100W计算。

3. 装饰照明

装饰照明可对室内进行装饰，增加空间层次，制造环境气氛。装饰照明通常使用装饰吊灯、壁灯、挂灯等图案形式统一的系列照明器，使室内繁华而不杂乱，渲染了室内环境气氛，更好地表现具有强烈个性的空间艺术。

对珠宝、首饰等贵重物品的营业厅应设值班照明和备用照明；营业厅的每层面积超过1500m² 时应设有应急照明；灯光疏散指示标志宜设置在疏散通道的顶棚下和疏散出入口的上方；商业建筑的楼梯间照明宜按应急照明要求设计并与楼层层数显示结合。

大营业厅照明应采用分组、分区或集中控制方式。

（四）橱窗照明

橱窗照明的作用是为了吸引在店前通行的顾客注意，应使商品或展出的意图尽可能地引人注目。橱窗照明是依靠强光使商品突出，同时强调商品的立体感、光泽感、材料质感和色彩等，利用不同的灯饰引人注目，或利用彩色灯光使照明状态变化，突出商品个性。橱窗照明设计应根据商品种类、陈列空间的构成，以及所要求的照明效果综合考虑。

橱窗照明宜采用带有遮光格栅或漫射型照明器。当采用带有遮光格栅的照明器安装在橱窗顶部距地高度大于3m时，照明器的遮光角不宜小于30°；如安装高度低于3m，则照明器遮光角直为45°以上。

1. 基本照明

为了保证橱窗内基本照度的照明。由于白天会出现镜面反光现象，所以要提高照度水平。

2. 聚光照明

采用强烈灯光突出商品的照明方式。要使橱窗内全部商品都明亮时，照明器应采取平埋型配光；而为了重点突出某一部分时，则采取重点照明方式，选择能随意变换照射方向的照明器，以适应商店陈列的各种变化要求。

3. 强调照明

以装饰用照明器或利用灯光变幻，达到一定的艺术效果，来衬托商品的照明方式。在选择装饰用照明器时，应注意在造型、色彩、图案等方面和陈列商品协调配合。

4. 特殊照明

根据不同商品的特点，使之更为有效地表现出商品特征的照明方式。表现手法有：从下方照射，属于突出商品飘动感的脚光照明；从背面照射，属于突出玻璃制品透明感的后光照明；采用柔和的灯光包容起来的撑墙支架照明方式。特殊照明器的安装应注意隐蔽性。

室外橱窗照明的设置应避免出现镜像，陈列品的亮度应大于室外景物亮度的10%。展览橱窗的照度宜为营业厅照度的2~4倍。用亮度高的光源照射商品时，要注意避免反射眩光，避免发生不舒服的感觉。

（五）陈列照明

1. 陈列架照明

为了使全部陈列商品亮度均匀，照明器设置在陈列架的上部或中段，光源可采用荧光灯，也可采用聚光灯照明，磨砂玻璃透光可以给商品以轻快的感觉。重点商品采用逆光照明时，必须有足够的亮度，通常使用定点照明灯，使商品更加引人注目。

2. 陈列柜照明

对于玻璃器皿、宝石、贵金属等类陈列柜台，应采用高亮度光源；对于布匹、服装、化妆品等柜台，宜采用高显色性光源。柜台内照明的照度宜为一般照明照度的2~3倍。但由一般照明和局部照明所产生的照度不宜低于500lx。对于肉类、海鲜、苹果等柜台，则宜采用红色光谱较多的白炽灯。为了强调商品的光泽感而需要强光时，可利用定点照明或吊灯照明方式。照明灯光要求能照射到陈列柜的下部。对于较高的陈列柜，有时下部照度不够，可以在柜的中部装设荧光灯或聚光灯。

商品陈列柜的基本照明手法有以下4种：

（1）柜角的照明 在柜内拐角外安装照明器时，为了避免灯光直接照射顾客，灯罩的大小尺寸要选配适当。

（2）底灯式照明 对于贵重工艺品和高级化妆品，在陈列柜的底部装设荧光灯管，利用穿透光线有效地表现商品的形状和色彩，假若同时使用定点照明，更可增加照明效果，显示商品的价值。

（3）混合式照明 当陈列柜较高时，在柜子的上部使用荧光灯照明，下部需要增加聚光灯照明，这样可以使灯光直接照射陈列柜的底部。

(4) 下投式照明　当陈列柜不适合装设照明器时，可以在天棚上装设定点照射的下投式照明装置，下投式照明器的安装高度和照设方式相应结合陈列柜的高度、天棚高度和顾客站立的位置决定。

(六) 广告照明

广告照明要求显示广告本身，达到宣传和引人注目等特殊效果。在广告照明中，常用的光源有白炽灯、卤钨灯、荧光灯、氖灯等，其中氖灯的应用最广泛。

1. 光电式广告牌

利用白炽灯组成各种文字或图形，通过开关电路的变换方式使文字或图形发生变化。在白天用红色的 15~25W 灯泡，在夜晚多使用红、蓝、绿色，后面布置抛物线反光镜，这样可以使广告更加醒目。

2. 内照式广告牌

采用乳白色丙烯树脂板建造的箱式广告牌，里面装设荧光灯。由于丙烯树脂的实际耐温为80℃，在设计内照式广告牌时，应考虑温度变化，不能使温度超过此值。为了保护电气线路避免出现短路故障，应注意防止雨水浸入灯箱。

3. 氖灯广告

氖灯又称霓虹灯。在广告照明中所使用的氖灯管有透明管、荧光管、着色管和着色荧光管4种。广告效果是通过可编程序控制器按一定顺序接通氖灯管制成各种图案来达到的。氖灯广告控制箱内一般设有电源开关、定时开关和控制接触器。电源开关采用塑壳断路器，定时开关有电子式及钟表机构式两种。

氖灯管所用的高压电源由单相霓虹灯变压器提供。低压输入220V 交流电，高压输出电压为15kW，容量为450V·A。变压器高压侧额定电流为0.03A，低压侧额定电流为2.05A，可供直径为12mm、长度为10m 或直径为6~10mm、长度为8m 的灯管使用。霓虹灯变压器应靠近广告牌安装，一般隐蔽地放在广告牌的后面。当霓虹灯的供电容量超过4kV·A 时，应采用三相供电方式。

氖灯广告控制箱一般装设在与氖灯广告牌毗邻的房间内。为了防止在检修氖灯广告牌时触及高压电，在氖灯广告牌现场应加装电源隔离开关。在检修时，先断开控制箱的开关，然后再断开现场的隔离开关，避免合闸时氖灯管带电。

第二节　室外照明

一、体育场照明

体育场地照明光源宜选用金属卤化物灯、高显色高压钠灯。同时，场地用直接配光的照明器应带有格栅，并附有照明器安装角度的指示器。

比赛场地照明应满足使用的多样性。室内场地的布灯采用高光效、宽光束与狭光束配光的照明器相结合方式或选用非对称性配光照明器；室外足球场地应采用狭光束配光（1/10峰值光强与峰值光强的夹角不宜大于12°）泛光照明器，同时应有效控制眩光、阴影和频闪效应。

(一) 照度标准

体育运动场所照明的照度标准，见表 6-15、表 6-16。

（二）照明器的布置方式与安装高度

室外运动场地的照明在决定灯位布置和安装高度时，首先考虑的是，在运动方向和运动员正常视线方向上，尽量减小光源对运动员所产生的眩光干扰。

通常照明器的布置方式和安装高度可分为4类，如表10-2所示。

表10-2 照明器的布置方式和用途

方式	布置地点	布 置 图	照明器安装高度	计算公式	用 途
侧面照明	比赛场地的两侧布置照明器	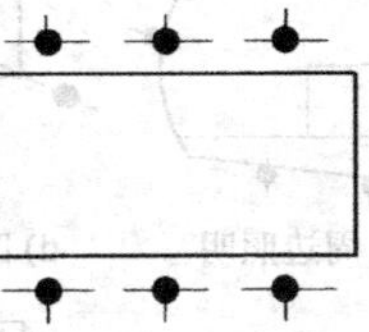	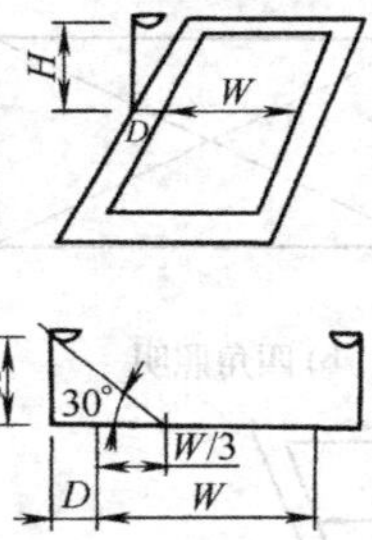	$H \geq (D + W/3)\tan30°$	田径比赛、足球场、橄榄球场、网球场等
四角照明	比赛场地的四角处布置照明器	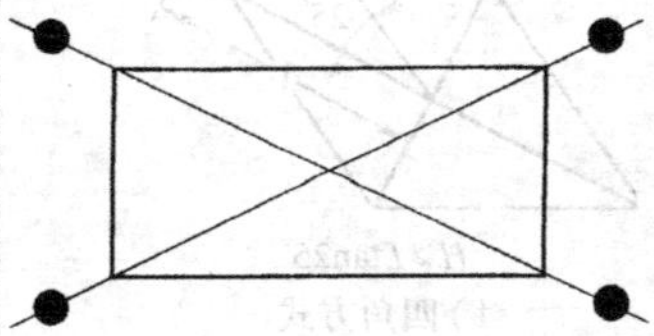	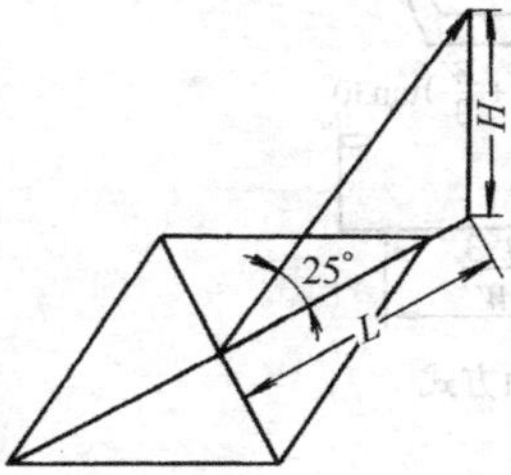	$H \geq L\tan25°$	足球场、橄榄球场等
周边照明	比赛场地的周围布置照明器	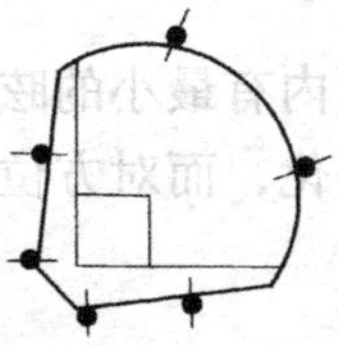		根据目标个别确定	棒球场、田径比赛场等
四角与侧面并用照明	比赛场地的四角和电视摄影机一侧布置照明器	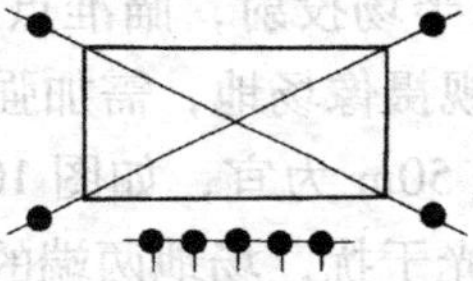		上述两个公式并用	进行彩色电视摄像的足球场、橄榄球场等

无论采用哪一种照明器布置方式，在选择安装高度时，都不能使光线射入运动员正常视线的30°角上下的方向内。此外，对于主要利用低空间的运动项目，如田径、游泳、射箭、滑雪等，其运动范围大部分在距离地面3m的高度内进行，照明器安装高度不得低于6m。对于主要利用高空间运动的项目，如足球、棒球、网球、高尔夫球、橄榄球等球体的运动，运动范围除地面外，还在距离地面10~30m的空间进行，照明器安装高度不得低于9m。

（三）照明器瞄准点的确定

1. 瞄准点原则

根据以下原则确定瞄准点：

1）瞄准点必须使照明器射出的光通量绝大部分能投射到运动场地和预设的被照面上。为了增加背景亮度，投射到观众席的光通量应小于投射到场地中的光通量的25%。

2）保证整个运动场地有足够均匀的水平照度和垂直照度，并且在该场地上空一定高度范围内（足球项目一般取15m）有足够的亮度，而且不可产生暗区。

3）每个瞄准点要有几个不同照明器投射光束的叠加，一旦某个光源有故障后，不会对被照场地的照度均匀度有太大的影响。照明器的布置方式如图10-7所示。

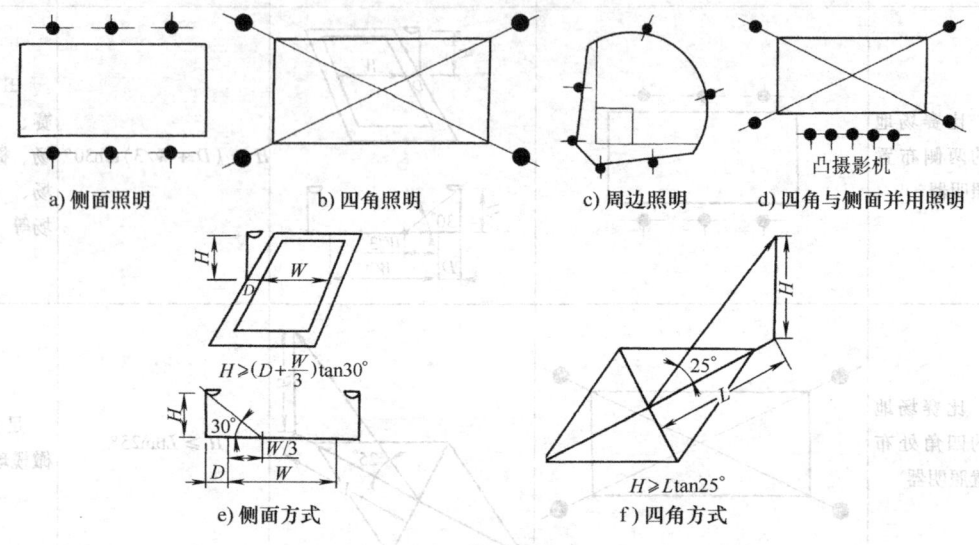

图 10-7 照明器的布置方式

4）瞄准点的设定必须做到在运动员和观众视野范围内有最小的眩光干扰。

5）瞄准点的设置要简便，一般将俯角都设定为规格化，而对方位角进行调整。

2. 不同的灯位布置方式

通常采用以下几种照明方式：

（1）侧面照明方式　对于训练场地，照明器仅向半场投射，瞄准点距边线以25m左右为宜，如图10-8a所示；如为大型比赛及进行彩色电视摄像场地，需加强垂直照度，应把照明器一部分光束投向对面半场内，瞄准点离自侧边线50m为宜，如图10-8b所示；为了提高场地两端的垂直照度及避免对足球运动守门员的眩光干扰，场地两端的照明器应尽量向外移，照明器向场内投射，如图10-8c所示。

（2）四角照明方式　四角照明方式中，照明器瞄准点的确定，一般先根据灯塔的高度、照明器的光束角以及光强分布等情况，将运动场地划分为中央区、两端区、边线区、四角区等4个区域，然后，按图10-8d中所划分每个灯塔所应投射的区域，确定每个区域内每个灯塔所应承担光通量的比例。通常，每个灯塔承担的照度是：中央区为1/4；两端区和边线区为1/2，四角区均为各自承担，也就是说，为保证场地的照明均匀性好，每个灯塔投至4个区的实际照度之比为1:2:2:4。

（3）四角及侧面方式并用　并用照明方式的瞄准点确定，是以四角方式照明为主体，侧面照明方式只是为解决彩色摄像机的摄像主轴方向增加垂直照度。因此，四角灯塔的瞄准点主要在场地中线以外，而侧面光带的照明器瞄准点主要分布在自侧场地，如图10-8e所示。

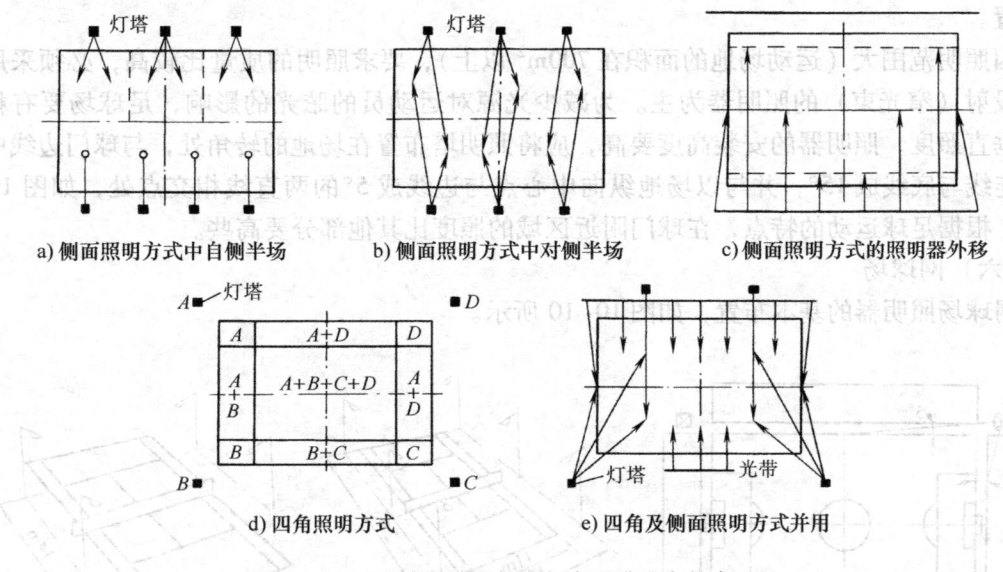

图 10-8 不同照明器布置方式下瞄准点的布置

(四) 综合性体育场

综合性大型体育场宜采用光带式或与塔式组成的混合式布置灯位的形式。

1. 侧光带式布置灯位

在罩棚（或灯桥）L布置灯位的长度应该超过球门线（底线）10m以上。如果还有田径比赛场地，两侧灯位布置总长度应不少于160m或采取环绕式分组布置灯位、泛光灯的最大光强射线至场地中线与场地水平面的夹角应为25°，至场地最近边线（足球场地）与场地水平面夹角应在45°～70°之间。

2. 四角塔式布置灯位的灯塔位置

应选在球门的中线与场地底线成15°，半场中心线与边线成5°的两线相交后，两条延长线所包括的范围之内，并将灯塔安置在场地的对角线上。灯塔最低一排灯组至场地中心与场地水平面的夹角宜在20°～30°之间。

在比赛场地内的主要摄像方向上，场地水平照度最小值与最大值之比不宜小于0.5；垂直照度最小值与最大值之比不宜小于0.4；平均垂直照度与平均水平照度之比不宜小于0.25。体育馆（场）观众席的垂直照度不宜小于场地垂直照度的0.25。

对于训练场地的水平照度均匀度，水平照度最小值与平均值之比不宜大于1:2（手球、速滑、田径场地照明可不大于1:3）。

足球与田径比赛相结合的室外场地，应同时满足足球比赛和田径场地照明要求。场地照明的光源色温宜为4000～6000K。光源的一般显色指数应不低于65。

(五) 足球场

足球运动项目是典型的利用空间的运动，要求场地上部空间有较强的光线。

室外足球训练场地可采用两侧灯杆（4、6或8灯杆）塔式布置灯位，灯杆的高度不宜低于12m。泛光灯的最大光强射线至场地中线与场地水平面的夹角不宜小于25°，灯具应加隔栅，减少直接眩光。至场地最近边线与场地水平面的夹角宜在45°～75°（采用6灯杆式时夹角可在45°～60°之间，采用8灯杆式时夹角可在60°～75°之间）。灯杆在场地两侧应均匀布置。

因照明范围大（运动场地的面积在700m²以上），要求照明的质量比较高，必须采用远距离投射（窄光束）的照明器为主。为减少光源对运动员的眩光的影响，足球场要有相当高的垂直照度，照明器的安装高度要高，应将照明塔布置在场地的转角处，与球门边线中心点的连线与底线成15°，并与以场地纵向中心点与边线成5°的两直线相交点处，如图10-9所示。根据足球运动的特点，在球门附近区域的照度比其他部分要高些。

（六）网球场

网球场照明器的基本布置，如图10-10所示。

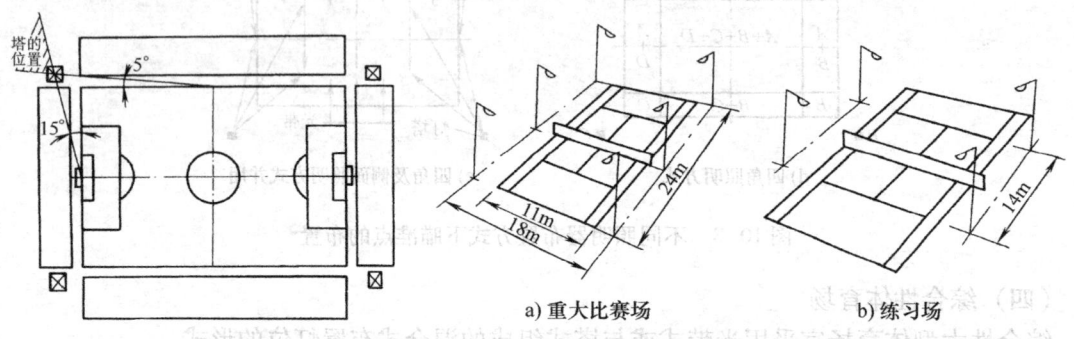

图10-9 足球场照明塔的布置　　　　图10-10 网球场的照明器的布置

由于网球场地较窄，相应的照明范围也较窄，因此要求的投射距离较近，一般采用中光束400W以下投射配光的照明器。为了避免运动员和网球产生强烈的阴影，照明器应采用两侧对称排列，并且要求在运动员的视线方向上不出现强光。为了满足场地上部空间有充足的照度，照明器安装高度不可低于10m。根据网球运动的特点，满足运动员、裁判员和观众的视觉条件，在球网附近区域要特别提高照度。

（七）室外游泳池

室外游泳池白天自然采光，晚间则采用人工照明。室外游泳池照明器的布置，如图10-11所示。一般照明是采用宽光束照明器作近距离投射，照明器安装在泳池四周侧面照明，应使光源最大光强的射线至最远池边，并与池水面的夹角在50°~60°。确定瞄准点应尽量做到减少光线进入运动员视线的频率，以泳池水面的反射光不进入运动员、观众视线为依据，确定照明器的安装高度。为了保证运动员、游泳者的安全和管理的需要，水面及地边的照度值不宜低于100lx。有观众台的游泳池要考虑灯具光源在水面上的反射产生对观众的眩光。

当游泳池内设置水下照明时，应设有安全接地等保护措施。水下照明指标水池面为600~650lm/m²。水下照明灯上沿口距离水面宜在0.3~0.5m；照明器间距应为2.5~3.0m（浅水部分）和3.5~4.5m（深水部分）。

（八）室外滑冰场

室外滑冰场地规格一般为80m×50m，该运动项目是低位运动，所以需要照明的均匀度比较高，而且不能出现强烈的阴影。为不致使对滑行者产生强烈阴影，宜采用照明器两侧对称排列的方式。因为该运动是低位进行的，故应采用近距离投射，照明器的出射配光为宽光束型。应注意避免冰面反射光进入运动员视线。为了能看清冰面的裂缝等危险之处，应使整

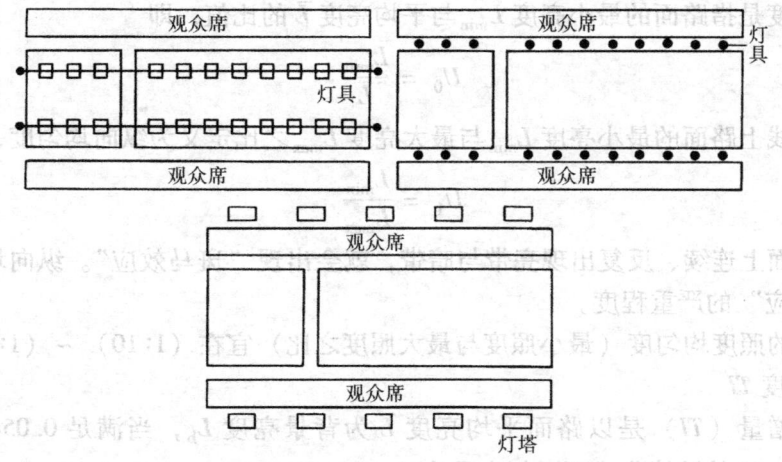

图 10-11 室外游泳池灯具的布置

个场面具有良好的均匀度。滑冰场照明器的基本布置方式，如图 10-12 所示。

（九）安全照明

在设有观众席的体育场，必须设有因故障停电时作为维护照明用的、若干只具有瞬间起动点燃特性的"应急照明器"。也可设置正常时作一般照明，而停电时瞬间即可切换电源（第二路电源或直流电源）的照明作安全照明。

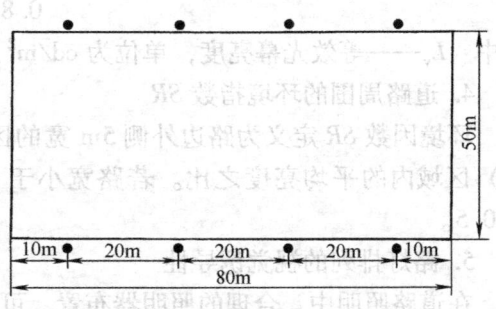

图 10-12 室外滑冰场照明器的布置

二、道路照明

照明良好的公路、街道和广场，会给人带来舒适、安逸和轻松的感觉。有利于交通质量的改善，减少交通事故，从而提高了交通的安全性。同时，良好的照明，消除了暗角，减小了交通参与者与居民的恐惧感，有助于维护公共秩序。

为了满足人们对和谐气氛的追求和突出建筑总体形象的需要，公路照明不论在白天或夜晚的灯光效应都要与周围的环境浑然成一体。

（一）质量评价指标

1. 路面平均亮度 $\bar{L}$

人的视觉在黑暗中对颜色的感知力是通过辨别是物质之间的颜色差异来实现的，物体与背景之间的亮度差异可以用亮度对比度来表示

$$C = \frac{L_0 - \bar{L}}{\bar{L}} \tag{10-1}$$

式中　L_0——物体自身亮度，单位为 cd/m^2；

　　　$\bar{L}$——背景亮度，单位为 cd/m^2。此处为路面平均亮度。

1）当 $L_0 > \bar{L}$ 时，将呈现出较亮的物体轮廓，路面较暗，此时两者呈现正对比；

2）当 $L_0 < \bar{L}$ 时，物体可以显示出轮廓，此时是负对比。在道路照明中主要使用负对比。

2. 路面亮度分布的均匀度 U_0

亮度均匀度是指路面的最小亮度 L_{min} 与平均亮度 $\overline{L}$ 的比值，即

$$U_0 = \frac{L_{min}}{\overline{L}} \quad (10\text{-}2)$$

在车道轴线上路面的最小亮度 L_{min} 与最大亮度 L_{max} 之比定义为纵向均匀度，即

$$U_1 = \frac{L_{min}}{L_{max}} \quad (10\text{-}3)$$

如果在路面上连续、反复出现亮带与暗带，就会出现"斑马效应"。纵向均匀度可用来描述"斑马效应"的严重程度。

路灯照明的照度均匀度（最小照度与最大照度之比）宜在（1:10）~（1:15）之间。

3. 眩光程度 TI

相对阈值增量（TI）是以路面平均亮度 $\overline{L}$ 为背景亮度 L_b，当满足 $0.05\text{cd/m}^2 < L_b < 5\text{cd/m}^2$ 条件时，TI 的计算公式可近似表示为

$$TI \approx \frac{65L_v}{0.8\overline{L}} = 81.25 \frac{L_v}{\overline{L}} \quad (10\text{-}4)$$

式中　L_v——等效光幕亮度，单位为 cd/m^2。此处为眩光产生。

4. 道路周围的环境指数 SR

环境因数 SR 定义为路边外侧 5m 宽的区域中的平均亮度与道路内侧的 5m 宽（路边起算）区域内的平均亮度之比。若路宽小于 10m，则取道路的一半宽度进行计算。一般 SR 为 0.5。

5. 路灯排列的视觉诱导性

在道路照明中，合理的照明器布置，可以产生好的视觉引导，并将前方道路的走向、交叉情况传递给汽车驾驶员，这样可减少交通事故的发生，保证交通安全。

6. 适应性

道路照明的开始和结束对交通安全运行有着非常特别重要的意义。在人的视野内，眼睛要适应亮度的变化需要有一定的时间，因此，在下列情况需要设置适应路段：

1）允许行驶速度 $v \geqslant 50\text{km/h}$，照明是在有建筑的区段之外或周围黑暗，且主路段的亮度 $\overline{L} \geqslant 1\text{cd/m}^2$。

2）不同亮度的路段相互衔接处。亮度的适应时间需要有 10s，在适应路段行驶时，照明器的光通量应逐步减小或变化。

（二）照度标准

各种道路照明的照度标准如表 10-3、表 10-4 所示。道路照明的照度要求在 5~30lx。

（三）光源的选择

路灯照明光源宜采用高压钠灯和金属卤化物灯等。路灯伸出路沿边长度宜为 0.6~1.0m，路灯水平线上仰角宜为 5°，路面亮度不宜低于 1cd/m^2。交通公路照明主要采用低压钠灯、荧光高压汞灯，城市内街道照明主要采用高压钠灯、金属卤化物灯。

（四）照明方式

1. 灯杆照明

灯杆照明高度在 15m 以下，照明器安装在灯杆顶端，沿道路延伸布置灯杆，可以充分利用照明器的光通量，视觉导向性好。这种照明方式适用于一般的道路、桥梁、街心花园、

停车场等。

表10-3 机动车交通道路照明标准值

级别	道路类型	路面亮度			路面照度		眩光限制阈值增量（最大初始值）TI（%）	环境比（最小值）SR
		平均亮度$L_{av}/\text{cd}\cdot\text{m}^{-2}$	总均匀度（最小值）U_0	纵向均匀度（最小值）U_L	平均照度（维持值）E_{av}/lx	均匀度（最小值）U_E		
I	快速路、主干路（含迎宾路、通向政府机关和大型公共建筑的主要道路，位于市中心或商业中心的道路）	1.5/2.0	0.4	0.7	20/30	0.4	10	0.5
II	次干路	0.75/1.0	0.4	0.5	10/15	0.35	10	0.5
III	支路	0.5/0.75	0.4	—	8/10	0.3	15	—

注：1. 表中所列的平均照度仅适用于沥青路面。若系水泥混凝土路面，其平均照度值可相应降低约30%。根据CJJ45—2006标准附录A给出的平均亮度系数可求出相同的路面平均亮度，沥青路面和水泥混凝土路面分别需要的平均照度。
2. 计算路面的维持平均亮度或维持平均照度时应根据光源种类、灯具防护等级和擦拭周期，按照CJJ45—2006标准附录B确定维护系数。
3. 表中各项数值仅适用于干燥路面。
4. 表中对每一级道路的平均亮度和平均照度给出了两档标准值，"/"的左侧为低档值，右侧为高档值。

表10-4 人行道路照明标准值

夜间行人流量	区域	路面平均照度（维持值）E_{av}/lx	路面最小照度（维持值）E_{min}/lx	最小垂直照度（维持值）E_{vmin}/lx
流量大的道路	商业区	20	7.5	4
	居住区	10	3	2
流量中的道路	商业区	15	5	3
	居住区	7.5	1.5	1.5
流量小的道路	商业区	10	3	2
	居住区	5	1	1

注：最小垂直照度为道路中心线上距路面1.5m高度处，垂直于路轴的平面的两个方向上的最小照度。

1）灯杆布置与道路的关系，如图10-13所示。照明器安装在灯杆顶端，沿人行道路布置灯杆，灯杆的高度在10~15m，悬挑长度小于1.0m；安装高度在10m，悬挑长度在1.0~1.5m；安装高度在12m，一般安装角度控制在15°，照明器布置在人行道边缘的正上方。

2）照明器的布置可以采用单侧、对称、交错、中央布置灯位。中央布置灯位方式用于有中央隔离带的道路，可根据道路的宽度、结构来决定。基本布置灯位的方式，如表10-5所示。

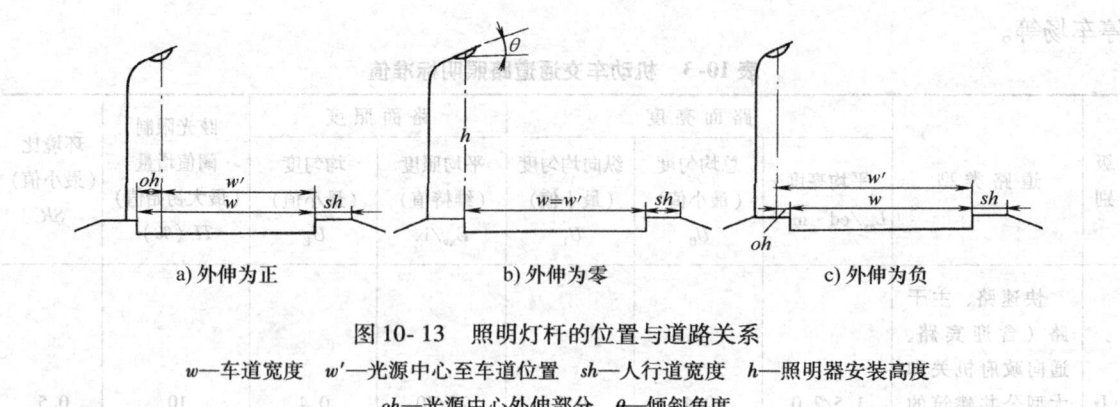

图 10-13 照明灯杆的位置与道路关系
w—车道宽度 w'—光源中心至车道位置 sh—人行道宽度 h—照明器安装高度
oh—光源中心外伸部分 θ—倾斜角度

表 10-5 灯杆照明的布置方式

路灯布置方式	俯视图	道路宽度/m
单侧		<12
交错		<24
对称		<48
中央隔离带		<24
中央隔离带双条与对称		<90

3) 在道路照明中应根据使用的场所和周围的条件来选择有适当配光特性的照明器，常使用截止型、半截止型、非截止型等。各种照明器的安装高度和灯杆间距，如表 10-6 所示。

4) 弯道处通常是事故发生的频繁处，为了使道路照明有很好的引导性，一般原则是不论其前后直线部分是哪种布置方式，都在弯曲部分的外线设置照明器，如图 10-14 所示。照明器之间的间距，如表 10-7 所示。

表 10-6 各种照明器的安装高度与灯杆间距 （单位：m）

排列方式	配光为截止型		配光为半截止型		配光为非截止型	
	安装高度 h	安装间距 S	安装高度 h	安装间距 S	安装高度 h	安装间距 S
单侧	$h \geq w$	$S \leq 3h$	$h \geq 1.2w$	$S \leq 3.5h$	$h \geq 1.2w$	$S \leq 4h$
交错	$h \geq 0.7w$	$S \leq 3h$	$h \geq 0.8w$	$S \leq 3.5h$	$h \geq 0.8w$	$S \leq 4h$
对称	$h \geq 0.5w$	$S \leq 3h$	$h \geq 0.6w$	$S \leq 3.5h$	$h \geq 0.6w$	$S \leq 4h$

注：w 为车道宽。

表 10-7 弯曲处照明器布置间距 （单位：m）

道路弯曲半径	300 以上	250 以上	200 以上	200 以下
照明器布置间距	35	30	25	20

注：1. 直线部分间隔小于表 10-7 中的数值，弯曲部分间隔应采用相同值。
2. 弯曲半径在 500m 以下时，应全部按表 10-7 选择；弯曲半径在 500~1000m 时，应尽量按表 10-7 选择；弯曲半径在 1000m 以上时，可按直线部分选择。

2. 高杆照明

高杆照明是指在一根很高的灯杆上安装多个照明器，进行大面积的照明。一般来说，高杆照明的高度为 20~35m（间距在 90~100m），最高可达 40~70m。

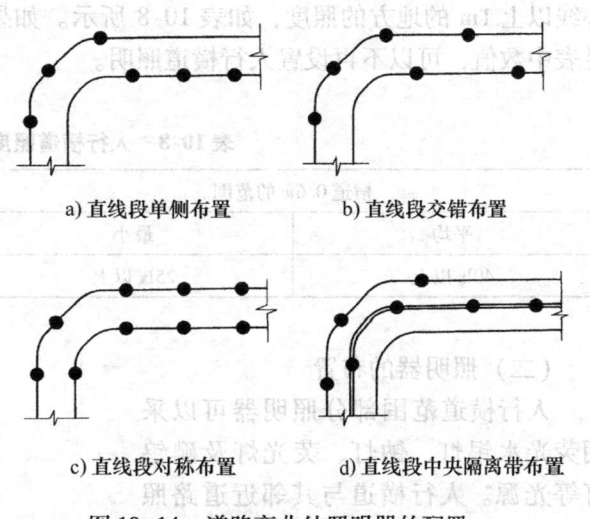

a) 直线段单侧布置　　b) 直线段交错布置

c) 直线段对称布置　　d) 直线段中央隔离带布置

图 10-14 道路弯曲处照明器的配置

这种照明方式非常简洁，眩光少，由于高杆安装在车道外，进行维护时不会影响交通。其缺点是投射到域外的光线多，导致利用率较低，而且初期投资费用和维护费用昂贵，适用于复杂道路的枢纽点、高速公路的立体交叉处、大型广场。

高杆照明的光源选用多个高功率和高效率光源组装成为轴对称配光的照明器，也可采用升降式的灯盘。照明器安装高度 H 可根据下面公式确定：

$$H \geq 0.5R \tag{10-5}$$

式中　R——被照范围的半径，单位为 m。

3. 悬索照明

如图 10-15 所示，悬索照明是在道路中央的隔离带上立杆，立杆之间用钢索作拉线，照明器悬挂在钢索上，这种方式适用于有中央隔离带的道路。一般立杆的高度为 15~20m，立杆间距为 50~80m 照明器的安装间距一般为高度的 1~2 倍。

悬索照明的照明器配光是沿着道路横向扩张，眩光少，路面的亮度均匀度、视觉导向性好，湿路面与干路面相比，亮度变化不大，雾天形成的光幕效应也较少。这种照明较适用于潮湿多雾的地区。

4. 栏杆照明

栏杆照明是指沿着道路走向，在两侧约 1m 高的地方安装照明器。栏杆照明不用灯杆，适用于飞机场附近，可以避免障碍问题。由于照明器的安装高度很低，易受污染，维护费用高，照明距离小，有车辆通过时，在车辆的另一侧面会产生强烈的阴影。这种方式仅适用于车道较窄时，而且在坡度较大的地方和弯道处，应特别注意眩光的控制。

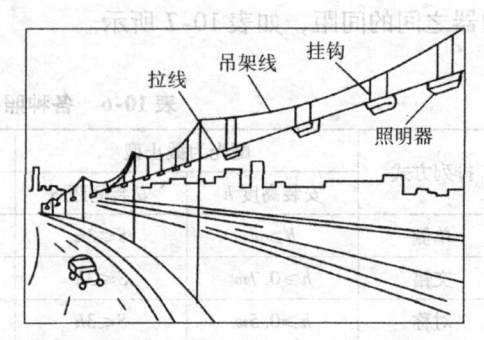

图 10-15 悬索照明

三、人行横道照明

当人行横道前后 50m 以内，连续设有 30lx 以上的道路照明时，人行横道可不必另设照明灯，否则，必须设置人行横道照明。特别是对有斜坡路和转弯道路，应加强这部分的照明设施。

（一）照度标准

我国对人行横道的照度尚无明确的规定，国外对人行横道的照度，规定在横道宽度的中心线以上 1m 的地方的照度，如表 10-8 所示。如果人行横道附近另有其他照明设置可以满足表中数值，可以不再设置人行横道照明。

表 10-8 人行横道照度标准参考值

横道 0.6w 的范围		人行横道
平均	最小	最小
40lx 以上	25lx 以上	40lx 以上

（二）照明器的布置

人行横道范围部分照明器可以采用荧光水银灯、钠灯、荧光灯及碘钨灯等光源。人行横道与其邻近道路照明的照明器配置，应相互适应协调一致。人行横道照明的照明器位置，如图 10-16 所示。

若光源的高度为 h，人行横道中心线到光源的垂直距离为 D，光源延伸幅度为 L，则应满足以下条件：当 $h \geq 5m$、$L \geq 1.5m$ 时，则距离 D 与光源延伸幅度 L 之比为 $D/L = 0.7 \sim 1.3$，一般而言，两侧交错布置如图 10-17a 所示；而两侧对称布置如图 10-17b 所示，

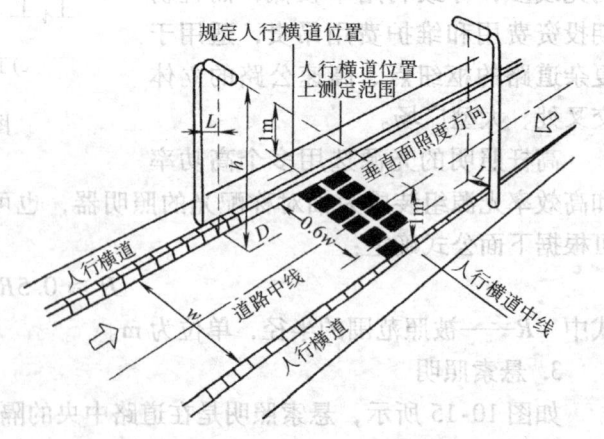

图 10-16 人行横道照明的照明器位置

它适用于较宽的道路。在不太繁华和人流不多的人行横道，可采用反射形灯泡集中照射。

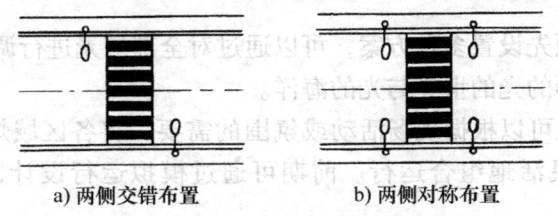

a) 两侧交错布置　　　　　　b) 两侧对称布置

图 10-17　人行横道的照明布置

第三节　城市夜景照明

目前，全国各地都在改善市政、市容的面貌，在兴建绿地、广场的同时，更注重城市形象的树立，夜景照明已成为当今的主导趋势，并蓬勃发展。

一、城市夜景照明规划（专项）

（一）城市夜景照明规划内容

要做好一个城市的夜景照明设计，应该先有城市的夜景灯光规划。城市的夜景规划是整个城市规划的一部分，在做好城市规划设计时，同步进行夜景灯光规划设计。

城市夜景规划设计的内容包括城市夜景的总体规划、局部的控制性规划、有特色的单体和景观。每一部分的内容应与白天城市的规划相一致，同时还应表达出与白天不同的景致，有自己的夜景照明主题，但要防止带来眩光，更应注意避免给城市造成光污染。具体而言，包括以下 4 项内容：

1）夜景照明的基本要求、原则和所要达到的总体效果。

2）夜景照明的总格调、总的平均亮度水平。

3）局部的灯光设计方案，突出照明的主景、配景、借景等。

4）根据设计对象的性质和照明效果的要求，处理好光色的运用，多采用暖色调的光，慎用颜色光。

城市夜景规划设计可依据城市规划的设计步骤和表现方式，每个设计阶段采用文本来表达设计方案，并通过效果图和动画设计的制作来模拟夜景照明的预期效果。应该在施工以前，进行调整、修改，甚至重做，避免竣工以后不必要的人力和物力的浪费。

（二）城市夜景照明与表现

夜景照明的总体规划要充分考虑城市道路景观、节点景观、城市轮廓线、城市标志、河道景观和区域景观等主要元素，也应考虑局部的可观赏性的城市形象。同时，采用照明控制手段应该努力地创造出不同的氛围，动、静结合，通过不同的视觉感受，从生理上、心理上给人积极的影响。一般而言，在整体效果上，城市夜景照明可分以下 3 个层次来表现。

1. 平时

仅突出夜间照明的主题效果，可开启部分灯具。如仅勾画整个轮廓、局部透亮等。

2. 一般节假日

进一步强化照明对象的特点，使某些局部效果突出，再增开部分灯具。如标志性建筑的泛光照明效果的营造，使之成为灯光的艺术品；另外再增加灯柱小品、灯光雕塑等。

3. 重大节假日

由计算机编程并预先设置多种方案，可以通过对全部灯光进行调光或不同的组合，营造出熠熠生辉、流光溢彩的光的世界与光的海洋。

当然，夜景照明也可以根据现场活动或氛围的需要，将各区域灯光设备按时、按照度、按预设场景等方式，灵活地组合运行。前期可通过模拟运行设计，以确定照明的顺序和效果。

总之，城市夜景照明在满足功能的同时日趋景观化。良好的夜景照明是技术和艺术的完美结合，灯光效果的营造可以产生诱人、温暖、亲切、开阔、甚至兴奋的感觉，它将带着人们进入心旷神怡、流连忘返的神奇意境。

二、景观照明

（一）庭园照明

一般庭园照明的范围较小，照明器选型要简洁艺术，要让人们有置身于田园之中的感觉。灯杆的高度宜在2m以下，可以在假山草地旁设置埋地灯。对于住宅楼群之间的休息庭园，应在道路上下坡、拐弯或过溪涉水处设置路灯方便住户。

庭园照明光源宜采用小功率高显色高压钠灯、金属卤化物灯、高压汞灯和白炽灯。室外照明宜选用半截光型或非截光型配光的照明器。当沿道路或庭园小路配置照明时，应有诱导性的排列（如采用同侧布置灯位）。

园林小径灯高3~4m，竖直安装在庭园的小径边，与建筑、树木相衬。照明器的功率不大，要与建筑、雕塑等相和谐，使庭园显得幽静舒适。草坪灯安装在草坪边，通常草坪灯都较矮，外型尽可能艺术化。水池灯的密封性十分好，采用卤钨灯做光源。当点燃时，灯光经过水的折射，会产生出色彩艳丽的光线，特别是照在喷水柱上，人们会被五彩缤纷的光色和水柱所陶醉。

庭园灯的高度可按0.6的道路宽度（单侧布置灯位时）至1.2倍的道路宽度（双侧对称布置灯位时）选取，但不宜高于3.5m。庭园灯杆间距可为15~25m。庭园草坪灯的间距宜为3.5~5倍草坪灯的安装高度。

（二）树木和花卉的照明

树木照明是根据树木形体的几何形状来布灯，必须与树的形体相适应。灯光照亮树木的顶部，可以获得虚无飘渺的感觉，分层次照明不同亮度的树和灌木丛，可以造成深度感。为了不影响观赏远处的目标，位于观看者面前的物体应该较暗或不设照明。同时要求被照明的目标不应出现眩光。

地面上的花坛都是从上往下看的，一般使用蘑菇状的照明器。此类照明器距离地面的高度约为0.5~1m，光线只向下照射，可设置在花坛的中央或侧面，其高度取决于花的高度。由于花的颜色很多，所用的光源应有良好的显色性。

同时，从生态角度出发，应考虑光对植物的生理影响。

（三）雕塑的照明

雕塑照明的主要目的是净化雕塑的主体形态，调整主视角的照度水平。对于5~6m高的中、小型雕塑，主要是照亮雕塑的全部，不要求均匀，依靠光、影及其亮度的差别，把它的形与体量显示出来，所需灯的数量和灯位，视对象的形状而定。

如果被照的雕塑位于地平高度，并独立于草坪的中央时，照明器最好装得与地面平，以减少眩光，如图10-18a所示；如果雕塑下面有一底座，照明器应尽量得远一些，底座的边缘不要在雕塑的下侧形成阴影，如图10-18b所示；如果雕塑位于人们行走的地方，照明器可固定在路灯杆上或装在附近建筑物上，如图10-18c所示，必须防止眩光。

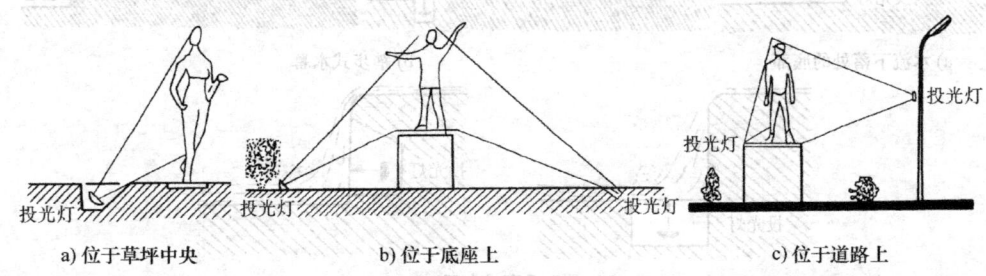

a) 位于草坪中央　　　　b) 位于底座上　　　　c) 位于道路上

图 10-18　雕塑的照明布置

（四）旗帜照明

对于装在大楼顶上的一面独立旗帜，在屋顶上应布置一圈投光照明器，圈的大小是旗帜所能达到的极限位置，将照明器向上瞄准，并略微斜向旗帜。根据旗帜的大小以及旗杆的高度，可以采用3~8个宽光束型的投光灯，如图10-19a所示。旗帜插在一个斜的旗杆上时，应在旗杆两边低于旗帜最低点的平面上，分别安装两只投光照明器，这个最低点是在无风的情况下确定的，如图10-19b所示。若只有一根独立的旗杆，可在旗杆离地面至少2.5m处，用一圈密封光束灯（PAR）安装在筒形照明器内并向上照射，位置距离下垂旗帜的下端至少0.4m（无风的情况下确定的），以防燃烧，如图10-19c所示。对于一组旗杆上挂有旗帜时，分别用装在地面上的密封光束灯照明每根旗杆，照明器的数量和安装位置取决于所有旗帜覆盖的空间。

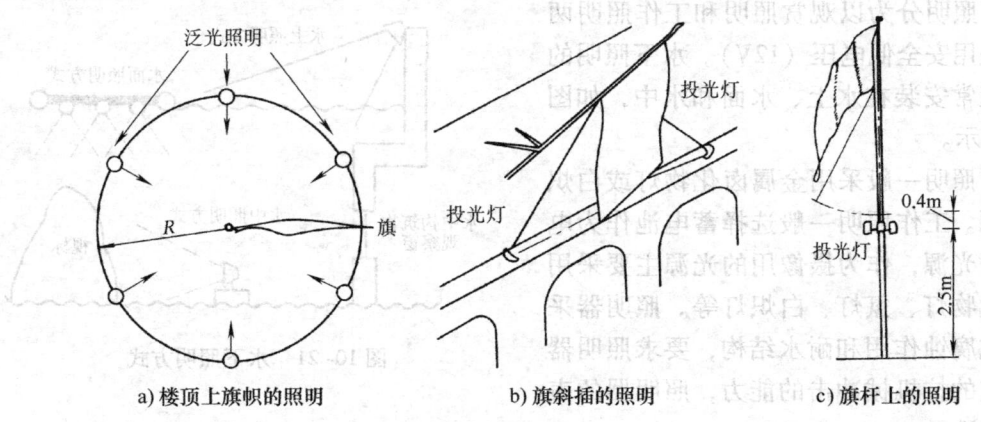

a) 楼顶上旗帜的照明　　b) 旗斜插的照明　　c) 旗杆上的照明

图 10-19　旗帜照明

（五）水景照明

城市中的喷泉、瀑布、水幕等水景是动态的，而湖泊、池塘是静态的。水幕或瀑布的照明器应装在水流下落处的底部。光源的光通量输出取决于瀑布落下的高度和水幕的厚度等因素，也与水流出口的形状造成的水幕散开程度有关，如图10-20a所示。踏步式水幕的水流慢且落差小，需在每个踏步处设置管状的灯，如图10-20b所示。照明器投射光的方向可以是水平的也可以垂直向上，如图 10-20c 所示。

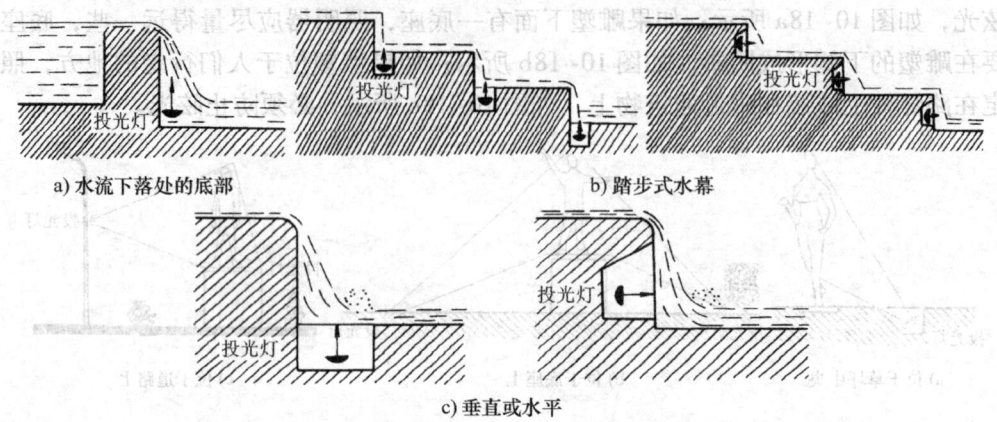

图 10-20 水幕或瀑布的照明布置

静止的水面或缓慢的流水能反映出岸边的一切物体。如果水面不是完全静止而是略有些扰动，可采用掠射光照射水面，获得水波涟漪、闪闪发光的感觉。照明器可以安装在岸边固定的物体上，如岸上无法照明时，可用浸在水下的投光照明器来照明。

（六）桥的照明

人在桥上看得见的是面向上游和下游的两个水面及桥底，照明器放在河岸旁，用扩散的光照亮桥底的拱面。如果桥的长度和高度较大时，可在桥墩上另加照明器来补充照明，用强光照明桥底的拱面，并用略微暗的光照射桥的两侧。桥面较平坦的桥梁，有时可能看不到桥底的拱面，可用线状光源藏在栏杆扶手下，照亮桥面，勾画出桥的轮廓。

（七）水下照明

水下照明分为以观赏照明和工作照明两种。要是用安全低电压（12V）。水下照明的照明器通常安装在水上、水面和水中，如图 10-21 所示。

观赏照明一般采用金属卤化物灯或白炽灯作光源。工作照明一般选择蓄电池作为电源的低压光源，作为摄像用的光源主要采用金属卤化物灯、氙灯、白炽灯等。照明器采用具有抗腐蚀作用和耐水结构，要求照明器具有一定的抗机械冲击的能力，照明器的表面便于清洗。

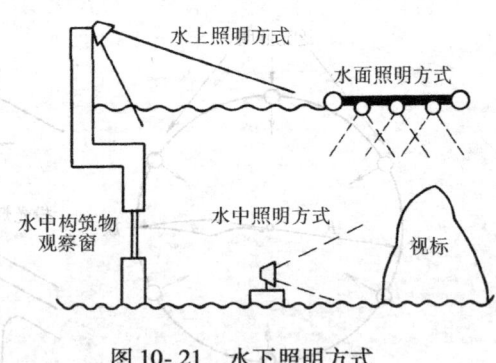

图 10-21 水下照明方式

（八）喷泉照明

在水流喷射情况下，将投光照明器装在水池内喷口后边，如图 10-22a 所示；或装在水流重新落到水池内的落点下面，如图 10-22b 所示；或在两个地方都装上投光照明器，如图 10-22c 所示。由于水和空气有不同的折射率，故光线进入水柱时，会产生闪闪发光的效果。

喷泉照明的照明器一般安装在水下 30~100mm，在水上安装时，应选不会产生眩光的位置。照明器选用简易型照明器和密闭型照明器。12V 照明器适用于游泳池，220V 照明器

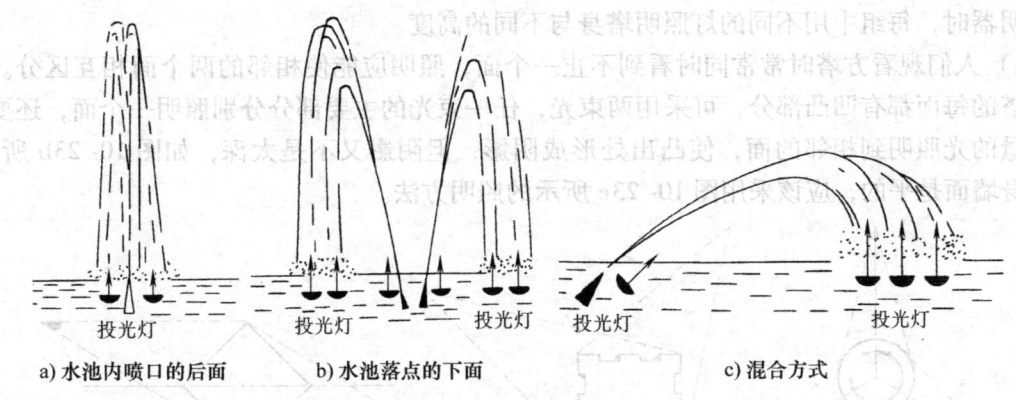

图 10-22 喷泉照明的布置

适用于喷水池。

喷泉顶部的照度,当周围的环境比较亮时,喷泉的照度可以选择 100lx、150lx、200lx,比较暗时,可选择 50lx、75lx、100lx。喷泉照明的光源一般选择白炽灯,可采用调光方式;当喷泉较高,可采用高压汞灯或金属卤化物灯。颜色可采用红、蓝、黄三原色,其次为绿色。喷水高度与光源功率的关系,如表 10-9 所示。

表 10-9 喷水高度与光源功率的关系

光源类别	白 炽 灯					高压汞灯	金属卤化物灯
光源功率/W	100	150	200	300	500	400	400
适宜的喷水高度/m	1.50~3	2~3	2~6	3~8	5~8	>7	>10

当喷水的照明采用彩色照明时,由于彩色滤光片的透射系数不同,要获得同等效果,应使各种颜色光的电功率的比例保持在表 10-10 中所示的水平上。

表 10-10 光色与光源电功率比例

光 色	电功率比例
黄	1
红	2
绿	3
蓝	10

欲使喷水的形态有所变化,可与背景音乐结合进而形成"声控喷水"方式或采用"时控喷水"方式。

(九) 高塔照明

从塔的形状上来看,主要分为圆塔形和方塔形。

1) 圆塔形的照明采用窄光束照明器,安装在比较近的地方,光束边缘的光线正好与塔身相切。最好采用 3 个或 3 组投光照明器,成 120°安装,如图 10-23a 所示。当采用 3 组投光照明器时,每组中用不同的灯照明塔身与不同的高度。

2)人们观看方塔时常常同时看到不止一个面,照明应能使相邻的两个面相互区分。如果方塔的每面都有凹凸部分,可采用两束光,任一束光的主要部分分别照明一个面,还要有一定量的光照明到相邻的面,使凸出处形成阴影,但阴影又不是太深,如图10-23b 所示;若塔身墙面是平的,应该采用图10-23c 所示的照明方法。

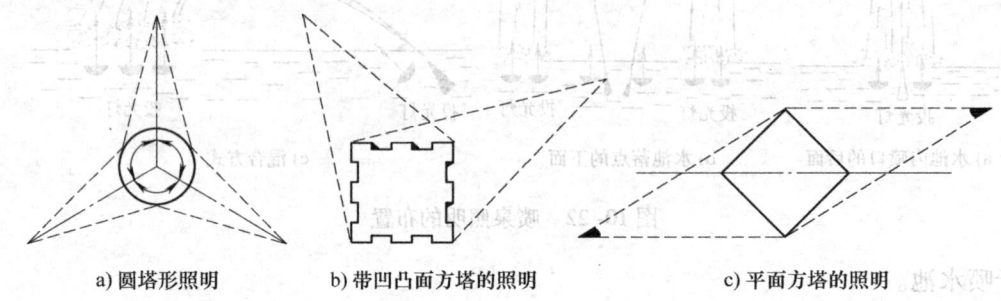

a) 圆塔形照明　　　b) 带凹凸面方塔的照明　　　c) 平面方塔的照明

图10-23　高塔照明

三、建筑物泛光照明

泛光照明也可称为投光照明,采用投光灯来照明场景或物体,使它们的亮度比周围环境高出许多。城市的建筑物和纪念物所采用泛光照明,更多地带有广告或装饰的性质,改善城市的形象,促进商业的繁荣。

目前城市中主要使用泛光照明的建筑物有纪念物,如具有建筑艺术的城堡、教堂、剧院、有名的公共或私人建筑;商业或工业建筑物,如大百货商店、银行、办公楼或工厂;自然景点,如自然界中的悬崖、山峡、峡谷、瀑布都可以给城市的夜景增添生气;特殊建筑物,如桥梁、立交桥、塔、水坝等;城市中的建筑小品,如塑像、雕塑、浮雕、亭台楼阁等;此外还有公园、花园、花坛、树木草坪等。

(一)照度标准

根据《城市夜景照明设计规范》(JGJ/T 163—2008)的规定,以城市区位的功能性质为依据,将其按照环境亮度进行划分,对应环境亮度的区域划分如表10-11所示。不同城市规模及环境区域的建筑物泛光照明的亮度和照度值如表10-12所示。

表10-11　城市环境亮度的区域划分

环境亮度类型	天然暗环境区	低亮度环境区	中等亮度环境区	高亮度区域
区域代号	E1	E2	E3	E4
对应的区域举例	国家公园、自然保护区和天文台所在地区等	乡村的工业、居住区等	城郊工业或居住区等	城市中心区和商业区等

(二)照明方式

在建筑景观照明中,常用的照明方式分为以下几种:

1. 投光照明

用于平面或有体积的物体,显示被照物的造型,将投光灯放在被照物周围就可获得永久的和固定的效果。

表 10-12 不同城市规模及环境区域建筑物泛光照明的照度和亮度值

建筑物饰面材料		城市规模	平均亮度/cd·m^{-2}				平均照度/lx			
名 称	反射比（ρ）		E1区	E2区	E3区	E4区	E1区	E2区	E3区	E4区
白色外墙涂料、乳白色外墙釉面砖、浅冷、暖色外墙涂料、白色大理石	0.6~0.8	大	—	5	10	25	—	30	50	150
		中	—	4	8	20	—	20	30	100
		小	—	3	6	15	—	15	20	75
银色或灰绿色铝塑板、浅色大理石、浅色瓷砖、灰色或土黄色釉面砖、中等浅色涂料、铝塑板等	0.3~0.6	大	—	5	10	25	—	50	75	200
		中	—	4	8	20	—	30	50	150
		小	—	3	6	15	—	20	30	100
深色天然花岗石、大理石、瓷砖、混凝土等褐色、暗红色釉面砖、人造花岗石、普通砖等	0.2~0.3	大	—	5	10	25	—	75	150	300
		中	—	4	8	20	—	50	100	250
		小	—	3	6	15	—	30	75	200

2. 轮廓照明

将发光线条固定在被照物的边界和轮廓上，以显示其体积和整体形态，用光轮廓突出它的主要特征。

3. 形态照明

利用光源自身的颜色及其排列，根据创意组合成各种发亮的图案，装贴在被照物的表面起到装饰作用。

4. 动态照明

在上述 3 种照明方式的基础上对照明水平进行了动态变化，变化可以是多种形式的，如亮暗、跳跃、走动、变色等，以加强照明效果。

5. 特殊方式（声与光）

以投光照明对象为基础，通过光的色彩变化，结合音乐伴奏和声响以达到综合的艺术效果，如灯光音乐喷泉等。

（三）设计的步骤

1）确定泛光灯的安放位置、所要求的光分布类型和光源特性符合应用情况。

2）用流明法计算灯的数量和负载是否达到所要求的照度。

3）采用逐点法计算验算是否达到要求的照度均匀度，绘制泛光灯的瞄准图样。

大多数装饰性泛光照明的设计只要进行前两个步骤，第三个步骤可能会对初步计算作必要修正。

（四）设备布置与安装高度

泛光照明的设备可放置在区域范围内或安装于区域范围外的高塔、高杆或其他现存的建筑上。在确定泛光灯的光束角和瞄准点之前，必须决定安装的高度以及需要照亮区域的边界。

一般说来，安装高度越高，所需要的灯杆、高杆或高塔越少。安装高度较高的泛光照明系统通常是安装费最低、最有用和最有效的系统。安装高度 H 与该地区的纵深 D 的关系是影响该系统性能的重要指标。

如果从一侧照明一个露天场地，D/H 的值必须不大于 5，如图 10-24a 所示；如果该场地内有障碍物，如堆料场和停车场，那么该比值应降至 3，如图 10-24b 所示；当存在过多的障碍物时甚至应该降为 2，甚至降为 1.5，如图 10-24c 所示；当照明来自两侧时，则该比值可升至 7，如图 10-24d 所示，但是，如果存在障碍物则应该降至 4。除了技术原因以外，安装高度可能还要受美观方面的原因及地方法规条例的限制。

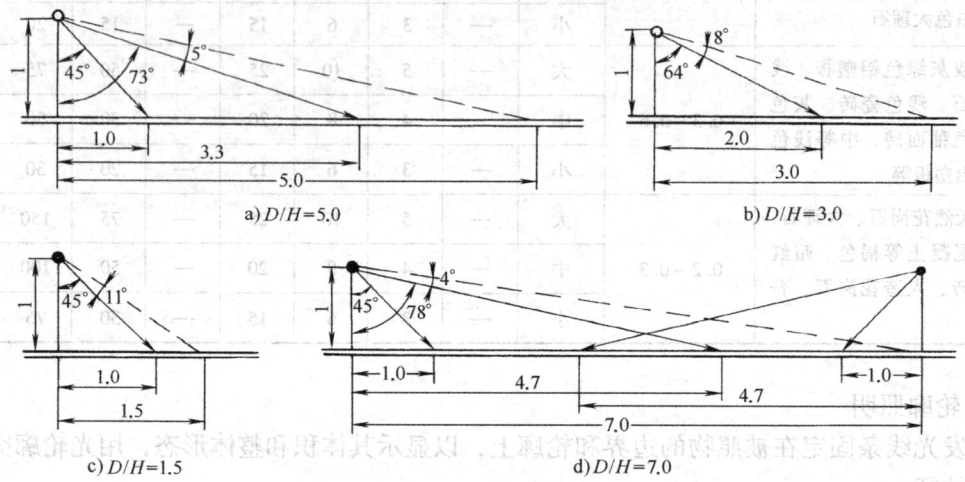

图 10-24 不同值的照明范围

确定了可能的安装高度和照明方向后，应考虑每个或每组泛光灯的间隔距离。间隔距离与安装高度的比值（称为"SHR"）是由所选用的泛光灯通过垂直平面中光强最大的水平方向上的水平或横向光束角来决定。如果所需照亮区域是在垂直平面上，例如一座建筑的表面或一幅广告招贴牌，其"安装高度"就变成了泛光灯到该表面的距离。这种情况的照明计算和照亮区域与水平平面的相同。

对于不对称泛光灯，SHR 值通常在 1.5~2 之间。SHR 值为 3 时照度均匀度不好。如果由于场地的限制而导致了较高的 SHR 值，应该将照明器的方向瞄准侧面而不是直接瞄向前方。

（五）表面是平面的建筑

对建筑物的表面是比较光平的立面做泛光照明时，为了减轻均匀照明平面时产生的单调感，可采用一些不同颜色的光源，借助不同的彩色光带，强调显示建筑物的垂直结构的特征，如高压钠灯、彩色的金属卤化物灯等。现在用的比较多的彩色金属卤化物灯有发绿色光的碘化铊灯、发蓝色光的碘化铟灯和发粉红色光的碘化锂灯。对高大建筑物的立面照明，需要采用高功率、窄光束、高光强的投光灯进行照明。

对建筑物的一侧立面进行泛光照明时，投光照明器可以按一定的间隔进行安装，各照明器光轴与被照面垂直。照明的均匀程度与这些投光照明器的光分布情况有关。也可以一组照明器装在同一地点，但各照明器的射向不同，这一方式比较适用于被照面不是很大的情况，也可节省电缆线，有利于将照明器隐藏起来。

当建筑物相邻的两个立面都是平面时，可采用亮度对比来加以表现，主立面的亮度应比辅立面的亮度高一倍以上。也可以采用两种不同的颜色的光束来分别照明这两个立面。这样，可以使受照的建筑物有立体感。

如果建筑物不是很高，照明器可以离建筑物很近，可采用光束很宽的投光照明器，各个照明器以等间距安装，但两照明器之间的最大距离不能超过与立面间距离的2倍。对于高大建筑物，必须采用光束更为集中的照明器，照明器应安装在离建筑物较远处，如可将投光照明器成群地安装在灯柱和塔上。

(六) 带凹凸层次的建筑物

当建筑物表面上有凹凸时，可通过形成阴影来表现其立体感。在建筑物受照面的主要观察方向和光照方向之间必须有一定的角度，如图10-25a所示。如果阴影太长或太深，会在很亮的表面和阴影之间产生太强的反差。淡化阴影的方法可以用两组投光灯做补充照明，如图10-25b所示。A组投光灯为主照明投光灯，B组投光灯属于宽光束，作为辅助照明，其中，B组灯的光束方向基本上与A组灯的光垂直。一般说来，辅助光束产生的照度必须小于主光束产生的照度的1/3。

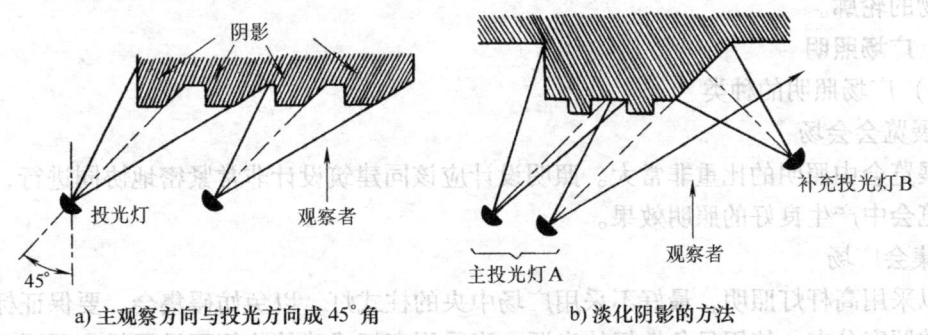

a) 主观察方向与投光方向成45°角　　b) 淡化阴影的方法

图10-25　凹凸平面的立体感表现

(七) 廊柱的照明

对于廊柱的泛光照明可以采用剪影效应（"黑色轮廓像"效应）法，如图10-26a所示。编组为2号的照明器放在廊柱3后面，将建筑物的立面照得很亮，在这明亮的背景之上就浮现出廊柱的"黑色轮廓像"，即产生剪影效果。为了不使反差太强，最好再加一个辅助投光灯1，以照明整个场景。

如果需要照亮廊柱自身可采用窄光束的投光灯2，将其安装在廊柱的顶部或底部，由于光束很窄（实际上是垂直上下的），这些照明器基本上没有光照在建筑物的立面上，为了使立面不致太暗，有必要加辅助投光灯1，以照明整个场景，如图10-26b所示。投光灯2采用掠射式的照明方式，还有利于显现廊柱表面的细节。

除以上两种方法以外，还可以采用对建筑物的立面采用一种颜色的光照明，而对廊柱则采用另一种颜色的光照明，将建筑物和廊柱区分开来。

(八) 玻璃幕墙的照明

对于玻璃幕墙，采用内光外透的方式照明，从室内将光线打到建筑物的窗孔上，在窗口处的下部放置一只或多只照明器来照明窗帘、窗框。也可采用很多线状的光源沿幕墙的网架排布，形成规则的彩色光网格图案。还可用很多闪光灯或光导纤维装在玻璃幕墙上，使它们

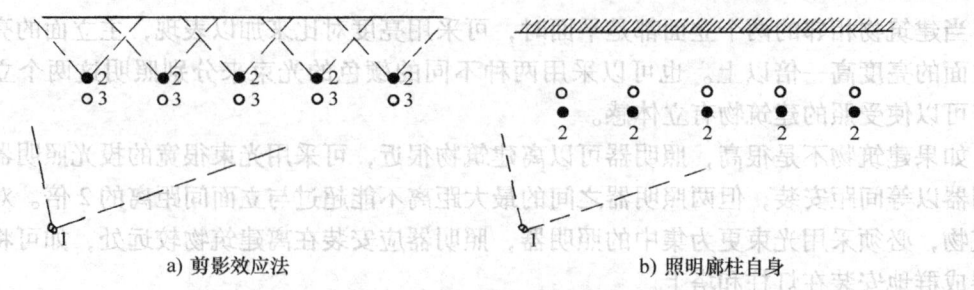

a) 剪影效应法　　　　　　　　　　b) 照明廊柱自身

图 10-26　廊柱的照明

a)
1—弱光对整个建筑进行泛光照明
2—强光照亮背景
3—与建筑主平面脱离的廊柱

b)
1—弱光照亮整个建筑面
2—对每个柱子进行掠射式照明

顺序地或随机地发光，产生动态的效果。如果支撑玻璃幕墙的金属网架有很好的反光性能，也可从下部进行投光照明，这时，玻璃幕墙尽管是黑的，但是闪闪发亮的金属框架照样能显现建筑物的轮廓。

四、广场照明

（一）广场照明的种类

1. 展览会会场

在展览会中照明的比重非常大。照明设计应该同建筑设计非常紧密地协同进行，这样才能在展览会中产生良好的照明效果。

2. 集会广场

可以采用高杆灯照明，最好不采用广场中央的柱式灯，以免妨碍集会。要保证标准照度和良好的照度分布，使用显色性好的光源。当采用高杆或建筑物侧面设置投光照明时，需采用格栅（或调整照射角度）来消除眩光。

3. 交通广场

交通广场是人员车辆集散的场所，要使用显色性好的光源。在大部分是车辆的地方要使用效率高的光源，要求从远处能识别车辆颜色。在公共汽车站的地方必须确保足够的照度。火车站中央广场的照明设施，因为旅客流动量大，容易沾上灰尘和其他污染物，必须设置在广场中心的周围，所用照明器要容易维护，其形式应同建筑物风格相协调。

广场照明常选用荧光高压汞灯、高压钠灯、金属卤化物灯，特殊情况采用氙灯。停车广场照明可采用显色性高、寿命长的光源。广场的典型照明形式，如图 10-27 所示。

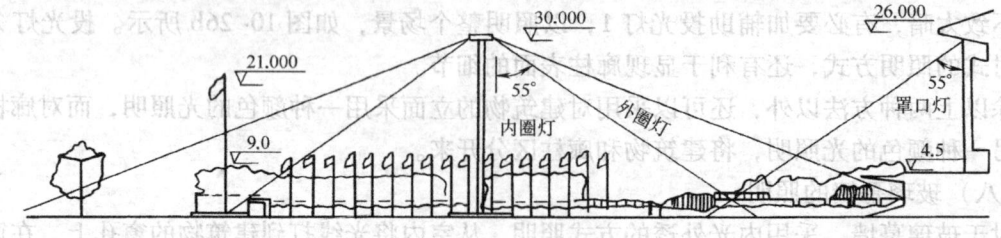

图 10-27　广场照明

（二）安装高度和配置

广场灯杆的配置位置不得影响交通。灯杆的位置应沿广场的长向布置，当广场的宽度超过30m时，宜采用双侧或多列布灯。

1. 高杆照明方式

按照配光不同其照明范围也不同，如果使用轴对称配光的照明器在垂直或接近垂直照射地面时，考虑照度的均匀性，原则上照明器的安装高度 H 可根据式（10-6）确定：

$$H \geq 0.5R \tag{10-6}$$

式中 R——被照范围的半径，单位为 m。

2. 投光灯照明方式

根据以下两种场合进行分析：

（1）一般广场 如图10-28a所示，一般有两种排列设置方案：

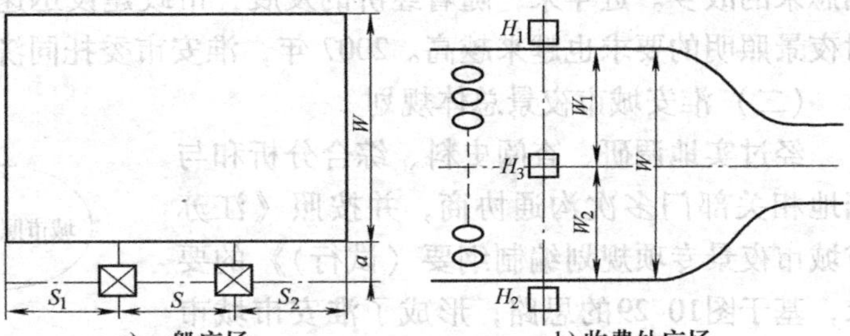

1）一侧排列

$$\left. \begin{array}{l} H \geq 0.4W + 0.6a \\ S \leq 2H \\ S \approx 2S_1 \end{array} \right\} \tag{10-7}$$

图 10-28 照明器的配置
a) 一般广场　b) 收费处广场

式中 H——照明器的安装高度，单位为 m；
　　　S——照明器安装间距，单位为 m；
　　　S_1——照明器距离广场边缘尺寸（纵向），单位为 m；
　　　a——照明器距离广场边缘尺寸（横向），单位为 m。

2）两侧对称排

$$\left. \begin{array}{l} H \geq 0.4W + 0.6a \\ S \leq 2.7H \\ S \approx 2S_1 \end{array} \right\} \tag{10-8}$$

（2）收费处广场 如图10-28b所示，一般有3种排列方案：

1）两侧排列，照明器的安装高度

$$\left. \begin{array}{l} H_1 \geq 0.5W \\ H_2 \geq 0.5W \end{array} \right\} \tag{10-9}$$

式中 W——广场宽度，单位为 m。

2）一侧排列（照明器仅安装在 H_1 处），照明器的安装高度

$$H_1 \geq 0.6(W_1 + 0.3W_2) \tag{10-10}$$

3）中间设置。如果照明杆塔的高度超过30m时，可在中央建立一个照明塔 H_3，则这个照明杆塔的高度为

$$\left. \begin{array}{ll} H_1 \geq 0.5W_1 & H_2 \geq 0.5W_2 \\ H_3 \geq 0.5W_1 & H_3 \geq 0.5W_2 \end{array} \right\} \tag{10-11}$$

式中 W_1、W_2——广场的1/2宽度，单位为 m；

H_1、H_2、H_3——照明器安装位置。

第四节 照明规划与设计实例

一、淮安市夜景照明规划

（一）工程概况

江苏省淮安市是我国历史文化名城，地处依运河、临淮水的南北东西交通要冲，有"襟吴带楚客多游，壮丽东南第一州"的美称，历史文化遗址众多，名人辈出，是开国总理周恩来的故乡。近年来，随着经济的发展，市政建设迅速，城市面貌、人居环境大为改善，对夜景照明的要求也越来越高。2007年，淮安市委托同济大学组织编写城市夜景专项规划。

（二）淮安城市夜景总体规划

经过实地调研、查阅史料、综合分析和与当地相关部门多次沟通协商，并按照《江苏省城市夜景专项规划编制纲要（试行）》的要求，基于图10-29的思路，形成了淮安市城市夜景照明专项的总体规划框架：

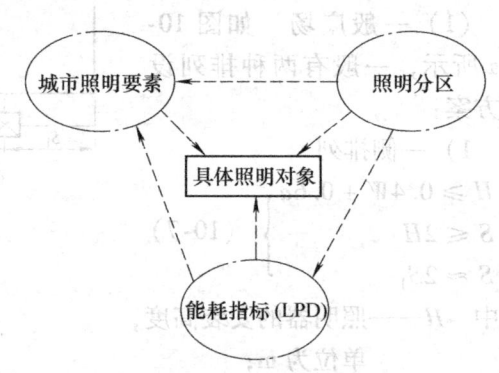

图10-29 城市夜景总体框架示意

1）以淮安城市总体规划为依据，将城区分为主城区和楚州区两个照明分区。

2）确定以"总理故居、总理纪念馆"等建筑重点描绘，彰显文化，作为城市照明要素之一"点"。

3）以大运河、古黄河的河岸自然夜景作为城市照明要素之二"线"。

4）以道路照明、建筑泛光、城市公共空间等网状分布作为城市照明要素之三"面"，形成"点、线、面"的综合夜景观。

5）通过智能照明控制系统进行全面科学管理，使具体照明对象能够满足相应的节能指标。

（三）总体规划的具体内容

1. 立意与构思

（1）突显历史文化　淮安市具有悠久的历史，市区的各项城市建设和旅游开发均以发掘和弘扬历史文化为重要素材，城市夜景的建设也以此作为重点，设想以镇淮楼、漕运总督府衙、文庙、慈云寺，尤其是周恩来故居及周恩来纪念馆为主要历史文化景点，展现淮安丰厚的历史积淀，彰显文化。

（2）突出滨水景观　淮安市区内大运河、古黄河穿城而过。以大运河、古黄河为主组成水岸夜景体系，形成主要沿河景观带，由河堤照明、步道照明、主题景观照明、绿化照明和两岸建筑夜景组成综合景观带，形成自然形态河岸夜景。

（3）体现时代特征　淮安市交通便利，商贸活跃，在中心城区有淮海东西路为代表的商业街，富有一定的现代化气息。规划中将以商业街——淮海东西路，交通干道——淮海东西路、淮海南北路、北京南北路等道路景观及两侧建筑泛光照明组成夜景体系，表现淮安的时代特征，展现其经济蓬勃向上的气势。

2. 主题与表现

夜景是基于昼景的再创作，它以城市昼间景观为依托，通过亮暗分布、光色迥异及配置景观灯具、灯光小品来表现，但城市昼景的性质决定夜景表现的主题。

因此，其夜景照明的主题为：

景观轴线——连续景观纽带——纵横景观视廊——贯通联系性；
景观节点——核心景观区域——黄河广场、大运河文化广场——开放参与性；
城市肌理——主要交通路线——健康东西路、北京南北路——组织结构性；
景观视廊——主要景观路线——楚州区历史文化视廊——有机连续性；
滨水界面——河岸水体桥梁——古黄河、大运河——近水亲水性；
开放空间——城市广场绿地——黄河广场——民众亲合性；
象征景观——城市标志雕塑——楚州区城市标志雕塑——城市代表性；
历史风貌——古迹民居风俗——镇淮楼、漕运总督府——人文传统性；
生态绿化——山体树木环境——楚州区里运河沿岸——自然环保性；
时代特征——商业服务区域——淮海南北路、淮海东西路——活跃发展性。

3. 总体框架体系

主城区：三纵三横6条景观视廊、两条滨河景观带、26个景观节点。

楚州区：一横一纵两条景观视廊、两条景观带（历史文化、滨河景观带）、9个景观节点。

因此，景观节点、视廊和景观带共同形成点、线、面相结合的城市夜景综合景观体系。具体而言：

主城区：

（1）三纵三横6条视廊

三纵：北京南北路、淮海南北路、承德南北路。

三横：健康东西路、淮海东西路、延安东西路。

（2）两条滨河景观带：古黄河绿化风光景观带、里运河景观带。

（3）26个景观节点

历史文化：周恩来童年读书处、文庙-慈云寺、清晏园、清江浦、古黄河生态民俗园、苏北野生动物园。

办公文教：淮安市人民政府、淮安人民大会堂、淮安电信大厦、建设大厦、淮阴工学院。

广场绿地：大运河文化广场、开发区管委会广场、黄河广场、古顺河体育广场、楚秀园、水渡广场、钵池山公园。

交通物流：淮安汽车总站、火车站、交通环岛、北门桥汽车站-长途汽车南站。

商业金融：淮海明珠、时代超级购物中心、东大街-西大街、淮安迎宾馆。

主城区夜景照明规划详图见10-30（插页1）。

楚州区：

（1）一横一纵两条夜景视廊

一横：翔宇大道景观视廊。

一纵：怀恩路-翔宇大道夜景视廊。

(2) 两条景观带

历史文化景观带：由周恩来故居、镇淮楼、漕运总督府等6个景观节点组成。

滨河景观带：楚州区里运河沿岸景观带。

(3) 9个景观节点

周恩来纪念馆、梁红玉祠、吴承恩故居、城市景观雕塑、周恩来故居、镇淮楼—漕运总督府、月湖、关天培祠、古镇河景区。

楚州区夜景照明规划详图见图10-31（插页1）。

(四) 重要节点

1. 周恩来故居与纪念馆

周恩来故居、纪念馆是展示淮安历史与文化的窗口，突出传统性是照明设计的指导思想。周恩来故居照明以暖白光为主，重点表现朴实、悠久；而在纪念馆门前广场上宜设景观照明，使其在夜间形成引人注目的景观效果，成为城市夜景的重要景观之一。周恩来故居夜景见图10-32（插页1），周恩来纪念馆夜景见图10-33（插页1）。

2. 古黄河绿化风光景观带

古黄河自西向东穿越淮安市区，成为淮安景观特征的重要元素。夜景照明由桥梁泛光照明、水体照明、休闲绿地照明、滨江大道路灯、滨江建筑物及构筑物的泛光照明构成，在设计过程中保持水岸整体的自然性、亲水性、连续性，并融入现代化的气息，形成人与大自然（城市与河流）的亲和与默契。

古黄河桥夜景见图10-34（插页1），黄河广场夜景见图10-35（插页1）。

3. 滨河景观带——里运河沿岸

楚州区里运河沿岸分布着古建筑和自然湖体，古建筑主要有韩候钓台、漂母祠、明清会馆、文通塔等，主要湖体有肖湖、勺湖、月湖。在设计中，设置统一型式驳岸照明或护堤灯，形成连续统一的效果，使里运河成为一条由光点组成的"项链"，表现河流的自然形态。地埋灯将两岸绿化带的树木照亮，并用草坪灯增加其在不同层次上的亮度。桥梁加泛光照明，河道两侧建筑物（住宅）用灯光勾勒，所有灯光在水中形成倒影，营造一种浪漫的气氛。里运河夜景见图10-36（插页2）。

(五) 照明控制与节能

1. 设计原则

1) 设计中采用高效光源和灯具，以智能照明控制系统自动分时段开关灯，实现昼夜控制、节假日控制，合理使用能源。

2) 照明控制防止光污染、保护环境，减少电能消耗。

3) 建设智能照明控制系统，科学管理，实现绿色照明。

2. 系统组成体系

针对现有情况，构建以建设局"市路灯管理中心"为主控中心，各区设分控中心的"一主五分"的统一、科学的管理体系，保证全市灯光科学合理地运行。淮安市夜景照明控制中心分布见图10-37（插页2）。

因此，智能照明控制是实现环保节能的重要手段，也是实现绿色照明的关键。

城市夜景照明规划的编制应依据城市总体规划，实施以"设计为龙头、科技为关键、管理为驱动"的战略，坚持"重点突出、绿色节能"，并采用智能照明控制系统，科学管理，实现可持续发展。

二、无锡市快速内环夜景设计

（一）方案背景

1. 项目概况

无锡市快速内环由江海路-金城路-青祁路-惠山隧道-凤翔路构成，总长28.5km，围合起约50km^{2}的城市中心区域，形如扇贝，更似展翅翱翔的"飞鸟"。该扇形内环是由"东南-西北"向大通道"江海路北延伸+江海路+机场路"、东西向大通道"金城路+金城东路"、南北向大通道"凤翔路+青祁路"3条城市基本交通走廊构成。江海路向北延伸与锡宜高速公路收费站衔接，向南通向机场路直达无锡机场；金城路向东与沪宁高速互通接壤，还很方便与高速铁路车站联系，实现高速铁路与城区的快速连接；凤翔路相悖于沪宁高速南京方向收费站衔接，向南经过青祁路直抵蠡湖、太湖新城。这3条走廊直接串联起无锡内外交通，可以说是城市的"门户通道"。

2. 设计范围

本方案设计范围包含"五立交，二大桥，三路段"：景渎立交（金城路-江海路立交）、广南立交、瞻江立交（通江大道-江海路立交）、凤翔立交（凤翔路-江海路立交）、惠钱立交（惠钱路-凤翔路立交）、凤翔运河大桥、金城运河大桥、江海路高架标准段、凤翔青祁路高架标准段、金城路高架标准段。图10-38（见插页2）所示为快速内环的范围及其中重要的景观节点，并且已表示出相应的地理环境。

（二）总体设计

1. 规划理念

依据"精彩人文·和谐自然·绿色科技"的设计理念，总体"扇贝形"的区域可以分为3个区域进行细化设计。其规划范围见图10-39（插页2）。

精彩人文——无锡是历史悠久，具有浓厚人文氛围的城市，城市的历史孕育并体现着城市人文环境的发展，作为城市人文环境的重要体现，交通道路的发展是一个重要方面。新建成的城市快速内环高架路作为城市核心区的轮廓与外沿，起着标示性和提纲性的作用，可以很好的代表城市人文的发展。

作为夜景照明工程，应沿着无锡历史人文发展的轨迹，通过灯光景观来体现无锡悠久历史文化，尤其是孕育无锡文明并承载当代无锡旅游的太湖元素作为重点表现手段。

在设计范围沿线将通过暖色灯光对节点进行突出表现，同时设置景观小品，例如无锡城标"玉飞凤"等形态。标准段路面对绿化进行点缀，并在上下匝道设置重点照明，兼顾景观性的同时提高行驶安全性。

和谐自然——无锡是著名的旅游城市，太湖、蠡湖、大运河、惠山、鼋头渚等风景名胜数不胜数，美不胜收。无锡市的自然风光与人民生活和谐发展，成为无锡市一大特色。

夜景照明工程就是要表现优美的自然风光，将自然之美与城市道路融为一体，体现和谐自然的理念。通过冷色光对重要节点加以表现，显出自然环境的宁静和瑰丽，在依山而建连接惠山隧道的惠钱立交，设计具有旅游城市特色的灯光小品景观，并对路面绿化进行点缀，在匝道设置重点照明。

绿色科技——城市高架道路是当代科技的产物，也是无锡市现代化发展的标志之一，同时，内环的建造也是为了城市进一步的发展，城市速度的进一步提升，应用科技，服务社会。

景观照明也将使用最新节能环保的绿色科技手段，包括新型节能 LED 光源及发光涂料等，节能效果大大提高，减小环境压力。同时，采用 LED 光源点缀路面绿化，在匝道设置重点照明。

2. 控制系统

本照明控制系统由无锡城市夜景照明监控中心统一管理，根据不同的管理层次划分，在监控中心下面设置控制分中心，通过自动化装置以及软件程序实现对具体景观段、景观点的远程管理，由监控中心统一调度、配置。实现照明设计的预期效果，并达到节能目的。

目前设计主要以内环线景观照明为主，控制系统具有可扩展性。本照明控制系统采用分级网络控制策略，采用 TCP/IP 联网，实现命令的下达和状态的反馈。管理层可以通过 TCP/IP 登录到服务器，实现远程控制。控制系统网络结构如图 10-40 所示。

（三）节点设计——瞻江立交桥照明设计

1. 设计方案

瞻江立交桥的结构特点决定了对其的景观照明集中在桥身侧面的防撞墙外侧。同时，为了突出无锡城市特色，并在照明效果上力求创新，对瞻江立交桥身侧面的防撞墙外侧设计了"动态水波纹"效果，灯具需求量大，协调统一性较重要。无锡的太湖萤声遐迩，把太湖元素添加到瞻江立交的照明中，可以让人一进入就体会到太湖"水"的魅力。方案采用控制 LED 亮度和色彩的动态变化效果来营造水波纹的效果。

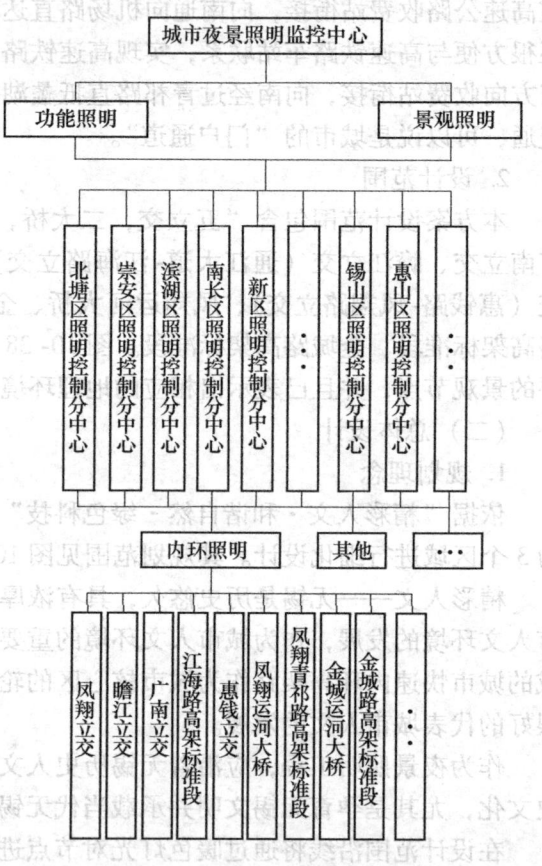

图 10-40 城市照明控制网络

2. 灯具设计与选择

通过各方合作，定制符合设计要求的水波纹灯具，并开发相应的控制系统，实现立交桥整体上的水波纹效果。其中水波纹灯具的设计要求：6 种颜色、明暗变化、走向变化、速度变化。控制箱应分别设置若干控制按钮，来控制水波的颜色、速度、变化模式等。其中颜色控制包括：红、绿、黄、青、蓝、紫；速度控制包括：最慢、慢、中、快、最快 5 个档次；变化模式包括：不变状态、明暗状态、明暗向左状态、明暗向右状态、不变向左状态、不变向右状态等 7 个模式。灯具技术参数如图 10-41 所示。

3. 灯具安装

灯具安装的好坏是能否实现预期照明效果的直接因素和关键环节，由于水波纹效果要求

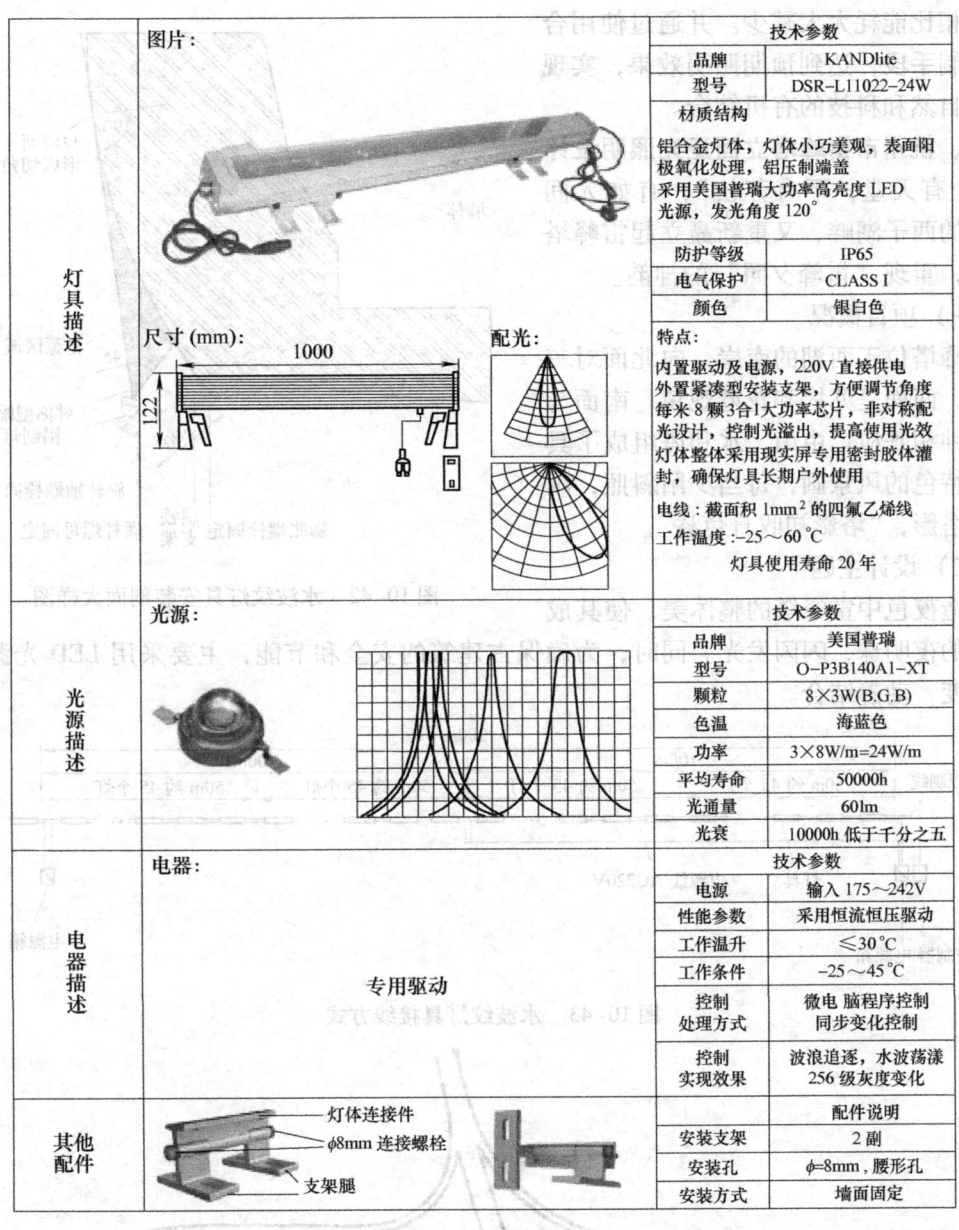

图 10-41 定制水波纹灯具与光源技术参数表

有一定的受光面,因此安装时不像"线状"或"点状"灯可以直接固定在防撞墙外侧。而要通过支架与防撞墙形成一定角度,保证有足够的受光面实现动态效果。其安装剖面大样图如图 10-42 所示。

4. 电气设计

水波纹灯具的接线方式如图 10-43 所示,其中控制器位置分布如图 10-44 所示。所有灯具的开关控制是由电源控制,每隔 50m 有一节点,电源线必须接入配电箱。控制器负责控制信号,实现不同的灯光效果。

无锡快速内环景观照明工程大量使用 LED 灯,仅瞻江立交桥灯具数达到 4000 套,与传统光源相比能耗大大减少。并通过使用合理的控制手段,达到预期照明效果,实现人文、自然和科技的有机结合。

三、杭州市雷峰塔立面泛光照明设计

"上有天堂,下有苏杭",有如人间天堂似的西子湖畔,又重新矗立起雷峰塔的身影,重现"雷峰夕照"的神韵。

(一)项目概况

雷峰塔位于西湖的南岸,向北面对三潭印月,西面是苏堤和花港观鱼,南面与南屏晚钟相呼应。由山、水和塔组成了具有中国特色的风景画,每当夕阳斜照,湖中显现塔影,"塔影初收日色昏"。

(二)设计主题

营造夜色中雷峰塔的整体美,使其成

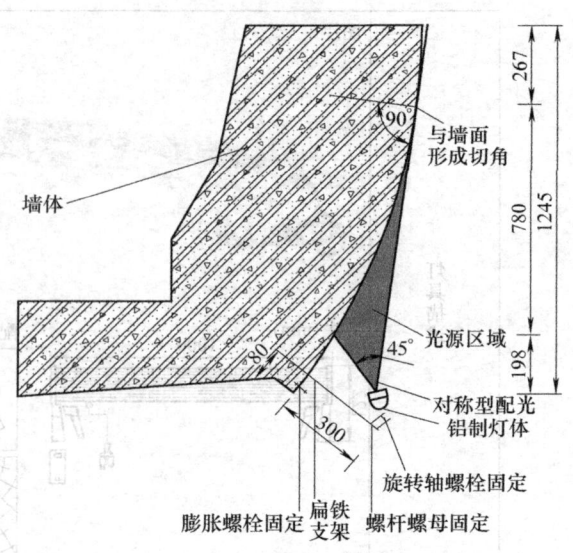

图 10-42 水波纹灯具安装剖面大样图

为西湖的夜明珠,闪闪发光。同时,为确保古建筑的安全和节能,主要采用 LED 光源,清晰而多变,动静结合。

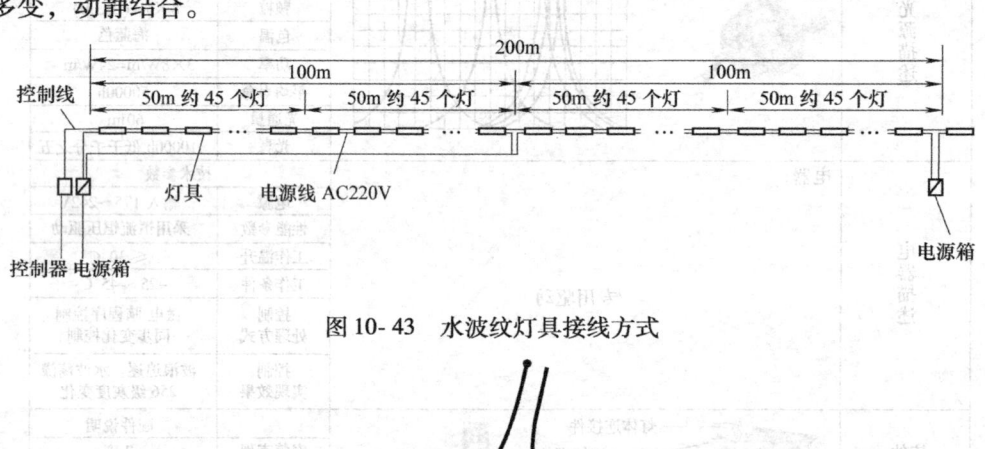

图 10-43 水波纹灯具接线方式

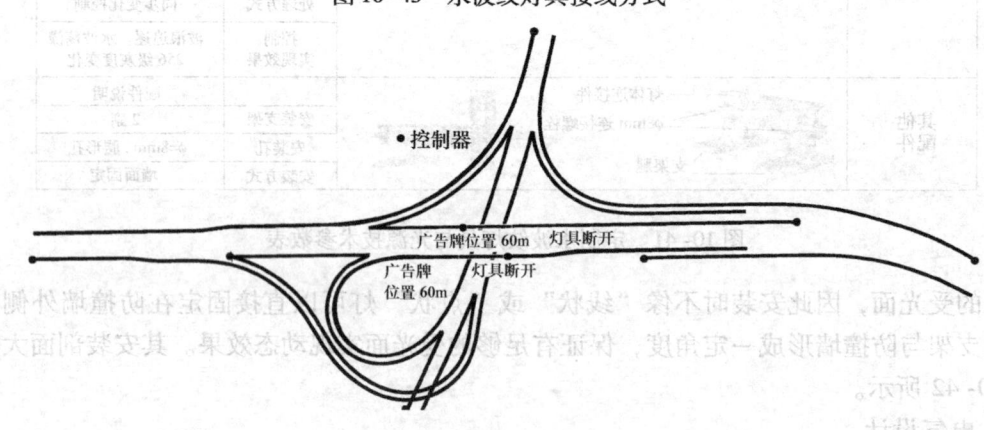

图 10-44 控制器的位置分布

(三)设计思路

1. 显现整体形态美

雷峰塔是一座经过建筑师精心设计而非常精湛的中国式古塔,它整体比例适当,上下协

调，形体完美。立面照明应把它完整地体现出来，而不是它的局部，更不是一样亮。它的各部分应以不同的亮度或不同的光色或不同的色温有层次地表达出来，夜晚的雷峰塔是一座灯光的艺术品。

2. 采用低亮度

雷峰塔地处湖畔、山顶和树林之中，周围环境幽雅、清新，塔的亮度应适应于这种暗环境，以避免造成过分的明暗之差，为此不宜过多采用泛光照明，而应采用轮廓线清晰的LED光源的轮廓照明为主，用它来勾画整个塔的基本体形。

3. 透亮的塔刹

整体不宜太亮，但塔的顶端塔刹却要透亮。塔刹是塔的精华部分，远看时首先看到的是塔刹，然后才是塔身，因此塔刹是人们中远距离观看的主要视点。另外塔刹上的内容丰富，从上到下有宝珠、仰月、圆光、宝盖、相轮等，这些体形不大，形状各异的造型，只有在高亮度下才容易看得清楚，为此立面照明在亮度上突出了塔刹，让它显得晶莹剔透，成为西湖西南角上的一个比较突出的亮点。

4. 多变的效果

杭州的气候四季分明，冬夏温差大，这种大温差造就了不同的环境，另外对于平时和节假日、一般假日和重大节日、晴天和雨天、傍晚和深夜，立面照明都应不同。为了满足多种变化，本设计采用奇胜的C-BUS照明控制系统，充分利用LED光源，并设置了投光灯、埋地灯、小型射灯以及塔外照明的不同的组合，预编制多种程序，创造多变、动态的照明效果。

5. 体现民间传说

"白蛇与许仙喜结良缘，被法海和尚借佛法将白蛇镇于雷峰塔下"的动人故事早已广为流传，雷峰塔正因此而名扬天下。

我们可以借助高度发达的现代照明技术，用灯光的独特魅力来重现人间的美妙传说。塔的上部是精致的，塔的地下却是神秘的，为了造就这种神秘感，从塔的根部有意识地向天空发射光线，就像从塔下发射出来似的，再设置激光和喷雾，形成神奇白蛇出塔的景象。

这种特殊的演示性照明可作为节庆灯光效果，加在平时静态低亮度的照明上，在平静西湖中适当增加活跃的动态效果。

6. 保护塔的完整性

安装在塔上的许多灯具，其体形和塔可能并不协调，如果附在塔的明显部位就破坏了塔的完整性。我们希望只见光而不见灯具，这就需要将灯具尽量隐蔽起来，让它看不见或不明显，但有时难以做到。对于一些无法隐藏的灯具，设计中可进行"伪装"，让它不明显或不像灯具，如灯具的外形颜色与被装表面同一色；灯具的体形尽量地小，即可把灯具"化妆"一下，使其与塔比较协调等。

7. 防止光的污染

人们需要光，没有光，就无法看见世界，而且人工光比自然光更精彩，它可按人们的要求调节亮暗，变换光色，组成美妙的图案，人们离不开光，但光又有有害的一面。光会造成眩光，光的紫外线部分会损害人们的眼睛等。在雷峰塔的立面照明设计中，我们注意了眩光问题，在选择灯具位置时其投光方向应尽量避开人们的视线，有可能产生眩光的灯具应加格栅片，投光灯的功率小一些，光源的亮度低一些，灯具的配光要适当，尽量减少逸散光。

234

（四）照明方式和灯具布置

以上的设计思路是一个非常周全的设想，结合雷峰塔的结构和表面材料将设计思想具体深化如下：

1) 以 LED 为光源的动态轮廓照明。
2) 采用投光灯、射灯灯具、金卤灯和高压钠灯光源的泛光照明。
3) 由塔外向天空发射的投光灯和激光加喷雾共同组成的演示性照明。

各灯具的布置和选型如图 10-45 和表 10-13 所示。

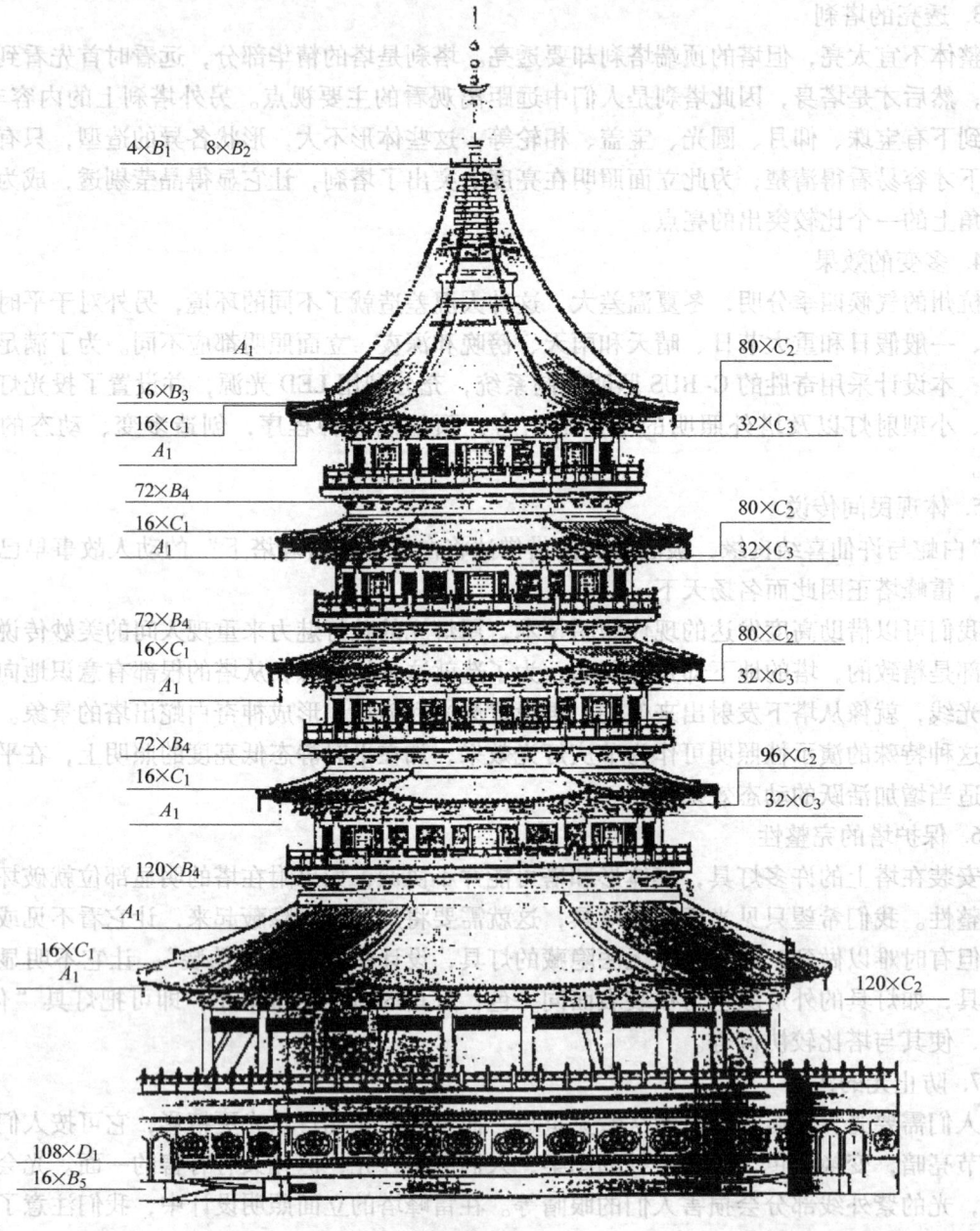

图 10-45 立面照明布灯图

表 10-13　灯具表（与图 10-45 对应）

A_1	三色 LED	直流 24V 3×0.6W/只（红、蓝、绿）
B_1	上射投光灯	特窄配光 150W 高压钠灯
B_2	下射投光灯	中配光 250W 金卤灯
B_3	上射投光灯	窄配光 250W 高压钠灯
B_4	瓦面投光灯	中配光 150W 金卤灯
B_5	灯杆投光灯	中配光 250W 金卤灯
C_1	兽头 Par 灯	70W 金卤灯
C_2	墙面射灯	70W 金卤灯
C_3	上射荧光灯	32W T5 电子镇流器
D_1	地埋灯	150W 高压钠灯

（五）照明控制

1. 控制要求

雷峰塔立面照明的控制对象主要为 LED 轮廓照明和投光灯、射灯、地埋灯照明。LED 灯为动态照明，可作各种变化。每层 LED 分为 18 个回路，LED 做成点光源，每点可作 7 种颜色的变化，以点组线，每条线上分成若干段，使各线可作各种转动、跳动和变色。上下可按人们的设想按一定程序变化，投光灯等按不同的层次和部位开启和关闭，配合 LED 作不用的组合。控制设备在专用的控制室内，但可在任何地方遥控，也可根据预先设定好的程序，自动变换场景。

2. 控制系统

本设计采用的是 C-BUS 总线型智能控制系统，为了提高系统的利用率，室内外照明公用一套控制系统。立面照明的直接被控对象是 6 台立面照明配电箱。各箱内的各回路均通过智能继电器的接点控制 LED 灯和各投光灯回路的接触器，接在总线上的设备除了主机和智能继电器外，另外还有 8 联输入键，人们手持红外遥控器通过该输入键控制各灯，各灯可组成各种场景，各场景预先设置，也可随意组合变动。控制系统如图 10-46 所示。

四、上海城市规划展示馆夜景照明设计

上海城市规划展示馆地处闹市区人民广场，与市政府毗邻，是上海市新建的十大标志性建筑之一，与大剧院、博物馆一起构成一道亮丽的风景线，让市民们参观学习和休闲娱乐。

（一）项目概况

上海城市规划展示馆主要采用声、光、电等现代科技手段，陈列代表着上海城市变迁的主要建筑的微缩模型，让人们更了解和热爱上海。

正是由于其功能的需要，它的建筑处理层次分明，寓意深刻，外形结构表达独特。上海城市变迁的历史进程是严肃而庄重的，而新世纪上海的发展和腾飞又是喜悦与兴奋的。因此，整个建筑是"发展与腾飞"相交汇的主题，是庄重与喜悦的统一。

正是这样的建筑主题决定了它的结构。其下部是一幢铝板装饰的五层长方形，造型整齐

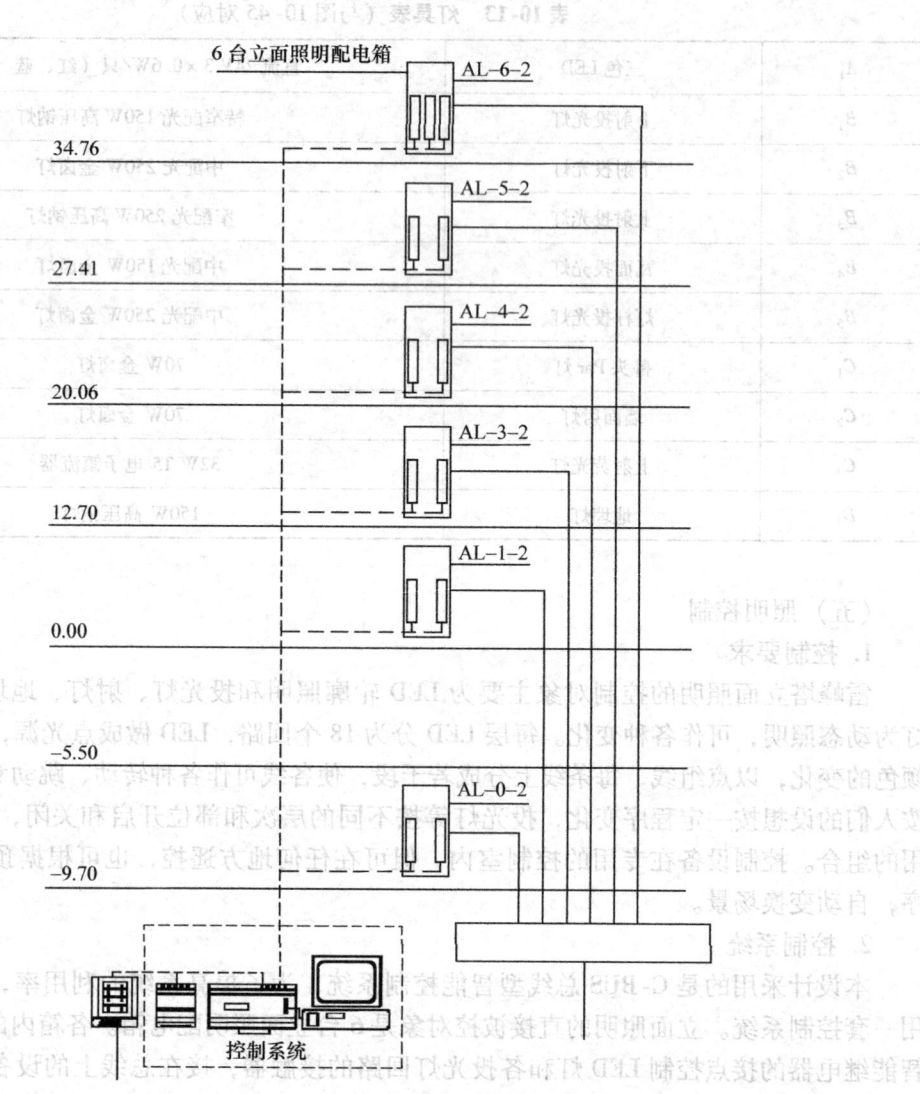

图 10-46　照明配电控制系统图

规则，钢楼梯居于明框装饰的竖条玻璃幕墙中，5m 见方的正方形"窗框"加以点缀，反映旧上海的变迁，突出"严肃庄重"，上部则是 4 个穹形"屋帽"的造型，喻为 4 朵盛开怒放的上海市花——"白玉兰"，这部分占有绝对的优势，充分体现出上海将来的发展和腾飞，富有"喜悦和兴奋"的感情。

（二）夜景主题

良好的照明效果是建筑和灯光组成的艺术品，其主题和立意应与建筑一致。因此，上海城市规划展示馆的建筑主题——"发展与腾飞、庄重和喜悦"正是泛光照明所要表达的鲜明主题。

丰富的内涵和创意通过独特的照明设计理念，巧妙的构思，分明的层次，艺术的灯光处理，完美地展现在人们眼前，见图 10-47（插页 2）。

(三) 设计构思

建筑以人为本，只有深刻理解建筑的寓意，充分利用建筑的结构，才能创造个性化的光环境，使建筑更具魅力。

上海城市规划展示馆的泛光照明在构思上，紧扣主题，由建筑物的内部向外部，底部向顶部照射，突出整个建筑物的立体感，充分体现建筑设计的价值，注重建筑立面的效果，具有鲜明的个性化和层次感。以下从4个方面——进行介绍：

1. 将建筑视觉上的特征作为泛光照明的重点刻画区，层次分明从上海城市规划展示馆的整个建筑外形和结构考虑，主要分为3个层次：

表现4个穹形的屋帽（寓意"发展与腾飞"主题）的投光照明为层次一；明框装饰的竖条玻璃幕墙与钢楼梯的"剪影"，左右两边对称，形成内光外透的照明效果，为层次二；铝板装饰的建筑大面，均匀布置着5m见方的正方形"窗框"，使用新型的灯具，线描勾出每个正方形的边框，为层次三。其中层次一、二作为建筑框架的支撑体，五层影视厅的圆形屋顶，为层次一、二的过渡，采用轮廓照明勾边。这样视觉由上往下形成竖直有力、晶莹透亮、由强减弱、层次分明的效果，整个建筑物在天空轮廓下，熠熠生辉，立体感极强。

2. 考虑周围环境的影响，确定适宜的照度值

上海城市规划展示馆地处人民广场东首，市级商业街背部，人群熙熙攘攘，你拥我挤。展示馆东面用于道路照明的10m处的高压钠灯，如同一团团火球；底层临街商店里的格栅荧光灯，像一道道的光屏，造成高照度的干扰；西面市府大楼的泛光照明，照度远高于附近其他3幢公共建筑。为此，展示馆的泛光照明平均照度值应不低于西藏中路路面的中心照度，才能与周围环境相协调，并成为其中又一个亮点，捕捉到行人的视觉。

选择展示馆南面作为泛光照明主立面，采用降低其他立面照度的对照方法，着力突出照亮建筑物正面，主次分明。

3. 灯光艺术处理技法的巧妙运用

在设计中，大胆采用光色分区、光色对比、亮度对比、光影对比、灯光的流动和静止等艺术处理技法，充分展示艺术的美感。

层次一、二、三分别采用不同的照明方式进行照射。层次一最亮，从上往下照度逐渐降低，光源选用不同的色温。穹形屋顶处采用冷色调的投光灯照射，突出"发展与腾飞"的寓意，又如栩栩如生的上海市花"白玉兰"的形象；铝板幕墙凹入处采用宽光暖色调照亮；所有白晶石通过来自铝板的反射光照亮；并且通过玻璃幕墙底部向顶部的光照同建筑物的正面亮处形成对照，使得建筑物的中心区域照明完全体现建筑物的精髓部分，成为一座跳跃的殿堂；楼梯"剪影"清晰，轮廓分明。各层次照度不均匀，有一定的光影对比。

在主入口处是绿色的草坪，优雅别致的庭院灯，配上音乐喷泉，流动和静止的灯光效果，使整个建筑物中有了最具动感的部分，大大渲染了气氛，动与静真正完美地结合了。

4. 光色恰当选用，冷暖适度

一般来说，光源色温高低不同会产生冷或暖的感觉，选择低色温和中间色温的光源相对较合适。为此，选择3000K和4200K色温的400W金卤灯作为投光灯的主要光源照亮层次一；选择3000K色温的70W金卤灯作为照射楼梯和建筑大面等层次二、三的光源。同一层次采用一致的光色，整个建筑从下往上逐渐由暖色向冷色过渡，形成色温变化。同样，照度的高低也会影响人的冷暖感觉，照度太高或偏低都不舒适。通常500~1000lx的照度让人感

到亲切而温暖。因此，整个建筑的照度从 500~1000lx 不均匀，局部甚至超过 1000lx，使建筑物有了明暗变化，光影对比，突出主题。

（四）具体实施方案

依照整个泛光照明设计的主题和构思，从不同的方面予以实现前面 3 个层次，达到良好的照明效果。

1) 表现 4 个穹形屋帽的 4 朵绽放的"白玉兰"，寓意"发展与腾飞"的主题，采用投光照明。

2) 明框装饰的竖条玻璃幕墙与钢楼梯的"剪影"，左右对称，运用内光外透手法。

3) 铝板的建筑大面，以低照度处理。使用新灯具重点突出正方形的"窗框"，线描勾勒轮廓。

在层次一中，4 个穹形的屋帽完全对称，如同四朵绽放的"白玉兰"；考虑到建筑南面是正面，应着力刻画。在此仅以南面的一朵"白玉兰"进行介绍，其他与之相同。南面的"白玉兰"由根部和花瓣两部分组成，材质是复合铝板进行装饰，反射率高，立面造型是弧形。照射时考虑尽量利用阴影，明暗相间，突出花瓣的造型和立体感，充分展示"白玉兰"盛开怒放的形象，体现出"上海笑迎新世纪"的喜悦主题。

利用专门的照明专业软件计算，确定了灯具的安装位置及数量：选择 4 套投光灯，色温为 4000K，光源是 400W 金卤灯，安装于五层影视厅屋顶上，靠近根部前端的中间位置，使得根部最亮，沿弧形立面不断上升，亮度则逐渐降低。同时，利用上射光自然照亮花瓣顶面，完成整个"白玉兰"盛开怒放的造型塑造。

对于层次二，在每层楼梯的正、半平台拐点处分别安装两个投光灯，光源是 70W 金卤灯，色温为 3000K，偏黄色，非常柔和。以间接照明方式，衬托富有规律的正、半平台钢制楼梯底板，远处望去，恰如楼梯的"剪影"映在明框装饰的竖条玻璃幕墙上，并淡化楼梯的钢材质。层次二由于"内光外透"的作用，陈列空间昭然若揭，采用间接的手法突出了展示馆的文化内涵。

对层次三铝板装饰的建筑大面，采用低照度处理。在每个方形框架（边长 5m）下底边窗台上分别安装 3 套新型投光灯具，成功地实现了对整个方形框架进行线描勾边的效果。由于照度较层次一、二低，色温低，光线柔和，使呆板的铝材质建筑大面显得自然、生动，有"妙笔生花"的效果。

（五）整体环境的营造

重点突出 3 个层次后，布置在广场南北面上，装饰精美的十盏投光灯采用立杆照射，为整个建筑物罩上一层淡淡的调和色，柔和美丽。与庭院灯交相辉映，形成一幅完整的构图，达到了预期的照明效果。

在主入口处是绿色的草坪，优雅别致的庭院灯，配上音乐喷泉，流动和静止的灯光效果，使整个建筑物中有了最具动感的部分，大大渲染了气氛，动与静真正完美地结合了。

（六）光源和灯具的使用情况

1) 照射 4 个穹形屋顶的投光灯：1129JMT-400W 金卤灯 64 套和 8153JMT-400W 金卤灯 32 套。

2) 照射楼梯的投光灯：3434-70W 金卤灯 36 套。

3) 照射窗框的投光灯：7366-70W 投光灯 162 套。

综上所述，城市夜景照明正如一位大师说过："建筑是凝固的音乐，照明是最跳跃的音符。无论光线是慢的还是快的，是恒定不变的，还是一闪而过的，它穿过城市上空和建筑，在它们的沐浴下，一切都照耀生辉"。随着技术的进步，相信照明设计师们用灯光写意、创造，将会涌现出更多舒适节能、熠熠生辉的室内、外光环境。

思 考 题

1. 注意你所在学校的教室、图书馆等场所的照明电路，绘制出符合该类场所的照明平面图及系统图。
2. 在办公照明设计中，通常选用的光源、灯具有哪些？在设计中应注意哪些情况？
3. 请描述出你所在城市中某商场营业厅照明特点、光源种类、灯具类型等。注意商场的普通柜台与金银首饰柜台的照明有什么不同？商场的橱窗、广告分别采用什么照明方式？
4. 注意你所在学校的体育场（足球场）、篮球场（羽毛球场、网球场等）、游泳馆等场所的照明，请描述出它们的照明特点、光源种类、灯具类型等。
5. 请注意观察你所在城市某中心街道、普通道路、人行横道的照明，分别描述出它们所选用的光源、灯具的类型以及布置方式。
6. 请设计出你所在学校的某一局部景观（如花坛、凉亭、水景、塑像、雕塑等）的照明。
7. 请注意观察某一标志性建筑物的泛光照明，描述出它的照明特点。
8. 请注意观察某一广场的照明，描述出它的照明特点。
9. 通过前面的仔细观察，在室内、室外照明设计中的核心问题是什么？应注意哪些环节？

参 考 文 献

[1] 周太明. 光学原理与设计 [M]. 上海：复旦大学出版社，1993.
[2] 杨公侠. 视觉与视觉环境 [M]. 2版. 上海：同济大学出版社，2002.
[3] 庞蕴凡. 视觉与照明 [M]. 北京：中国铁道出版社，1993.
[4] 柯顿 J R. 光源与照明 [M]. 陈大华，等译. 4版. 上海：复旦大学出版社，2000.
[5] 俞丽华. 电气照明 [M]. 2版. 上海：同济大学出版社，2001.
[6] 韦课常. 电气照明技术基础与设计 [M]. 北京：水利水电出版社，1983.
[7] 北京照明学会照明设计专业委员会. 照明设计手册 [M]. 2版. 北京：中国电力出版社，2006.
[8] 赵振民. 照明工程设计手册 [M]. 天津：天津科学技术出版社，1993.
[9] 戴瑜兴. 现代建筑照明设计手册 [M]. 长沙：湖南科学技术出版社，1994.
[10] 李炳华，董青. 体育照明设计手册 [M]. 北京：中国电力出版社，2009.
[11] 中国航空工业规划设计研究院. 工业与民用配电设计手册 [M]. 3版. 北京：中国计划出版社，2005.
[12] 詹庆旋. 建筑光环境 [M]. 北京：清华大学出版社，1988.
[13] 顾国维. 绿色技术及其应用 [M]. 上海：同济大学出版社，1999.
[14] 陈镐. 工业与民用照明系统 [M]. 西安：西安交通大学出版社，1998.
[15] 肖辉乾. 城市夜景照明规划设计与实录 [M]. 北京：中国建筑工业出版社，2000.
[16] 朱庆元，商文怡. 建筑电气技术基础知识 [M]. 北京：中国建筑工业出版社，1990.
[17] 唐定曾，唐海. 建筑电气技术 [M]. 北京：机械工业出版社，1997.
[18] 孙景芝. 建筑电气自动控制 [M]. 北京：中国建筑工业出版社，1993.
[19] 孙景芝. 建筑电气控制系统 [M]. 北京：中国建筑工业出版社，1999.
[20] 李海，黎文安. 实用建筑电气技术 [M]. 北京：中国水利水电出版社，2001.
[21] 建筑电气设计手册编写组. 建筑电气设计手册 [M]. 北京：中国建筑工业出版社，1991.
[22] 北京市建筑设计研究院. 建筑电气专业设计技术措施 [M]. 北京：中国建筑工业出版社，1998.
[23] 吴成东. 怎样阅读建筑电气工程图 [M]. 北京：中国建材工业出版社，2001.
[24] 杨先臣. 建筑电气工程图识读与绘制 [M]. 北京：中国建筑工业出版社，1995.
[25] 华东建筑设计研究院. 智能建筑设计技术 [M]. 上海：同济大学出版社，1996.
[26] 刘介才. 工厂供电 [M]. 北京：机械工业出版社，1991.
[27] 林琅. 现代建筑电气技术资质考试复习问答 [M]. 北京：中国电力出版社，2002.
[28] JBJ 16—2008 民用建筑电气设计规范 [S]. 北京：中国建筑工业出版社，2008.
[29] JGJ/T 119—2008 建筑照明术语标准 [S]. 北京：中国建筑工业出版社，1999.
[30] GB 50034—2013 建筑照明设计标准 [S]. 北京：中国建筑工业出版社，2014.
[31] JGJ/T 163—2008 城市夜景照明设计规范 [S]. 北京：中国建筑工业出版社，2009.
[32] CJJ45—2006 城市夜景照明设计规范 [S]. 北京：中国建筑工业出版社，2007.
[33] JGJ 153—2007 体育场馆照明设计及检测标准 [S]. 北京：中国建筑工业出版社，2007.
[34] GB 50034—1992 工业企业照明设计标准 [S]. 北京：中国计划出版社，1993.
[35] 国家经贸委/UNDP/GEF 中国绿色照明工程办公室，中国建筑科学研究院. 绿色照明工程实施手册 [M]. 北京：中国建筑工业出版社，2003.
[36] Erich Helbjg. 测光技术基础 [M]. 佟兆强，译. 北京：中国轻工业出版社，1984.

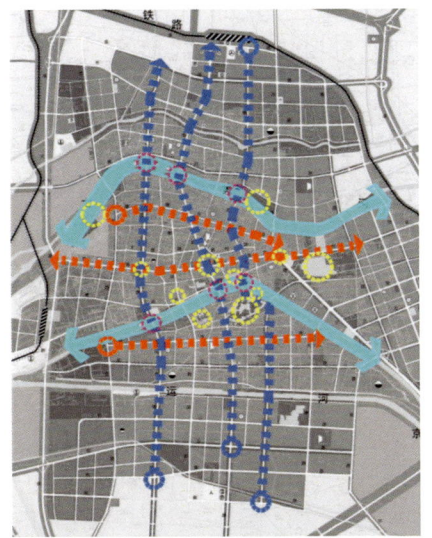

主要纵向夜景视廊
主要横向夜景视廊
景观桥
主要景观节点
滨河景观带

图 10-30　主城区夜景照明规划详图

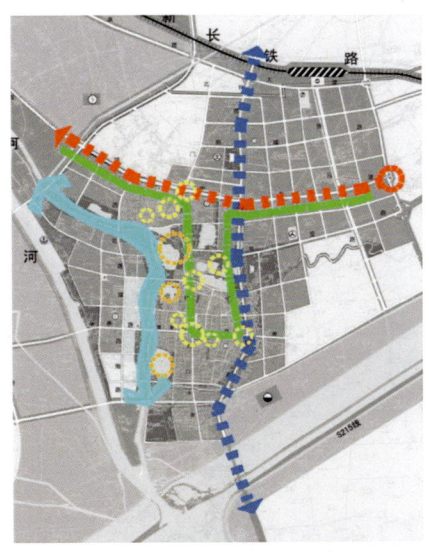

主要纵向夜景视廊
主要横向夜景视廊
历史文化景观带
主要景点
沿河景观节点
滨河景观带

图 10-31　楚州区夜景照明规划详图

图 10-32　周恩来故居夜景

图 10-33　周恩来纪念馆夜景

图 10-34　古黄河桥夜景

图 10-35　黄河广场夜景

图 10-36 里运河夜景

● 各区路灯管理分中心
● 淮安市路灯管理中心

图 10-37 淮安市夜景照明控制中心分布

— 内环路　● 惠山
||||||| 运河　● 太湖
● 立交　→ 机场方向
● 大桥　→ 太湖方向

图 10-38 设计范围示意图

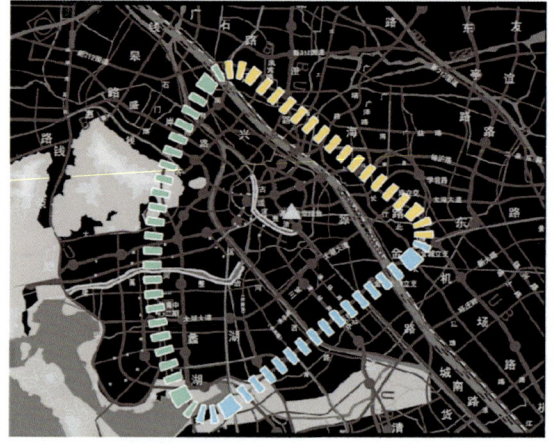

||||||| 绿色科技
＋
||||||| 精彩人文
＋
||||||| 和谐自然

图 10-39 规划理念示意图

图 10-47 熠熠生辉的上海城市规划展示厅